经济应用数学基础（一）

微积分（人大·第四版）
同步测试卷

答 案 详 解

目 录

第一章　函数同步测试(A)卷解析 ·· 1
第一章　函数同步测试(B)卷解析 ·· 3
第二章　极限与连续同步测试(A)卷解析 ·· 6
第二章　极限与连续同步测试(B)卷解析 ·· 9
第三章　导数与微分同步测试(A)卷解析 ·· 14
第三章　导数与微分同步测试(B)卷解析 ·· 18
第四章　中值定理与导数的应用同步测试(A)卷解析 ·· 24
第四章　中值定理与导数的应用同步测试(B)卷解析 ·· 29
期中同步测试(A)卷解析 ·· 36
期中同步测试(B)卷解析 ·· 40
第五章　不定积分同步测试(A)卷解析 ·· 43
第五章　不定积分同步测试(B)卷解析 ·· 49
第六章　定积分同步测试(A)卷解析 ·· 55
第六章　定积分同步测试(B)卷解析 ·· 62
第七章　无穷级数同步测试(A)卷解析 ·· 69
第七章　无穷级数同步测试(B)卷解析 ·· 76
第八章　多元函数同步测试(A)卷解析 ·· 83
第八章　多元函数同步测试(B)卷解析 ·· 90
第九章　微分方程与差分方程简介同步测试(A)卷解析 ······································ 97
第九章　微分方程与差分方程简介同步测试(B)卷解析 ···································· 103
期末同步测试(A)卷解析 ·· 109
期末同步测试(B)卷解析 ·· 113

第一章　函数同步测试(A) 卷解析

一、单项选择题

题号	1	2	3	4	5	6
答案	C	B	D	B	B	D

1. 知识点窍　本题考查复合函数求解定义域.
解题过程　将括号内的函数看成一个整体求解，即 $\lg x \in (1,2)$，所以 $x \in (10,100)$，因此选(C).

【温馨提示】复合函数求解定义域时，注意整体代换的应用.

2. 知识点窍　本题主要考查同一函数的定义.
解题过程　属于基本题，首先需要确定函数的定义域是否相同，如果相同，再确定值域和在任一点的函数值是否相同，若满足这两点，则为同一函数. 显然，(B)不满足在任一点函数值相同这一条件.

【温馨提示】注意对同一函数定义的掌握，对解题思路要清晰，先判断定义域是否相同——值域及任一点函数值是否相同.

3. 知识点窍　本题主要考查函数的整体变换.
解题过程　将待求的 $f(x^3+x^5)$ 括号里的 x^3+x^5 看作一个整体代入前式的 x，即得答案(D).

【温馨提示】整体代换要分清代换变量与被代换变量，思路要清晰.

4. 知识点窍　本题主要考查反函数的定义及应用.
解题过程　可以从 $y=\sqrt{x^2+1}\,(x<0)$ 得出 $x=-\sqrt{y^2-1}$，$y=-\sqrt{x^2-1}$，进而得出答案为(B).

【温馨提示】注意对反函数定义的掌握.

5. 知识点窍　本题主要考查函数奇偶性的判断.
解题过程　先判断函数的定义域是否为全体实数，若是，则根据"$f(x)=f(-x)$ 为偶函数，$f(x)=-f(-x)$ 为奇函数"判断，显然此题为偶函数.

【温馨提示】判断函数奇偶性首先判断定义域，接着根据定义来判断奇偶性.

6. 知识点窍　本题主要考查函数单调性及单调区间的判断.
解题过程　根据 $y=x^2$ 在 $(-\infty,0)$ 为单调减，在 $(0,+\infty)$ 为单调增判断，进行整体变换，当 x 属于 $(-2,$

2) 时，$x+1$ 属于 $(-1,3)$，则先单调减，再单调增.

【温馨提示】对于复合函数，进行整体代换，转化为求简单函数的单调区间. 同时应该掌握一些基本函数的单调性和单调区间.

二、填空题

7. 知识点窍　本题主要考查集合的运算.
解题过程　$\{1,2,3,4,5\}$，$\{1,3\}$.
从集合并集的概念出发，本题可以轻而易举的得到解答.

【温馨提示】对于集合知识点，要注意对基本定义的掌握，同时应该掌握集合之间的各种运算.

8. 知识点窍　本题属于定义域求解与判断集合之间的关系的综合题.
解题过程　由定义域的定义可知 $D_1=\{x\mid x\neq 1\}$，D_2 为全体实数，则由集合之间的关系可确定 $D_1 \subset D_2$.

【温馨提示】注意对函数求解定义域的掌握，同时对集合之间的关系运算要熟练.

9. 知识点窍　本题主要考查抽象函数的求解.
解题过程　$f(1+x)=3(1+x)+1=3x+4$.

【温馨提示】对于抽象函数，常用的方法是整体代换，对于 $f(1+x)$ 来说，将 $1+x$ 看成整体代入前式即可求解.

10. 知识点窍　本题主要考查去绝对值的方法.
解题过程　开绝对值得 $x+5>3$ 或 $x+5<-3$，解之得 $x>-2$ 或 $x<-8$.

【温馨提示】注意对绝对值定义的掌握，同时要掌握怎样去绝对值符号.

11. 知识点窍　本题主要考查函数奇偶性与单调性.
解题过程　$-\sqrt{2}\approx-1.4$，$\frac{\pi}{2}\approx 1.57$. 因为 $f(x)$ 为偶函数，因此其关于 y 轴对称，即在 $(-\infty,0)$ 单调增，因此 $f(-\sqrt{2})=f(\sqrt{2})$，所以大小排列为：$f(-\sqrt{2})>f(1.5)>f(\frac{\pi}{2})$.

【温馨提示】对于此类型的比较大小,要注意对函数单调性的运用,同时通过奇偶性将正、负函数转化为同一类型的函数(如:都为正值或都为负值.)

12. **知识点窍** 本题主要考查三角函数的展开与应用.

    解题过程 $\sin(x-y)\cos y + \cos(x-y)\cos y = \sin(x-y+y) = \sin x$.

    【温馨提示】对于三角函数的各种展开公式要熟练掌握. $\sin(x+y) = \sin x\cos y + \cos x\sin y$,注意此公式的应用.

三、解答题

13. **知识点窍** 本题主要考查反函数的计算.

    解题过程 当 $x > 0$ 时,函数值 $y > 1$,故这时由 $y = x + 1$,可得 $x = y - 1, y > 1$.
    当 $x \leq 0$ 时,函数值 $0 < y \leq 1$,故这时由 $y = e^x$,可得 $x = \ln y, 0 < y \leq 1$.
    综上所述,有 $x = \begin{cases} y-1, y > 1 \\ \ln y, 0 < y \leq 1 \end{cases}$.
    即所求函数为 $y = \begin{cases} x-1, x > 1 \\ \ln x, 0 < x \leq 1 \end{cases}$.

    【温馨提示】解决此类题目,首先要掌握反函数的定义,其次要注意反函数与原函数在定义域、值域内的关系.

14. **知识点窍** 本题主要考查函数单调性的判断.

    解题过程 由于 $y = x$ 在整个区间上单调递增,而 $y = \log_2 x$ 在 $x > 0$ 区间是单调递增的,所以 $y = x + \log_2 x$ 的单调增区间是 $(0, +\infty)$,没有单调减区间.

    【温馨提示】解决此类题目,首先要掌握基本函数在定义域内的单调性,然后运用组合函数判断单调性.

15. **知识点窍** 本题主要考查函数奇偶性的判断.

    解题过程 定义域为 $x \in \mathbf{R}, f(x) = x(x-1)(x+1)$,则 $f(-x) = -x(-x-1)(-x+1) = -x(x+1)(x-1) = -f(x)$,函数为奇函数.

    【温馨提示】判断函数的奇偶性,首先要判断函数的定义域(这一点经常容易忽略),其次根据奇偶性的定义进一步判断函数的奇偶性.

16. **知识点窍** 本题主要考查反函数的计算.

    解题过程 $y = 1 + \lg(x+2)$
    则 $x = 10^{y-1} - 2$,交换 x 和 y 得反函数:
    $y = 10^{x-1} - 2 (x \in \mathbf{R})$.

    【温馨提示】解决此类题目,首先要掌握反函数的定义,其次要掌握反函数的运算和反函数与原函数定义域、值域之间的关系.

17. **知识点窍** 本题主要考查抽象函数的计算.

    解题过程 令 $t = \dfrac{2x+1}{2x-2}$,则 $x = \dfrac{2t+1}{2t-2}$,代入所给方程,得
    $$f(t) - \dfrac{1}{2}f\left(\dfrac{2t+1}{2t-2}\right) = \dfrac{2t+1}{2t-2}$$
    其中,由所给方程有
    $$f\left(\dfrac{2t+1}{2t-2}\right) = t + \dfrac{1}{2}f(t)$$
    于是得
    $$f(t) - \dfrac{1}{2}\left[t + \dfrac{1}{2}f(t)\right] = \dfrac{2t+1}{2t-2}$$
    由此得
    $$f(t) = \dfrac{2}{3} \cdot \dfrac{t^2+t+1}{t-1}$$
    因此
    $$f(x) = \dfrac{2}{3} \cdot \dfrac{x^2+x+1}{x-1}.$$

    【温馨提示】对于抽象函数,要注意整体代换方法的运用.先将括号的变量用 t 代换,找出 t 与 x 之间的关系,代入求解 $f(t)$,然后再转化为 $f(x)$.此为常考题型,注意对解题方法与思路的掌握.

18. **知识点窍** 本题主要考查函数单调性的判断.

    解题过程 对任意的 $x_1, x_2 \in D$,且 $x_1 < x_2$,因 $f(x), g(x)$ 单调增加(减少),故有
    $f(x_1) < f(x_2) (f(x_1) > f(x_2))$
    $g(x_1) < g(x_2) (g(x_1) > g(x_2))$
    于是
    $h(x_1) = f(x_1) + g(x_1) < f(x_2) + g(x_2) = h(x_2)$.

    【温馨提示】判断函数的单调性,首先要判断函数的定义域,其次根据定义来判断函数的单调性.

19. **知识点窍** 本题主要考查函数有界性的判断.

    解题过程 因 $f(x)$ 与 $g(x)$ 在 D 上有界,故存在

常数 $M_1 > 0$ 与 $M_2 > 0$，使得 $|f(x)| < M_1$，$|g(x)| < M_2, \forall x \in D$.

令 $M = M_1 + M_2 > 0$，则有
$|f(x) \pm g(x)| \leqslant |f(x)| + |g(x)| < M_1 + M_2 = M, \forall x \in D$.

因此，$f(x) \pm g(x)$ 在 D 上有界.

再令 $M = M_1 M_2$，则有
$|f(x)g(x)| = |f(x)||g(x)| < M_1 M_2 = M, \forall x \in D$.

因此，$f(x)g(x)$ 在 D 上有界.

【温馨提示】对于函数有界性的判断，需要通过定义来证明. 通过本题我们应该掌握函数有界的一些性质和去绝对值符号的应用.

20. **知识点窍** 本题主要考查分段函数的应用.
    解题过程 设 $R(x)$ 为销售总收入，x 为销售量 (单位：吨). 依题设有

当 $0 \leqslant x \leqslant 700$ 时，售价 $p = 130$(元/吨)；
当 $700 < x \leqslant 1000$ 时，超过部分 $(x - 700)$ 的售价为 $p = 130 \times 0.9 = 117$(元/吨).
于是，销售收入函数为
$R(x)$
$= \begin{cases} 130x, 0 \leqslant x \leqslant 700 \\ 130 \times 700 + 117 \times (x-700), 700 < x \leqslant 1000 \end{cases}$
$= \begin{cases} 130x, 0 \leqslant x \leqslant 700 \\ 117x + 9100, 700 < x \leqslant 1000 \end{cases}$

可见销售总收入 $R(x)$ 为销售量 x 的分段函数.

【温馨提示】对于此类题目，首先要将题设条件转化为函数表达式，同时注意函数区间的分段.

第一章　函数同步测试(B)卷解析

一、单项选择题

题号	1	2	3	4	5	6
答案	A	D	B	D	B	C

1. **知识点窍** 本题主要考查函数定义域的计算.
   解题过程 x 是函数 $g(x)$ 的定义域中的点，当且仅当 x 满足 $0 \leqslant x + 1 \leqslant 4$ 且 $0 \leqslant x - 1 \leqslant 4$，即 $-1 \leqslant x \leqslant 3$ 且 $1 \leqslant x \leqslant 5$，也即 $1 \leqslant x \leqslant 3$，由此可知函数 $g(x)$ 的定义域 $D(g) = \{x \mid 1 \leqslant x \leqslant 3\} = [1,3]$.
   因此选 (A).

【温馨提示】解决此类问题，首先要掌握函数定义域的定义，确定自变量. 抽象函数确定定义域，通常运用整体代换这一方法，注意对此方法的掌握.

2. **知识点窍** 本题主要考查函数奇偶性的判断.
   解题过程 先判断函数的定义域是否为全体实数，若是，则根据 "$f(x) = f(-x)$ 为偶函数，$f(x) = -f(-x)$ 为奇函数" 判断，显然此题选 (D).

【温馨提示】判断函数奇偶性，首先要判断函数定义域（这一点经常被忽略），其次运用奇偶性的定义判断具体函数的奇偶性.

3. **知识点窍** 本题主要考查对函数单调性的判断.
   解题过程 根据 $y = x^2$ 在 $(-\infty, 0)$ 为单调减，在 $(0, +\infty)$ 为单调增判断，进行整体变换，当 x 属于 $(-2, 2)$ 时，$x^2 + 1$ 先单调减，再单调增. 因此选 (B).

【温馨提示】解决此类题目，首先要掌握基本函数的单调性，其次运用整体代换，判断组合函数的单调性.

4. **知识点窍** 本题主要考查抽象函数的运算.
   解题过程 进行整体配方即可得到答案.
   $f(x^2) = (x^2)^2 + 2(x^2) = x^4 + 2x^2$
   因此选 (D).

【温馨提示】解决此类题目，一种是整体代换，一种是配方法，此题用的是配方法，注意对此类方法的运用.

5. **知识点窍** 本题主要判断函数的单调性与有界性.
   解题过程 由函数图像不难看出在 $\mathbf{R}$ 上 e^x，$\ln x$，$\tan x$ 都是无界的，只有 $1 + \sin x$ 可能有界，由于 $|\sin x| \leqslant 1$，$|1 + \sin x| \leqslant 1 + |\sin x| \leqslant 2$，所以 $1 + \sin x$ 有界.
   因此选 (B).

【温馨提示】解决此类题目，首先要掌握基本函数的有界性，然后根据每一种函数的有界性和单调性判断组合函数的有界性.

6. **知识点窍** 本题主要考查对函数有界性的判断.

   解题过程 $|f(x)|=\left|\dfrac{x}{1+x^2}\right|=\dfrac{|x|}{1+x^2}\leqslant\dfrac{|x|}{2|x|}=\dfrac{1}{2}$

   $\because 1+x^2\geqslant 2|x|$

   故 $-\dfrac{1}{2}\leqslant f(x)\leqslant\dfrac{1}{2}$.

   因此选(C).

   【温馨提示】 判断复杂函数的有界性,要注意对其进行适当的变化和有界性定义的应用.本题就是运用了绝对值不等式来确定函数的有界性及其上界和下界.

二、填空题

7. **知识点窍** 本题主要考查对函数定义域的计算.

   解题过程 由定义域的定义得 $4-x\geqslant 0,x-1>0$,解得 $1<x\leqslant 4$.

   【温馨提示】 此题属于基本题型,解决此类问题的关键是对函数定义域的掌握.

8. **知识点窍** 本题主要考查不等式的计算,以及集合的应用.

   解题过程 $A=\{x\mid x\leqslant 1\text{ 或 }x\geqslant 3\},B=\{x\mid x\leqslant 2\}$,则 $A\cap B=\{x\mid x\leqslant 1\}$.

   【温馨提示】 此题属于基本题型,注意不等式的解题步骤及集合之间的运算.

9. **知识点窍** 本题主要考查三角函数的运算.

   解题过程 $f(x)=\sin\left(x-\dfrac{17}{2}\pi\right)$
   $=\sin\left(x-\dfrac{17}{2}\pi+8\pi\right)=\sin\left(x-\dfrac{1}{2}\pi\right)=-\cos x$.

   【温馨提示】 注意对三角函数周期性的运用,同时应掌握三角函数的基本计算.

10. **知识点窍** 本题主要考查函数计算以及集合的运算.

    解题过程 $M=\{x\mid x=4,x=-1\},N=\{x\mid x=2,x=-1\}$,则 $M\cap N=\{x\mid x=-1\}$.

    【温馨提示】 对于此类题目,首先根据函数关系,解出每一个集合所表达的函数关系,然后根据集合的运算求解问题.

11. **知识点窍** 本题主要考查函数定义域的计算.

    解题过程 $\ln(1+x)\neq 0,(1+x)>0$,则 $x>-1$,且 $x\neq 0$.

    【温馨提示】 此题属于基本题型,解决此类题目,需要掌握函数定义域的定义及计算方法.

12. **知识点窍** 本题主要考查抽象函数的计算.

    解题过程 $f(x+2)=x^2+4x+5=(x+2)^2+1$,则 $f(x)=x^2+1$.

    【温馨提示】 解决此类问题,一种是整体代换方法,一种是配方方法.本题采用的是配方法,注意对此方法解题步骤和技巧的掌握.

三、解答题

13. **知识点窍** 本题主要考查分段函数和复合函数的运算.

    解题过程 由于对于任意 $x,g(x)$ 均 $\leqslant 0$,所以 $f[g(x)]=0$.

    由于当 $x>0$ 时,$g(x)=0$,所以当 $x>0$ 时,$g[g(x)]=g(0)=0$.

    当 $x\leqslant 0$ 时,$g[g(x)]=g(x)=x$.

    综上得到 $f[g(x)]=0,x\in\mathbf{R}$,

    $g[g(x)]=\begin{cases}0,x>0\\x,x\leqslant 0\end{cases}$.

    【温馨提示】 解决此类问题,首先要弄清复合函数的复合结构,其次逐步进行转化,同时注意对分段函数的运用.

14. **知识点窍** 本题主要考查函数奇偶性的判断.

    解题过程 $x\in\mathbf{R}$,定义域对称,设 $f(x)=\dfrac{2^x+2^{-x}}{2}$,$f(-x)=\dfrac{2^{-x}+2^x}{2}=f(x)$,所以 $y=\dfrac{2^x+2^{-x}}{2}$ 为偶函数.

    【温馨提示】 本题属于基本题型,判断函数的奇偶性,首先要判断函数的定义域是否满足条件,其次根据函数奇偶性的定义进行求解.

15. **知识点窍** 本题主要考查反函数的计算.

    解题过程 $y=2-e^x\Rightarrow x=\ln(2-y)$,交换 x 和 y 得反函数:

    $y=\ln(2-x)\quad x\in(-\infty,2)$.

【温馨提示】求反函数及定义域,首先要掌握反函数的定义,可将原函数进行变换得到反函数.同时应该掌握原函数与反函数的定义域、值域之间的关系——原函数的定义域是反函数的值域,原函数的值域是反函数的定义域.

16. **知识点窍** 本题主要考查复合函数的运算.
    解题过程
    因 $f[f(x)] = \begin{cases} 1, & |f(x)| < 1 \\ 0, & |f(x)| \geqslant 1 \end{cases}$
    $= \begin{cases} 1, & |x| \geqslant 1 \\ 0, & |x| < 1 \end{cases}$,
    故 $f\{f[f(x)]\} = \begin{cases} 1, & |f[f(x)]| < 1 \\ 0, & |f[f(x)]| \geqslant 1 \end{cases}$
    $= \begin{cases} 1, & |x| < 1 \\ 0, & |x| \geqslant 1 \end{cases}$.

【温馨提示】对于复合函数的运算,首先要了解函数复合的结构,从内向外依次进行转换.

17. **知识点窍** 本题主要考查单调性的判断.
    解题过程 对任意的 $x_1, x_2 \in [a, c]$, $x_1 < x_2$,
    若 $a \leqslant x_1 < x_2 \leqslant b$ 或 $b \leqslant x_1 < x_2 \leqslant c$,
    则由题设有
    $f(x_1) < f(x_2)$(或 $f(x_1) > f(x_2)$),
    若 $a \leqslant x_1 \leqslant b < x_2 \leqslant c$,则由题设有
    $f(x_1) \leqslant f(b) < f(x_2)$(或 $f(x_1) \geqslant f(b) > f(x_2)$).
    综上所述,$f(x)$ 在 $[a, c]$ 上单调增加(或单调减少).

【温馨提示】此题属于基本题型,注意对单调性定义的掌握

18. **知识点窍** 本题主要考查函数有界性的判断.
    解题过程 要证 $f(x) = x\sin x$ 在 $(0, +\infty)$ 上无界,只需证明:对任意给定的常数 $M > 0$,总存在 $x_0 \in (0, +\infty)$,使得 $|x_0 \sin x_0| > M$.
    事实上,对任意给定的 $M > 0$,令
    $x_0 = \frac{\pi}{2} + 2(1 + [M])\pi \in (0, +\infty)$
    ($[M]$ 为 M 的整数部分),则有
    $|f(x_0)|$
    $= \left|\frac{\pi}{2} + 2(1 + [M])\pi\right| \cdot \left|\sin\left[\frac{\pi}{2} + 2(1 + [M])\pi\right]\right|$
    $= \left[\frac{\pi}{2} + 2(1 + [M])\pi\right]\sin\frac{\pi}{2}$
    $= \frac{\pi}{2} + 2(1 + [M])\pi > M$.
    于是,由 $M > 0$ 的任意性可知,$f(x) = x\sin x$ 在 $(0, +\infty)$ 上无界.

【温馨提示】判断函数的有界、无界,需要从有界性、无界性的定义出发,找出函数满足的关系式即可证明有界性、无界性.

19. **知识点窍** 本题主要考查函数奇偶性的判断以及抽象函数的求解.
    解题过程 由所给方程有 $af\left(\frac{1}{x}\right) + bf(x) = cx$
    于是,解方程组 $\begin{cases} af(x) + bf\left(\frac{1}{x}\right) = \frac{c}{x} \\ af\left(\frac{1}{x}\right) + bf(x) = cx \end{cases}$
    可得 $f(x) = \frac{ac - bcx^2}{(a^2 - b^2)x}$
    因为
    $f(-x) = \frac{ac - bc(-x)^2}{(a^2 - b^2)(-x)}$
    $= -\frac{ac - bcx^2}{(a^2 - b^2)x} = -f(x)$
    所以,$f(x)$ 为奇函数.

【温馨提示】对于抽象函数求解,注意整体代换方法的应用.判断函数的奇偶性,首先需要对函数的定义域进行判断,然后根据奇偶性的定义求解.

20. **知识点窍** 本题主要考查函数不等式的计算.
    解题过程 设每天生产 x 只手表,则每天总成本为
    $C(x) = 15x + 2000$
    因每只手表出厂价 20 元,故每天的总收入为 $20x$(元),若要不亏本,应满足如下关系式:
    $20x \geqslant 15x + 2000$
    解得
    $x \geqslant 400$(只)
    即若要不亏本,每天至少应生产 400 只手表.

【温馨提示】对于此类问题,首先要将条件转化成函数关系式,然后根据要求进行求解.本题就是求解函数不等式的问题.

第二章　极限与连续同步测试(A)卷解析

一、单项选择题

题号	1	2	3	4	5	6
答案	D	D	D	B	B	B

1. 知识点窍　本题主要考查极限存在的判断.

解题过程　$\lim\limits_{x\to x_0}f(x)$ 是否存在与 $f(x)$ 在点 x_0 是否有定义无关,故应选(D).

【温馨提示】判断极限是否存在,要根据定义去判断. 只有当左极限等于右极限时,函数在此点的极限才存在.

2. 知识点窍　本题主要考查极限的运算.

解题过程　因 $\lim\limits_{t\to+\infty}e^t=+\infty$,$\lim\limits_{t\to-\infty}e^t=0$,故要分别考查左、右极限,由于

$$\lim_{x\to 1^+}(x-1)^2 e^{\frac{1}{x-1}} \xrightarrow{t=\frac{1}{x-1}} \lim_{t\to+\infty}\frac{e^t}{t^2}=+\infty,$$

$$\lim_{x\to 1^-}(x-1)^2 e^{\frac{1}{x-1}} \xrightarrow{t=\frac{1}{x-1}} \lim_{t\to-\infty}\frac{e^t}{t^2}=0.$$

因此选(D).

【温馨提示】判断极限是否存在,首先要判断左右极限是否存在,如果存在,则接下来判断左右极限是否相等,若相等,则极限存在,反之,则不存在.

3. 知识点窍　本题主要考查等价、高阶、低阶无穷小的判断.

解题过程　因为

$$\lim_{x\to 1}\frac{f(x)}{g(x)}=\lim_{x\to 1}\frac{1-x}{1+x}\cdot\frac{1}{1-\sqrt[3]{x}}$$

$$=\lim_{x\to 1}\frac{(1-\sqrt[3]{x})(1+\sqrt[3]{x}+\sqrt[3]{x^2})}{(1+x)(1-\sqrt[3]{x})}$$

$$=\lim_{x\to 1}\frac{1+\sqrt[3]{x}+\sqrt[3]{x^2}}{1+x}=\frac{3}{2}\neq 1$$

所以,应选(D).

【温馨提示】此题属于基本题型,注意对等价、高阶、低阶无穷小定义的掌握.

4. 知识点窍　本题主要考查函数连续性的判断.

解题过程　当 $x>0$ 或 $x<0$ 时各函数分别与某初等函数相同,故连续. 从而只需再考查哪个函数在点 $x=0$ 处连续. 注意到若 $f(x)=\begin{cases}g(x),x\leqslant 0\\ h(x),x>0\end{cases}$,

其中 $g(x)$ 在 $(-\infty,0]$ 连续,$h(x)$ 在 $(0,+\infty)$ 连续,因 $f(x)=g(x)(x\in(-\infty,0])\Rightarrow f(x)$ 在 $x=0$ 处左连续. 若又有 $g(0)=h(0)\Rightarrow f(x)=h(x)(x\in[0,+\infty))\Rightarrow f(x)$ 在 $x=0$ 处右连续. 因此 $f(x)$ 在 $x=0$ 处连续.(B)中的函数 $g(x)$ 满足;$\sin x|_{x=0}=(\cos x-1)|_{x=0}$,又 $\sin x,\cos x-1$ 均连续 $\Rightarrow g(x)$ 在 $x=0$ 连续. 因此选(B).

【温馨提示】对于函数连续的判断,主要是看函数左极限 = 右极限 = 函数值是否成立,如果成立,则函数连续,如果不成立,则不连续. 注意对连续定义的掌握.

5. 知识点窍　本题主要考查连续函数最值的判断.

解题过程　连续函数最大值与最小值均在闭区间内取得,所以选(B).

【温馨提示】解决此类题目,就要掌握函数连续的定义和性质,以及函数最大、最小值的定义.

6. 知识点窍　本题主要考查函数连续性的判断.

解题过程　$f(x)$ 在 $x=a$ 处连续 $\Rightarrow |f(x)|$ 在 $x=a$ 处连续.

$||f(x)|-|f(a)||\leqslant |f(x)-f(a)|$.

$|f(x)|$ 在 $x=a$ 处连续 $\not\Rightarrow f(x)$ 在 $x=a$ 处连续.

如 $f(x)=\begin{cases}1,x\geqslant a\\ -1,x<a\end{cases}$,$|f(x)|=1$,$|f(x)|$ 在 $x=a$ 处连续,但 $f(x)$ 在 $x=a$ 处间断. 因此选(B).

【温馨提示】判断函数在某点是否连续,只需判断函数左右极限与此点的函数值是否相等,如果相等,则连续,反之则不连续.

二、填空题

7. 知识点窍　本题主要考查函数极限的运算.

解题过程　原式 $=\lim\limits_{x\to\infty}3\cdot\dfrac{\sin\frac{1}{x}}{\frac{1}{x}}+\lim\limits_{x\to\infty}\dfrac{2\sin x}{x}=3+0=3.$

【温馨提示】在函数极限运算过程中,注意对原式的转化和等价无穷小的应用.

8. 知识点窍　本题主要考查无穷小的运算.

解题过程
$$\lim_{x\to 0}\frac{\sqrt{1+x}-\sqrt{1-x}}{x}=\lim_{x\to 0}\frac{2}{\sqrt{1+x}+\sqrt{1-x}}=1$$
所以,$x\to 0$ 时,$\sqrt{1+x}-\sqrt{1-x}$ 是 x 的等价无穷小.

> 【温馨提示】判断函数是等价、高阶还是低阶无穷小,主要求两函数比值的极限,根据定义求解.

9. **知识点窍** 本题主要考查函数间断点类型的判断.

   解题过程 $f(0-0)=\lim\limits_{x\to 0^-}\frac{-x}{x}=-1$.

   $f(0+0)=\lim\limits_{x\to 0^+}\frac{x}{x}=1$

   左、右极限存在,但不相等,故 $x=0$ 为跳跃间断点.

> 【温馨提示】对于函数间断点类型的判断,主要是运用定义,考查函数左右极限的关系.

10. **知识点窍** 本题主要考查函数极限的运算.

    解题过程 $\lim\limits_{x\to\infty}\left(\frac{x+a}{x-a}\right)^x=\lim\limits_{x\to\infty}\left(1+\frac{2a}{x-a}\right)^{\frac{x-a}{2a}\cdot\frac{2a}{x-a}x}$
    $=e^{2a}=9$
    $\Rightarrow a=\ln 3$.

> 【温馨提示】对于函数极限的运算,要注意对函数形式的转化,及基本类型极限的运算.

11. **知识点窍** 本题主要考查函数极限的应用.

    解题过程
    $\frac{\sqrt{x}-\sqrt{a}+\sqrt{x-a}}{\sqrt{x^2-a^2}}$
    $=\frac{\sqrt{x-a}}{\sqrt{x+a}(\sqrt{x}+\sqrt{a})}+\frac{1}{\sqrt{x+a}}$
    且
    $\lim\limits_{x\to a^+}\frac{\sqrt{x-a}}{\sqrt{x+a}(\sqrt{x}+\sqrt{a})}=0,\lim\limits_{x\to a^+}\frac{1}{\sqrt{x+a}}=\frac{1}{\sqrt{2a}}$
    所以,原式 $=\frac{1}{\sqrt{2a}}$.

> 【温馨提示】解决此类问题的方法是先对函数进行转化,然后根据组合函数极限运算的方法求解.

12. **知识点窍** 主要考查函数的连续性质.

    解题过程 该函数有定义的条件是
    $x^2-5x+6=(x-2)(x-3)>0$

由此得 $x<2$ 或 $x>3$.
因此,该函数的连续区间为 $(-\infty,2)$ 或 $(3,+\infty)$.

> 【温馨提示】对于此题,求解函数的连续区间,首先求解函数的定义域,然后根据连续的定义求解.

三、解答题

13. **知识点窍** 本题主要考查函数极限的应用.

    解题过程 原式 $=\lim\limits_{x\to\infty}\frac{\left(1-\frac{1}{x}\right)^{10}\left(3-\frac{1}{x}\right)^{10}}{\left(1+\frac{1}{x}\right)^{20}}$
    $=3^{10}$.

> 【温馨提示】对于函数极限的运算,要注意对原函数式的转化和对常用极限公式的掌握.

14. **知识点窍** 本题主要考查已知极限值,求解函数式中未知数.

    解题过程 由于分子的极限 $\lim\limits_{x\to 3}(x-3)=0$,所以分母的极限也应为 0(否则原式 $=0\ne 1$),即有
    $$\lim_{x\to 3}(x^2+ax+b)=9+3a+b=0$$
    另一方面,因分子 $=x-3$,
    故分母 $x^2+ax+b=(x-3)(x-c)$,于是
    原式 $=\lim\limits_{x\to 3}\frac{x-3}{(x-3)(x-c)}=\lim\limits_{x\to 3}\frac{1}{x-c}=\frac{1}{3-c}=1$
    由此得 $c=2$,于是得
    $x^2+ax+b=(x-3)(x-2)=x^2-5x+6$
    由此得 $a=-5,b=6$.

> 【温馨提示】对于已知函数极限值,求解函数式中未知数的题目,首先需对函数式进行转化,并且注意常用函数极限的应用.

15. **知识点窍** 本题主要考查未知量趋于不同值时,函数极限的计算.

    解题过程 令 $g(x)=\frac{2+x}{1+x},h(x)=\frac{1-\sqrt{x}}{1-x}$.
    (1) 因为 $\lim\limits_{x\to 0}g(x)=2,\lim\limits_{x\to 0}h(x)=1,\lim\limits_{x\to 0}f(x)=2$.
    (2) 因为
    $\lim\limits_{x\to 1}g(x)=\frac{3}{2}>0$
    $\lim\limits_{x\to 1}h(x)=\lim\limits_{x\to 1}\frac{(1-\sqrt{x})(1+\sqrt{x})}{(1-x)(1+\sqrt{x})}=\lim\limits_{x\to 1}\frac{1}{1+\sqrt{x}}$
    $=\frac{1}{2}$
    所以 $\lim\limits_{x\to 1}f(x)=\lim\limits_{x\to 1}g(x)^{h(x)}=\left(\frac{3}{2}\right)^{\frac{1}{2}}$.

(3) 因为
$$\lim_{x\to\infty}g(x) = \lim_{x\to\infty}\frac{1+(2/x)}{1+(1/x)} = 1 > 0$$
$$\lim_{x\to\infty}h(x) = \lim_{x\to\infty}\frac{(1/x)-(1/\sqrt{x})}{(1/x)-1} = 0$$
所以
$$\lim_{x\to\infty}f(x) = \lim_{x\to\infty}g(x)^{h(x)} = 1^0 = 1.$$

【温馨提示】对于此类题型,首先需对原函数进行转化,然后分步计算各极限值.

16. 知识点窍 本题主要考查抽象函数极限的计算.

解题过程 因为
$$\frac{1}{n^2+n+1} + \frac{2}{n^2+n+2} + \cdots + \frac{n}{n^2+n+n}$$
$$> \frac{1+2+\cdots+n}{n^2+2n} = \frac{n+1}{2(n+2)}$$

又因为 $\frac{1}{n^2+n+1} + \frac{2}{n^2+n+2} + \cdots + \frac{n}{n^2+n+n}$
$$< \frac{1}{n^2+n+1} + \frac{2}{n^2+n+1} + \cdots + \frac{n}{n^2+n+1}$$
$$= \frac{1+2+\cdots+n}{n^2+n+1} = \frac{n(n+1)}{2(n^2+n+1)}$$

而
$$\lim_{n\to\infty}\frac{n+1}{2(n+2)} = \frac{1}{2}, \lim_{n\to\infty}\frac{n(n+1)}{2(n^2+n+1)} = \frac{1}{2}$$

所以,由夹逼定理得

原式 $= \frac{1}{2}.$

【温馨提示】对于含有 n 个函数式极限的运算,一般先对函数式进行转化,然后根据夹逼定理进行求解.

17. 知识点窍 本题主要考查抽象函数的极限运算和连续性的判断.

解题过程 (1) $x = e$ 时,
$$f(e) = \lim_{u\to+\infty}\frac{1}{u}\ln(2e^u) = \lim_{u\to+\infty}\frac{1}{u}(\ln 2 + u) = 1;$$
$0 < x < e$ 时,
$$f(x) = \lim_{u\to+\infty}\frac{1}{u}\ln e^u\left[1+\left(\frac{x}{e}\right)^u\right]$$
$$= 1 + \lim_{u\to+\infty}\frac{1}{u}\ln\left[1+\left(\frac{x}{e}\right)^u\right] = 1;$$
$x > e$ 时,
$$f(x) = \lim_{u\to+\infty}\frac{1}{u}\ln\left\{x^u\left[1+\left(\frac{e}{x}\right)^u\right]\right\}$$
$$= \lim_{u\to+\infty}\left\{\ln x + \frac{1}{u}\ln\left[1+\left(\frac{e}{x}\right)^u\right]\right\} = \ln x.$$
所以 $f(x) = \begin{cases} 1, 0 < x \leq e \\ \ln x, x > e \end{cases}.$

(2) 因为
$$f(e^-) = 1, f(e^+) = \lim_{x\to e^+}\ln x = 1, f(e) = 1$$
可见 $f(x)$ 在 $x = e$ 处连续.
又因在 $(0, e)$ 内 $f(x) = 1$ 连续;在 $(e, +\infty)$ 内 $f(x) = \ln x$ 连续.
综上所述,$f(x)$ 在 $(0, +\infty)$ 内连续.

【温馨提示】计算抽象函数极限,首先需对函数式进行转化,然后运用极限运算法则进行求解.判断函数连续性,就是计算函数左、右极限和此点处的函数值,如果三者相等,则函数连续,否则不连续.

18. 知识点窍 本题主要考查求 n 项和数列的极限.

解题过程 记 $x_n = \sum_{i=1}^{n}\frac{n\tan\frac{i}{n}}{n^2+i}$,

注意 $\sum_{i=1}^{n}\frac{n\tan\frac{i}{n}}{n^2} = \sum_{i=1}^{n}\frac{\tan\frac{i}{n}}{n}$ 是 $f(x) = \tan x$ 在 $[0, 1]$ 区间上的一个积分和.

由于 $f(x)$ 在 $[0, 1]$ 上连续,故可积,于是
$$\lim_{n\to\infty}\sum_{i=1}^{n}\frac{1}{n}\tan\frac{i}{n} = \int_0^1 \tan x\, dx = -\int_0^1 \frac{d(\cos x)}{\cos x}$$
$$= -\ln\cos x\Big|_0^1 = -\ln\cos 1.$$

因此,我们对 x_n 用适当放大缩小法,将求 $\lim_{n\to\infty}x_n$ 转化为求积分和的极限,因
$$\frac{n}{n+1}\sum_{i=1}^{n}\frac{\tan\frac{i}{n}}{n} = \sum_{i=1}^{n}\frac{n\tan\frac{i}{n}}{n^2+n} \leq x_n \leq$$
$$\sum_{i=1}^{n}\frac{n\tan\frac{i}{n}}{n^2} = \sum_{i=1}^{n}\frac{1}{n}\tan\frac{i}{n},$$

又 $\lim_{n\to\infty}\sum_{i=1}^{n}\frac{1}{n}\tan\frac{i}{n} = \int_0^1 \tan x\, dx = -\ln\cos 1$,

$\lim_{n\to\infty}\frac{n}{n+1}\sum_{i=1}^{n}\frac{1}{n}\tan\frac{i}{n} = 1 \cdot \int_0^1 \tan x\, dx = -\ln\cos 1$,

于是由夹逼定理得 $\lim_{n\to\infty}x_n = -\ln\cos 1.$

【温馨提示】求数列 n 项和的极限,可以将其化为积分,然后根据积分求极限进行求解.

19. 知识点窍 本题主要考查函数极限存在的证明.

解题过程 因 $\lim_{x\to x_0}f(x) = a$,所以对任意给定的 $\varepsilon > 0$,存在 $\delta > 0$,使当 $0 < |x - x_0| < \delta$ 时,恒有
$$|f(x) - a| < \varepsilon$$
于是有
$$||f(x)| - |a|| \leq |f(x) - a| < \varepsilon$$

因此有
$$\lim_{x \to x_0} |f(x)| = |a|.$$
反之不一定成立. 例如, 设
$$f(x) = \begin{cases} -1, x < 0 \\ 1, x > 0 \end{cases}$$
则
$$\lim_{x \to 0} |f(x)| = \lim_{x \to 0} 1 = 1,$$
而 $\lim_{x \to 0^-} f(x) = -1, \lim_{x \to 0^+} f(x) = 1$, 左、右极限存在, 但不相等, 故 $\lim_{x \to 0} f(x)$ 不存在.

【温馨提示】 对于此类问题, 首先要从定义出发, 运用极限存在的性质进行转化求解.

20. **知识点窍** 本题主要考查复合函数连续性的判断.

    解题过程 **解法一** 先写出 $f[g(x)]$ 的表达式, 考查 $g(x)$ 的值域:
    $$g(x) \begin{cases} \leqslant 1, x \leqslant 1 \\ > 1, x > 1 \end{cases}, f[g(x)] = \begin{cases} g^2(x), x \leqslant 1 \\ 1 - g(x), x > 1 \end{cases}$$
    即 $f[g(x)] = \begin{cases} x^2, x \leqslant 1 \\ 1-x, 1 < x \leqslant 2 \\ 1-2(x-1), 2 < x \leqslant 5 \\ 1-(x+3), x > 5 \end{cases}$
    $$= \begin{cases} x^2, x \leqslant 1 \\ 1-x, 1 < x \leqslant 2 \\ 3-2x, 2 \leqslant x \leqslant 5 \\ -(x+2), x \geqslant 5 \end{cases}.$$
    当 $x \neq 1, 2, 5$ 时 $f[g(x)]$ 分别在不同的区间与某初等函数相同, 故连续, 当 $x = 2, 5$ 时, 得连续.
    当 $x = 1$ 时,
    $$\lim_{x \to 1+0} f[g(x)] = \lim_{x \to 1+0}(1-x) = 0, \lim_{x \to 1-0} f[g(x)]$$
    $$= \lim_{x \to 1-0} x^2 = 1,$$
    从而 $f[g(x)]$ 在 $x = 1$ 不连续且是第一类间断点 (跳跃间断点).

    解法二 注意 $u = g(x) = \begin{cases} x, x \leqslant 2 \\ 2(x-1), 2 < x \leqslant 5 \\ x+3, x > 5 \end{cases}$
    从而 $g(x)$ 处处连续;
    $$y = f(u) = \begin{cases} u^2, u \leqslant 1 \\ 1-u, u > 1 \end{cases}.$$
    当 $u \neq 1$ 时连续, 由复合函数连续性可知,
    当 $g(x) \neq 1$ 即 $x \neq 1$ 时, $f[g(x)]$ 连续. 对于 $x = 1$, 由于
    $$\lim_{x \to 1^-} f[g(x)] \xrightarrow{g(x)=x} \lim_{x \to 1^-} f(x) = \lim_{x \to 1^-}(1-x) = 0,$$
    $$\lim_{x \to 1^+} f[g(x)] \xrightarrow{g(x)=x} \lim_{x \to 1^+} f(x) = \lim_{x \to 1^+} x^2 = 1.$$
    因此, $x = 1$ 为 $f[g(x)]$ 的第一类间断点 (跳跃间断点).

    【温馨提示】 对于复合函数的连续性, 一种方法是根据复合结构得出最终的函数形式, 然后根据连续性的定义求解, 另一种方法是根据复合函数连续性的性质判断.

第二章 极限与连续同步测试(B)卷解析

一、单项选择题

题号	1	2	3	4	5	6
答案	C	D	D	B	D	A

1. **知识点窍** 本题主要考查函数等价无穷小、高阶无穷小、低阶无穷小及同阶无穷小的判断.

   解题过程 由等价无穷小因子替换及洛必达法则可得
   $$\lim_{x \to 0} \frac{f(x)}{g(x)} = \lim_{x \to 0} \frac{x - \frac{1}{4}\sin 4x}{\ln(1 + \sin^4 x)/x} = \lim_{x \to 0} \frac{x - \frac{1}{4}\sin 4x}{x^5}$$
   $$= \lim_{x \to 0} \frac{1 - \cos 4x}{3x^2} = \lim_{x \to 0} \frac{8x^2}{3x^2} = \frac{8}{3}.$$
   因此选(C).

   【温馨提示】 对于此类题目, 要通过两函数的比值求极限来判断, 根据极限的数值确定是等价无穷小、高阶无穷小、低阶无穷小还是同阶无穷小.

2. **知识点窍** 本题主要考查无界变量与无穷大之间的运算.

   解题过程 (A), (B), (C) 都不正确, 例如,
   $n \to \infty$ 时, $n\sin n$ 是无界变量, 而不是无穷大;
   $n \to \infty$ 时, $n\sin n$ 是无界变量, n 是无穷大, 而 $n \cdot n\sin n = n^2 \sin n$ 是无界变量, 不是无穷大;
   $n \to \infty$ 时, n 与 $-n$ 都是无穷大, 但 $n + (-n) = 0$ 是一个常量, 不是无穷大.
   (D) 正确. 例如, 设 $\lim_{n \to \infty} u_n = \infty, \lim_{n \to \infty} v_n = \infty$

则对任意给定的 $M>0$，存在正整数 N_1, N_2，使当 $n>N_1, n>N_2$ 时，恒有
$$|u_n|>M, |v_n|>M$$
取 $N=\max\{N_1, N_2\}$，则当 $n>N$ 时，恒有
$$|u_n v_n|=|u_n|\cdot|v_n|>M\cdot M=M^2$$
这表明 $\lim_{n\to\infty} u_n v_n=\infty$.

【温馨提示】 对于此类题目，常用的方法是通过举反例来排除选项，要注意对常用例子的掌握.

3. 知识点窍 本题主要考查复合函数的连续性.
解题过程 **分析一** 连续函数与不连续函数的复合函数可能连续，也可能间断，故(A)，(B)不对. 不连续函数的相乘可能连续，故(C)也不对，因此，选(D).
分析二 $f(x)$ 在 $x=a$ 处连续，$\varphi(x)$ 在 $x=a$ 处间断，又 $f(a)\neq 0 \Rightarrow \dfrac{\varphi(x)}{f(x)}$ 在 $x=a$ 处间断. (若不然 $\Rightarrow \varphi(x)=\dfrac{\varphi(x)}{f(x)}\cdot f(x)$ 在 $x=a$ 处连续，与已知矛盾). 选(D).

【温馨提示】 解决此类问题，首先要熟记连续函数与间断函数的基本性质——连续函数当与不连续函数的复合函数，可能连续，也可能间断. 其次，可以适当运用假设、反证法求解，例如分析二.

4. 知识点窍 本题主要考查函数极限的运算.
解题过程 易见 $f(1^-)=f(1^+)=1$，从而 $\lim_{x\to 1}f(x)=1$，故应选(B).

【温馨提示】 判断函数极限是否存在，就是要判断函数左、右极限是否同时存在并且相等，如果同时存在且相等，则函数极限存在，反之，则不存在.

5. 知识点窍 本题主要考查复合函数连续性的判断.
解题过程
如：$f(x)=\begin{cases}1, x\geq 0\\ 0, x<0\end{cases}, g(x)=\begin{cases}0, x\geq 0\\ 1, x<0\end{cases}$
在 $x=0$ 处均不连续，但 $f(x)+g(x)=1, f(x)\cdot g(x)=0$ 在 $x=0$ 处均连续.
又如：$f(x)=\begin{cases}1, x\geq 0\\ 0, x<0\end{cases}, g(x)=\begin{cases}2, x\geq 0\\ 0, x<0\end{cases}$
在 $x=0$ 处均不连续，而 $f(x)+g(x)=\begin{cases}3, x\geq 0\\ 0, x<0\end{cases}$,

$f(x)\cdot g(x)=\begin{cases}2, x\geq 0\\ 0, x<0\end{cases}$，在 $x=0$ 处均不连续. 因此选(D).

【温馨提示】 判断不连续函数复合之后的连续性，常用的方法是通过举反例来逐个排除错误选项，要注意对此方法的灵活应用.

6. 知识点窍 本题主要考查已知函数极限，求解函数式中未知项.
解题过程 因为 $\lim_{x\to 2}(x^2-3x+2)=\lim_{x\to 2}(x-2)(x-1)=0$，因此，分子的极限也应为 0，即应有对分子进行转化
$$x^2+ax+b=(x-2)(x-c)=x^2-(2+c)x+2c$$
由此得 $a=-(2+c), b=2c$
于是，由题设有
$$\lim_{x\to 2}\frac{x^2+ax+b}{x^2-3x+2}=\lim_{x\to 2}\frac{(x-2)(x-c)}{(x-2)(x-1)}$$
$$=\lim_{x\to 2}\frac{x-c}{x-1}=2-c=-1$$
由此得 $c=3$，从而得 $a=-5, b=6$. 故应选(A).

【温馨提示】 对于此类题目，首先要对函数式进行转化、化简，然后根据极限的关系进行求解.

二、填空题

7. 知识点窍 本题主要考查函数极限的运算.
解题过程 由题设得 $\lim_{x\to 0}(e^{2x}-1)=0$
$\Rightarrow \lim_{x\to 0}\sqrt{1+f(x)\tan x}-1=0$；
在 $x=0$ 有 $\lim f(x)\tan x=0$. 现利用等价无穷小因子替换
$\sqrt{1+f(x)\tan x}-1 \sim \dfrac{1}{2}f(x)\tan x \,(x\to 0), e^{2x}-1 \sim 2x \,(x\to 0)$,
$\Rightarrow$ 原式 $=\lim_{x\to 0}\dfrac{\frac{1}{2}f(x)\tan x}{2x}=3 \Rightarrow \lim_{x\to 0}f(x)=12$.

【温馨提示】 对于已知函数式极限，求解未知函数极限的问题，需要对原函数式进行分解，并且通过等价无穷小的运算求解. 注意对常用等价无穷小函数式的掌握.

8. 知识点窍 本题主要考查间断点类型的判断.
解题过程 对函数式进行转化，分别求左、右极限：
$\lim_{x\to 0}\sin x\cdot\sin\dfrac{1}{x}=\lim_{x\to 0}\dfrac{\sin x}{x}\cdot\lim_{x\to 0}x\sin\dfrac{1}{x}=1\times 0=0$.
所以，$x=0$ 是 $f(x)$ 的可去间断点(令 $f(0)=0$ 即可).

【温馨提示】判断函数间断点类型,首先需分别计算函数的左、右极限,然后根据左、右极限的数值确定间断点类型.

9. **知识点窍** 本题主要考查函数连续性及极限的应用.

   解题过程 $f(x)$ 在 $x=0$ 处连续 $\Leftrightarrow \lim\limits_{x\to 0_+}f(x)=\lim\limits_{x\to 0_-}f(x)=f(0)$. 由于

   $\lim\limits_{x\to 0_+}f(x)=\lim\limits_{x\to 0_+}\dfrac{1-e^{\tan x}}{\arcsin\dfrac{x}{2}}=\lim\limits_{x\to 0_+}\dfrac{-\tan x}{\dfrac{x}{2}}=-2$,

   $\lim\limits_{x\to 0_-}f(x)=\lim\limits_{x\to 0_-}(ae^{2x})=a=f(0)$,

   因此 $a=-2$.

   【温馨提示】判断函数是否连续,就是看函数左、右极限是否存在且相等及是否等于此处的函数值,本题就是通过分别计算函数的左、右极限来求解问题.

10. **知识点窍** 本题主要考查函数极限的运算.

    解题过程 $\dfrac{1}{4n}\leqslant\dfrac{1}{n^2}+\dfrac{1}{(n+1)^2}+\cdots+\dfrac{1}{(2n)^2}\leqslant\dfrac{1}{n}$

    且 $\lim\limits_{n\to\infty}\dfrac{1}{4n}=0$, $\lim\limits_{n\to\infty}\dfrac{1}{n}=0$

    所以,由夹逼定理可知,原式 $=0$.

    【温馨提示】对于此类求解抽象函数的极限,首先需要对原函数式进行化简,然后根据夹逼定理进行求解(注意对夹逼定理的灵活应用).

11. **知识点窍** 本题为已知函数极限,求解函数式中的未知数.

    解题过程 $x^{n+1}-(x-1)^{n+1}=[x-(x-1)][x^n+x^{n-1}(x-1)+\cdots+x(x-1)^{n-1}+(x-1)^n]$

    $=x^n\left[1+\left(1-\dfrac{1}{x}\right)+\cdots+\left(1-\dfrac{1}{x}\right)^{n-1}+\left(1-\dfrac{1}{x}\right)^n\right]$

    所以,原式

    $=\lim\limits_{n\to+\infty}\dfrac{x^{2008-n}}{1+\left(1-\dfrac{1}{x}\right)+\cdots+\left(1-\dfrac{1}{x}\right)^{n-1}+\left(1-\dfrac{1}{x}\right)^n}$

    $=k\neq 0$

    显然,要上式成立,应有

    $2008-n=0$,即 $n=2008$.

    从而原式

    $=\lim\limits_{n\to+\infty}\dfrac{1}{1+\left(1-\dfrac{1}{x}\right)+\cdots+\left(1-\dfrac{1}{x}\right)^{n-1}+\left(1-\dfrac{1}{x}\right)^n}$

    $=\dfrac{1}{n+1}=k$

    $\therefore k=\dfrac{1}{n+1}=\dfrac{1}{2009}$.

    【温馨提示】本函数式为抽象函数式,首先需要对函数式进行化简,然后利用函数的极限进行求解.

12. **知识点窍** 本题主要考查等价无穷小、高阶无穷小、低阶无穷小的判断.

    解题过程 该题就是要计算极限

    $\lim\limits_{n\to\infty}\dfrac{\left(1+\dfrac{1}{n}\right)^n-e}{\dfrac{1}{n}}=\lim\limits_{n\to\infty}e\dfrac{\dfrac{\left(1+\dfrac{1}{n}\right)^n}{e}-1}{\dfrac{1}{n}}$

    $=\lim\limits_{n\to\infty}e\dfrac{\ln\left[\left(1+\dfrac{1}{n}\right)^n/e\right]}{\dfrac{1}{n}}$

    $=e\lim\limits_{n\to\infty}\dfrac{n\ln\left(1+\dfrac{1}{n}\right)-1}{\dfrac{1}{n}}$

    $=e\lim\limits_{n\to\infty}\dfrac{\ln\left(1+\dfrac{1}{n}\right)-\dfrac{1}{n}}{\dfrac{1}{n^2}}$

    $=e\lim\limits_{x\to 0}\dfrac{\ln(1+x)-x}{x^2}$

    $=e\lim\limits_{x\to 0}\dfrac{\dfrac{1}{1+x}-1}{2x}=-\dfrac{e}{2}$(转化为求相应的 $\dfrac{0}{0}$ 型函数极限,然后用洛必达法则). 所以同阶无穷小.

    【温馨提示】无穷小的判断,就是相应函数比值极限的求解. 解决此类问题,需要对函数式进行相应的转化,然后利用极限运算法则求解.(注意对洛必达法则、等价无穷小的运用)

三、解答题

13. **知识点窍** 此题为函数极限的求解.

    解题过程 原式 $=\lim\limits_{x\to+\infty}\dfrac{5+(3/x)+(4/x^3)}{1+(1/x^3)}$

    $=5$.

    【温馨提示】复杂函数式的求解,首先需要对函数式进行适当的化简,然后运用极限运算法则进行求解.

14. **知识点窍** 本题为已知函数极限,求函数式中的未知数.

    解题过程 原式可变形为

原式 $= \lim\limits_{x\to+\infty}[\sqrt{x^2+x+1}-(ax+b)]$
$\cdot[\sqrt{x^2+x+1}+(ax+b)]/(\sqrt{x^2+x+1}+ax+b)$

$= \lim\limits_{x\to+\infty}\dfrac{(1-a^2)x^2+(1-2ab)x+(1-b^2)}{\sqrt{x^2+x+1}+ax+b}$

显然应有 $1-a^2=0$,即有 $a=\pm 1$. 于是

原式 $= \lim\limits_{x\to+\infty}\dfrac{(1-2ab)x+(1-b^2)}{\sqrt{x^2+x+1}+ax+b}$

$= \lim\limits_{x\to+\infty}\dfrac{1-2ab+(1-b^2)/x}{\sqrt{1+(1/x)+(1/x^2)}+a+(b/x)}$

$= \dfrac{1-2ab}{1+a}=k(a\neq -1).$

由上式可知,$a\neq -1$,于是 $a=1$,从而有

$\dfrac{1-2b}{2}=k \Rightarrow b=\dfrac{1}{2}-k.$

【温馨提示】对于此类问题,需要对原式进行适当的转化,然后根据极限运算法则进行求解.

15. **知识点窍** 本题主要考查抽象函数极限的计算.
    解题过程 显然,$0<x_n<2(n=1,2,\cdots)$,即 x_n 有界.
    另一方面,显然有 $x_1<x_2$,设 $x_{n-1}<x_n$,则
    $x_{n+1}-x_n=\left(1+\dfrac{x_n}{1+x_n}\right)-\left(1+\dfrac{x_{n-1}}{1+x_{n-1}}\right)$
    $=\dfrac{x_n-x_{n-1}}{(1+x_n)(1+x_{n-1})}>0$
    即 $x_n<x_{n+1}$. 因此,x_n 单调增加.
    由于 x_n 单调有界,故极限存在,设
    $$\lim\limits_{n\to\infty}x_n=a$$
    则由 $x_n=1+\dfrac{x_{n-1}}{1+x_{n-1}}$ 两边同时取极限,得
    $$a=1+\dfrac{a}{1+a}$$
    由此解得
    $\lim\limits_{n\to\infty}x_n=a=\dfrac{1}{2}(1+\sqrt{5})$ (舍去负值).

【温馨提示】对于此类问题,首先需证明函数极限存在,然后假设极限值,代入函数式进行反求解,注意对此类方法的掌握.

16. **知识点窍** 本题主要考查抽象函数的极限计算.
    解题过程 (1)存在自然数 k,$k\geq M$,使 $1>\dfrac{M}{k+1}$
    $>\dfrac{M}{k+2}>\dfrac{M}{k+3}>\cdots$,当 $n>k$ 时,
    有 $0<\dfrac{M^n}{n!}=\dfrac{M}{1}\cdot\dfrac{M}{2}\cdot\cdots\cdot\dfrac{M}{k}\cdot\dfrac{M}{k+1}\cdot\dfrac{M}{k+2}\cdot\cdots$

$\cdot\dfrac{M}{n-1}\cdot\dfrac{M}{n}<\dfrac{M^k}{k!}\cdot\dfrac{M}{n}=\dfrac{M^{k+1}}{k!}\cdot\dfrac{1}{n}$,

即当 $n>k$ 时,有 $0<\dfrac{M^n}{n!}<\dfrac{M^{k+1}}{k!}\cdot\dfrac{1}{n}$. 又 $\dfrac{M^{k+1}}{k!}$ 是常数,且 $\lim\limits_{n\to\infty}\dfrac{1}{n}=0$,由夹逼定理知 $\lim\limits_{n\to\infty}\dfrac{M^n}{n!}=0$.

(2)由于 $|x_n|$ 有界,故 $\exists M>0$,对一切 n 有 $|x_n|\leq M$. 于是 $0<\left|\dfrac{x_n^n}{n!}\right|\leq \dfrac{M^n}{n!}(\forall n)$,由题(1)的结论及夹逼定理知 $\lim\limits_{n\to\infty}\left|\dfrac{x_n^n}{n!}\right|=0$,即 $\lim\limits_{n\to\infty}\dfrac{x_n^n}{n!}=0$.

【温馨提示】对于抽象函数求解极限问题,首先需要对原函数进行转化,然后利用极限不等式和夹逼定理进行求解.

17. **知识点窍** 本题主要考查函数的连续性与间断性的判断.
    解题过程 (1)首先求出 $f(x)$. 注意到
    $\lim\limits_{n\to\infty}x^{2n}=\begin{cases}\infty, & |x|>1\\ 1, & |x|=1\\ 0, & |x|<1\end{cases}$,要分段求出 $f(x)$.

    当 $|x|>1$ 时,
    $f(x)=\lim\limits_{n\to\infty}\dfrac{x^{-1}+ax^{2-2n}+bx^{1-2n}}{1+x^{-2n}}=\dfrac{1}{x}$;

    当 $|x|<1$ 时,
    $f(x)=\lim\limits_{n\to\infty}\dfrac{ax^2+bx}{1}=ax^2+bx$.

    于是得
    $f(x)=\begin{cases}\dfrac{1}{x}, & |x|>1\\ \dfrac{1}{2}(a+b+1), & x=1\\ \dfrac{1}{2}(a-b-1), & x=-1\\ ax^2+bx, & |x|<1\end{cases}$.

    其次,依初等函数的连续性,当 $|x|>1$ 或 $|x|<1$ 时 $f(x)$ 分别与初等函数相等,故其连续. 最后,只需考查分段函数在分界点 $x=\pm 1$ 处的连续性. 这就是按定义考查连续性,分别计算:
    $\lim\limits_{x\to 1^+}f(x)=\lim\limits_{x\to 1^+}\dfrac{1}{x}=1,$
    $\lim\limits_{x\to 1^-}f(x)=\lim\limits_{x\to 1^-}(ax^2+bx)=a+b,$
    $\lim\limits_{x\to -1^+}f(x)=\lim\limits_{x\to -1^+}(ax^2+bx)=a-b,$
    $\lim\limits_{x\to -1^-}f(x)=\lim\limits_{x\to -1^-}\dfrac{1}{x}=-1;$
    $f(x)$ 在 $x=1$ 连续
    $\Leftrightarrow f(1^+)=f(1^-)=f(1)\Leftrightarrow a+b=1$
    $=\dfrac{1}{2}(a+b+1)\Leftrightarrow a+b=1;$

$f(x)$ 在 $x=-1$ 连续
$\Leftrightarrow f(-1^+)=f(-1^-)=f(-1)\Leftrightarrow a-b-1=\dfrac{1}{2}(a-b-1)\Leftrightarrow a-b=-1$.

因此 $f(x)$ 在 $x=\pm 1$ 处均连续
$\Leftrightarrow \begin{cases} a+b=1, \\ a-b=-1 \end{cases} \Leftrightarrow a=0,b=1$, 仅当 $a=0,b=1$ 时 $f(x)$ 处处连续.

(2) 当 $(a,b)\neq(0,1)$ 时,若 $a+b=1$(则 $a-b\neq -1$),则 $x=1$ 是分界点,只有 $x=-1$ 是第一类间断点;若 $a-b=-1$(则 $a+b\neq 1$),则 $x=-1$ 是分界点,只有间断点 $x=1$,且是第一类间断点;若 $a-b\neq -1$ 且 $a+b\neq 1$,则 $x=1$, $x=-1$ 均是第一类间断点.

【温馨提示】函数连续——左右极限均存在且相等,并且等于函数值. 判断间断点类型,需分别求出左、右极限,根据极限值确定间断点类型.

18. **知识点窍** 本题主要考查数列 n 项积的极限的运算.
解题过程 先取对数化为和式的极限 $\ln x_n = \dfrac{1}{n}\sum_{i=1}^{2n}\ln(n^2+i^2)-4\ln n$,然后作恒等变形(看看能否化为积分和的形式),则
$$\ln x_n=\dfrac{1}{n}\sum_{i=1}^{2n}\ln\left[n^2\left(1+\left(\dfrac{i}{n}\right)^2\right)\right]-4\ln n$$
$$=\dfrac{1}{n}2n\cdot 2\ln n+\dfrac{1}{n}\sum_{i=1}^{2n}\ln\left[1+\left(\dfrac{i}{n}\right)^2\right]-4\ln n$$
$$=\dfrac{1}{n}\sum_{i=1}^{2n}\ln\left[1+\left(\dfrac{i}{n}\right)^2\right].$$

它是 $f(x)=\ln(1+x^2)$ 在 $[0,2]$ 区间上的一个积分和(对 $[0,2]$ 区间作 $2n$ 等分,每个小区间长 $\dfrac{1}{n}$),则
$$\lim_{n\to\infty}\ln x_n=\lim_{n\to\infty}\sum_{i=1}^{2n}\dfrac{1}{n}f\left(\dfrac{i}{n}\right)=\int_0^2 \ln(1+x^2)dx$$
$$=x\ln(1+x^2)\Big|_0^2-\int_0^2\dfrac{2x^2+2-2}{1+x^2}dx$$
$$=2\ln 5-4+2\arctan 2.$$

因此
$$\lim_{n\to\infty}x_n=\lim_{n\to\infty}e^{\ln x_n}=e^{2\ln 5-4+2\arctan 2}=25e^{-4+2\arctan 2}.$$

【温馨提示】对于数列 n 项积求极限,一般先取其对数形式,将其转化为求数列 n 项和的极限,然后通过恒等变形转化为求积分和的形式,注意对此方法的掌握.

19. **知识点窍** 本题主要考查函数根的存在情况.

解题过程 (1) 令 $f(x)=x\cdot 3^x-1$,则 $f(x)$ 为初等函数,在 $[0,1]$ 上连续,且
$$f(0)=-1<0, f(1)=2>0$$
所以,由零值定理可知,方程 $f(x)=x\cdot 3^x-1=0$ 在 $(0,1)$ 内至少有一实根,即存在 $\xi\in(0,1)$,使得 $f(\xi)=0$,即 $\xi\cdot 3^\xi=1$.

(2) 令 $f(x)=x^3+px+q$.
因为 $\lim_{x\to -\infty}f(x)=-\infty$,所以,存在 $x_1\in(-\infty,0)$ 使得 $f(x_1)<0$. 因为 $\lim_{x\to+\infty}f(x)=+\infty$,故存在 $x_2\in(0,+\infty)$,使得 $f(x_2)>0$.

因 $f(x)$ 为多项式函数,在闭区间 $[x_1,x_2]$ 上连续,故由零值定理可知,$f(x)=x^3+px+q=0$ 在 $(x_1,x_2)\subset(-\infty,+\infty)$ 内至少有一个实根.

(3) 令 $f(x)=a\sin x+b-x$,则 $f(x)$ 在 $[0,a+b]$ 上连续,且有 $f(0)=b>0$,
$$f(a+b)=a\sin(a+b)+b-(a+b)$$
$$=a[\sin(a+b)-1].$$
若 $\sin(a+b)=1$,则 $f(a+b)=0, x=a+b$ 为所求.
若 $\sin(a+b)<1$,则 $f(a+b)<0, f(x)=0$ 在 $(0,a+b)$ 内至少有一实根.

【温馨提示】对于函数根的判断,首先需证明函数在此区间连续,然后证明在此区间上存在两个函数值符号相异的点,即可证明在此区间上至少存在一个根.

20. **知识点窍** 本题主要考查等价无穷小和极限相等的判断.
解题过程 (1) 考查极限
$$\lim_{x\to a}\dfrac{f(x)-g(x)}{f^*(x)-g^*(x)}=\lim_{x\to a}\dfrac{f(x)\left[1-\dfrac{g(x)}{f(x)}\right]}{f^*(x)\left[1-\dfrac{g^*(x)}{f^*(x)}\right]}$$
$$=\lim_{x\to a}\dfrac{1-\dfrac{g(x)}{f(x)}}{1-\dfrac{g^*(x)}{f^*(x)}}$$
$$=\begin{cases}\dfrac{1-\dfrac{1}{r}}{1-\dfrac{1}{r}}, r\neq 0 \\ \dfrac{1-0}{1-0},\lim_{x\to a}\dfrac{f(x)}{g(x)}=\infty \end{cases}$$
$$=1.$$

或
$$\lim_{x\to a}\dfrac{f(x)-g(x)}{f^*(x)-g^*(x)}=\lim_{x\to a}\dfrac{g(x)\left[\dfrac{f(x)}{g(x)}-1\right]}{g^*(x)\left[\dfrac{f^*(x)}{g^*(x)}-1\right]}$$

$$= 1 \cdot \frac{0-1}{0-1} = 1 (r=0).$$

因此，$f(x) - g(x) \sim f^*(x) - g^*(x)(x \to a)$.

(2) $\lim\limits_{x \to a} \dfrac{\ln f(x)}{\ln f^*(x)} = \lim\limits_{x \to a} \dfrac{\ln\left[\dfrac{f(x)}{f^*(x)} \cdot f^*(x)\right]}{\ln f^*(x)}$

$= \lim\limits_{x \to a} \dfrac{\ln \dfrac{f(x)}{f^*(x)}}{\ln f^*(x)} + 1 = 0 + 1 = 1,$

其中 $\lim\limits_{x \to a} \ln \dfrac{f(x)}{f^*(x)} = \ln 1 = 0, \lim\limits_{x \to a} \ln f^*(x) = -\infty.$

再证：

$$\lim\limits_{x \to a} f(x)^{g(x)} = \lim\limits_{x \to a} e^{g(x)\ln f(x)} = e^{\lim\limits_{x \to a} g(x)\ln f(x)}$$

$$= e^{\lim\limits_{x \to a} g^*(x) \frac{\ln f(x)}{\ln f^*(x)} \ln f^*(x)} = e^{\lim\limits_{x \to a} g^*(x) \ln f^*(x)}$$

$$= \lim\limits_{x \to a} e^{g^*(x)\ln f^*(x)} = \lim\limits_{x \to a} f^*(x)^{g^*(x)}.$$

【温馨提示】判断等价无穷小，即求证两函数比值的极限是否等于 1，若等于 1，则为等价无穷小，反之不是. 证明两个抽象函数极限相等，需要先对其进行适当转化，并利用等价无穷小来证明.

第三章　导数与微分同步测试(A)卷解析

一、单项选择题

题号	1	2	3	4	5	6
答案	B	C	D	C	D	A

1. **知识点窍**　本题主要考查函数可导的条件.

   解题过程　按定义，$|f(x)|$ 在 x_0 可导，即
   $$\lim\limits_{x \to x_0} \frac{|f(x)| - |f(x_0)|}{x - x_0} = \lim\limits_{x \to x_0} \frac{|f(x)|}{x - x_0} \text{ 存在},$$
   即 $\lim\limits_{x \to x_0^+} \frac{|f(x)|}{x - x_0} (\geqslant 0), \lim\limits_{x \to x_0^-} \frac{|f(x)|}{x - x_0} (\leqslant 0)$ 均存在

   且相等 $\Leftrightarrow \lim\limits_{x \to x_0} \frac{|f(x)|}{x - x_0} = 0$

   $\Leftrightarrow \lim\limits_{x \to x_0} \frac{|f(x) - f(x_0)|}{|x - x_0|} = 0$

   $\Leftrightarrow \lim\limits_{x \to x_0} \frac{f(x) - f(x_0)}{x - x_0} = f'(x_0) = 0.$

   因此应选(B).

   【温馨提示】此题主要根据可导的定义求解，注意函数导数与极限的关系.

2. **知识点窍**　本题主要考查函数导数的计算.

   解题过程　$f'(0) = \lim\limits_{x \to 0} \dfrac{f(x) - f(0)}{x - 0}$

   $= \lim\limits_{x \to 0} \dfrac{1}{x^2}(1 - e^{-x^2})$

   $\xrightarrow{\text{令 } u = -x^2} \lim\limits_{u \to 0} \dfrac{e^u - 1}{u} = \lim\limits_{u \to 0} \dfrac{u}{u} = 1.$

   (因为 $u \to 0$ 时，$e^u - 1 \sim u$). 因此，应选(C).

   【温馨提示】对于分段函数的导数计算，应从定义出发进行求解，注意对导数定义的掌握.

3. **知识点窍**　本题主要考查复合函数可导性及导数的求解.

   解题过程　通过变量替换 $t = x + 1$ 或按定义由关系式 $f(x+1) = af(x)$ 将 $f(x)$ 在 $x = 1$ 的可导性与 $f(x)$ 在 $x = 0$ 的可导性联系起来.

   方法 1　令 $t = x + 1$，则 $f(t) = af(t-1)$，由复合函数可导性及求导法则知，$f(t)$ 在 $t = 1$ 可导且 $f'(t)|_{t=1} = af'(t-1)(t-1)'|_{t=1} = af'(0) = ab.$ 因此，应选(D).

   方法 2　按定义考查
   $$\lim\limits_{x \to 0} \dfrac{f(1+x) - f(1)}{x} = \lim\limits_{x \to 0} \dfrac{af(x) - af(0)}{x}$$
   $= af'(0) = ab$，因此，应选(D).

   【温馨提示】对于复合函数可导性的判断，第一种方法是通过变量代换，根据复合函数求导法则进行求解，第二种方法是通过定义求解，注意对这两种方法的掌握.

4. **知识点窍**　本题主要考查函数可导的性质及极限的一些性质.

   解题过程　直接由定义出发
   $$f'(a) = \lim\limits_{x \to a} \dfrac{f(x) - f(a)}{x - a} > 0.$$
   由极限的保序性
   $\Rightarrow \exists \delta > 0,$ 当 $x \in (a - \delta, a + \delta), x \neq a$ 时
   $\dfrac{f(x) - f(a)}{x - a} > 0.$
   $\Rightarrow f(x) > f(a)(x \in (a, a + \delta)),$
   $f(x) < f(a)(x \in (a - \delta, a)).$
   因此选(C).

   【温馨提示】解决此类题目，主要是从定义出发，建立函数关系式求解，注意对极限保序性的掌握.

5. **知识点窍** 本题主要考查指数函数导数的求解.
   解题过程 取对数,得 $\ln y = x\ln x$,对此式求导,得
   $$y' = (1+\ln x)y$$
   再对上式求导,得
   $$y'' = \frac{y}{x} + (1+\ln x)y' = \frac{1}{x}y + (1+\ln x)^2 y$$
   $$= \left[\frac{1}{x} + (1+\ln x)^2\right]y$$
   $$= x^{x-1} + (1+\ln x)^2 x^x$$
   所以,应选(D).

   【温馨提示】 对于此类问题,应先对函数进行对数转换,然后进行求解.

6. **知识点窍** 本题主要考查变限积分的求导.
   解题过程 这是上、下限均为已知函数的变限积分,直接由变限积分求导法得 $F'(x) = f(\ln x)(\ln x)' - f\left(\frac{1}{x}\right)\left(\frac{1}{x}\right)' = \frac{1}{x}f(\ln x) + \frac{1}{x^2}f\left(\frac{1}{x}\right)$.
   故应选(A).

   【温馨提示】 注意对变限积分求导法则的掌握.

二、填空题

7. **知识点窍** 本题主要考查指数型函数的导数计算.
   解题过程 $y' = \dfrac{1}{1+e^{2x^2}}(e^{x^2})' = \dfrac{1}{1+e^{2x^2}}e^{x^2}(x^2)'$
   $$= \frac{2xe^{x^2}}{1+e^{2x^2}}.$$

   【温馨提示】 对于此类函数导数的计算,主要是运用指数函数求导与复合函数求导法则进行计算,注意求导的步骤.

8. **知识点窍** 本题主要考查抽象函数某点处的导数计算.
   解题过程 此题应先求出 y',为此引入中间变量
   $$u = \frac{3x-2}{3x+2}$$
   则依复合函数求导法则,有
   $$y' = f'(u)\left(\frac{3x-2}{3x+2}\right)'$$
   $$= \arctan u^2 \cdot \frac{12}{(3x+2)^2}$$
   $$= \frac{12}{(3x+2)^2}\arctan\left(\frac{3x-2}{3x+2}\right)^2$$
   于是 $y'(0) = 3\times\arctan 1 = 3\times\dfrac{\pi}{4} = \dfrac{3\pi}{4}$.

   【温馨提示】 对于抽象函数求导,注意对原式的合理转化,并且熟练运用复合函数求导法则,求导之前,先弄清楚函数的复合结构,然后逐步进行求导.

9. **知识点窍** 本题主要考查复合函数求导的方法.
   解题过程 解法一 $y = e^{\arctan x\ln(1+x^2)}$
   $$y' = e^{\arctan x \cdot \ln(1+x^2)}\left[\frac{\ln(1+x^2)}{1+x^2} + \frac{2x\arctan x}{1+x^2}\right]$$
   $$= (1+x^2)^{\arctan x}\left[\frac{\ln(1+x^2)}{1+x^2} + \frac{2x\arctan x}{1+x^2}\right].$$
   解法二 取对数得 $\ln y = \arctan x \cdot \ln(1+x^2)$,两边对 x 求导得 $\dfrac{y'}{y} = \dfrac{\ln(1+x^2)}{1+x^2} + \dfrac{2x\arctan x}{1+x^2}$,
   $$y' = (1+x^2)^{\arctan x-1}[\ln(1+x^2) + 2x\arctan x].$$

   【温馨提示】 对于此类型的题目,第一种方法根据复合函数求导法则进行逐步求导,另一种方法是先取对数,对原函数进行化简,然后根据函数求导法则进行求解.

10. **知识点窍** 本题主要考查函数微分的求解.
    解题过程 对方程两端求微分,得
    $$\mathrm{d}x + \mathrm{d}y = \sec^2 y \mathrm{d}y$$
    由此得
    $$\mathrm{d}y = \frac{1}{\sec^2 y - 1}\mathrm{d}x = \frac{1}{\tan^2 y}\mathrm{d}x = \frac{1}{(x+y)^2}\mathrm{d}x.$$

    【温馨提示】 本题属于基本题型,求解函数的微分,一般是对等式两边求微分,然后转化进行求解.

11. **知识点窍** 本题主要考查函数 n 阶导数的计算.
    解题过程 将 $f'(x) = f^2(x)$ 两边求导得
    $$f''(x) = 2f(x)f'(x) = 2f^3(x)$$
    再求导得
    $$f^{(3)}(x) = 3!f^2(x)f'(x) = 3!f^4(x)$$
    由此可归纳证明 $f^{(n)}(x) = n!f^{n+1}(x)$.

    【温馨提示】 对于此类问题,一般先求解出函数前几项的导数,然后根据归纳总结,得出函数的 n 阶导数值.

12. **知识点窍** 本题主要考查利用函数导数求解切线方程.
    解题过程 参数方程
    $$\begin{cases} x = r\cos\theta = a\cos\theta + a\cos^2\theta \\ y = r\sin\theta = a\sin\theta + a\cos\theta\sin\theta \end{cases}$$,则

$$\frac{\mathrm{d}y}{\mathrm{d}x} = \frac{y'_\theta}{x'_\theta} = \frac{a\cos\theta + a\cos^2\theta - a\sin^2\theta}{-a\sin\theta - 2a\cos\theta\sin\theta}$$
$$= \frac{\cos\theta + \cos 2\theta}{-\sin\theta - \sin 2\theta}.$$

(1) 在点 $(r,\theta) = (2a, 0)$ 处,$(x,y) = (2a, 0)$,切线方程为 $x = 2a \left(\lim\limits_{\theta \to 0} \frac{\mathrm{d}y}{\mathrm{d}x} = \infty \right)$.

(2) 在点 $(r,\theta) = \left(a, \frac{\pi}{2}\right)$ 处,$(x,y) = (0, a)$,
$\frac{\mathrm{d}y}{\mathrm{d}x} = 1$,切线方程为 $y - a = x$.

(3) 在点 $(r,\theta) = (0, \pi)$ 处,$(x,y) = (0, 0)$,
$\frac{\mathrm{d}y}{\mathrm{d}x} = 0$,切线方程为 $y = 0$.

$\left(\lim\limits_{\theta \to \pi} \frac{\mathrm{d}y}{\mathrm{d}x} \stackrel{\frac{0}{0}}{=\!=\!=} \lim\limits_{\theta \to \pi} \frac{-\sin\theta - 2\sin 2\theta}{-\cos\theta - 2\cos 2\theta} = 0 \right)$

【温馨提示】 对于函数切线方程的求解,首先求出函数在此点处的切线斜率,然后根据点斜式求出切线方程.

三、解答题

13. 知识点窍 本题主要考查分段函数在分界点处的导数.

解题过程 由题设知
$f(1^+) = \frac{\pi}{4} = f(1)$,
$f(-1^-) = -\frac{\pi}{4} = f(-1)$,
故 $f(x)$ 又可以写成
$$f(x) = \begin{cases} \frac{\pi}{4} + \frac{x-1}{2}, & x \geqslant 1, \\ \arctan x, & |x| \leqslant 1, \\ -\frac{\pi}{4} + \frac{x+1}{2}, & x \leqslant -1, \end{cases}$$ 所以

$f'_+(1) = \left(\frac{\pi}{4} + \frac{x-1}{2}\right)' \Big|_{x=1} = \frac{1}{2}$,

$f'_-(1) = (\arctan x)' \Big|_{x=1} = \frac{1}{1+x^2} \Big|_{x=1} = \frac{1}{2}$,

$f'_+(-1) = (\arctan x)' \Big|_{x=-1} = \frac{1}{1+x^2} \Big|_{x=-1} = \frac{1}{2}$,

$f'_-(-1) = \left(-\frac{\pi}{4} + \frac{x+1}{2}\right)' \Big|_{x=-1} = \frac{1}{2}$,

因此 $f'(1) = f'(-1) = \frac{1}{2}$.

【温馨提示】 对于分段函数求导问题,首先判断分界点处函数是否连续,然后分别求出函数在此点处的左右导数值.

14. 知识点窍 本题主要考查分段函数导数存在性及计算方法.

解题过程 $f(x)$ 在 $x = 1$ 处可导的必要条件是,$f(x)$ 在 $x = 1$ 处连续,因 $f(1) = 1$,且
$f(1^-) = \lim\limits_{x \to 1^-} x^2 = 1$,
$f(1^+) = \lim\limits_{x \to 1^+} (ax + b\sqrt{x}) = a + b$

于是,由 $f(1^-) = f(1^+) = f(0) = 1$,得
$$a + b = 1$$

另外,由
$f'_-(1) = \lim\limits_{x \to 1^-} \frac{f(x) - f(1)}{x - 1} = \lim\limits_{x \to 1^-} \frac{x^2 - 1}{x - 1}$
$= \lim\limits_{x \to 1^-} (x + 1) = 2$

$f'_+(1) = \lim\limits_{x \to 1^+} \frac{ax + b\sqrt{x} - 1}{x - 1}$

$= \lim\limits_{x \to 1^+} \frac{ax + (1-a)\sqrt{x} - 1}{x - 1}$

$= \lim\limits_{x \to 1^+} \frac{ax - a\sqrt{x} + \sqrt{x} - 1}{(\sqrt{x} - 1)(\sqrt{x} + 1)}$

$= \lim\limits_{x \to 1^+} \frac{(\sqrt{x} - 1)(a\sqrt{x} + 1)}{(\sqrt{x} - 1)(\sqrt{x} + 1)}$

$= \lim\limits_{x \to 1^+} \frac{a\sqrt{x} + 1}{\sqrt{x} + 1} = \frac{a + 1}{2}$

可知,$f(x)$ 在 $x = 2$ 处可导,应满足条件:
$$2 = \frac{1}{2}(a + 1)$$

由此得 $a = 3$,从而 $b = 1 - a = -2$,而 $f'(1) = 2$.

【温馨提示】 解决本题的关键是挖掘出函数可导的隐含条件,即函数在此点处必然连续,然后根据连续性成立的条件,得出关于未知数的一个等式.接着利用导数存在的条件——左右导数存在且相等,得出另一个含有未知数的等式,两式联立进行进行求解.注意对此题求解方法的掌握.

15. 知识点窍 本题主要考查由方程组确定的函数的导数.

解题过程 这里 y 与 x 的函数关系由参数方程 $x = x(t), y = y(t)$ 给出,且 $\frac{\mathrm{d}y}{\mathrm{d}x} = \frac{y'_t}{x'_t}$.其中 $x = x(t)$ 是显式表示,易直接计算 x'_t,而 $y = y(t)$ 由 y 与 t 的方程式确定,由隐函数求导法求出 y'_t.由方程组的第一个方程对 t 求导得 $x'_t = 6t + 2 = 2(3t + 1)$,将第二个方程对 t 求导并注意 $y = y(t)$,得 $y'_t e^y \sin t + e^y \cos t - y'_t = 0$,整理并由方程式化简得 $y'_t = \frac{e^y \cos t}{1 - e^y \sin t} = \frac{e^y \cos t}{2 - y}$. (1)

因此,有 $\dfrac{dy}{dx} = \dfrac{y'_t}{x'_t} = \dfrac{e^y \cos t}{2(2-y)(3t+1)}$.

于是,有
$$\dfrac{d^2 y}{dx^2} = \dfrac{d}{dt}\left(\dfrac{dy}{dx}\right)\dfrac{dt}{dx} = \dfrac{d}{dt}\left[\dfrac{e^y \cos t}{2(2-y)(3t+1)}\right]\dfrac{1}{x'_t}$$
$$= \dfrac{1}{2} \dfrac{e^y(y'_t \cos t - \sin t)(2-y)(3t+1) - e^y \cos t}{(3t+1)^3(2-y)^2}$$
$$\dfrac{[-y'(3t+1) + 3(2-y)]}{(3t+1)^3(2-y)^2}$$

注意:由原方程组得 $y\big|_{t=0} = 1$,

由(1)式得 $\dfrac{dy}{dt}\bigg|_{t=0} = e$.

在上式中令 $t=0$ 得 $\dfrac{d^2 y}{dx^2}\bigg|_{t=0} = \dfrac{2e^2 - 3e}{2}$.

【温馨提示】本题属于综合题,注意对隐函数求导方法的掌握.

16. **知识点窍** 本题主要考查隐函数求导法则,属于一般题型.
    解题过程 对方程两端求导,得
$$\dfrac{1}{1+\left(\dfrac{y}{x}\right)^2}\left(\dfrac{y}{x}\right)' = \dfrac{1}{2} \cdot \dfrac{1}{x^2+y^2}(x^2+y^2)'$$
由此得
$$\dfrac{x^2}{x^2+y^2} \cdot \dfrac{xy'-y}{x^2} = \dfrac{x+yy'}{x^2+y^2}$$
化简得
$$xy' - y = x + yy'$$
解得
$$y' = \dfrac{x+y}{x-y}.$$

【温馨提示】对于隐函数求导,首先需要对等式两端分别求导,注意复合函数求到的应用,然后通过化简进行求解.

17. **知识点窍** 本题主要考查复杂函数求导.
    解题过程 设 $u(x) = e^{-x^2}$,则
$$y = y(u) = \dfrac{u \arcsin u}{\sqrt{1-u^2}} + \dfrac{1}{2}\ln(1-u^2)$$
由于
$$y'_u = \dfrac{\left(\arcsin u + \dfrac{u}{\sqrt{1-u^2}}\right)\sqrt{1-u^2} + \dfrac{u^2 \arctan u}{\sqrt{1-u^2}}}{1-u^2}$$
$$- \dfrac{u}{1-u^2}$$
$$= \dfrac{\arcsin u}{\sqrt{(1-u^2)^3}} = \dfrac{\arcsin(e^{-x^2})}{\sqrt{(1-e^{-2x^2})^3}}$$
$$u'(x) = -2x e^{-x^2}.$$

于是
$$y'_x = y'(u) \cdot u'(x) = \dfrac{-2x e^{-x^2} \arcsin(e^{-x^2})}{\sqrt{(1-e^{-2x^2})^3}} (x \neq 0).$$

【温馨提示】对于复杂函数求导,主要是根据复合函数求导法则,逐步进行求解.

18. **知识点窍** 本题主要考查函数 n 阶导数的计算.
    解题过程 逐步求导出求 $y', y'', \cdots$,从中总结出规律并依此写出 $y^{(n)}$ 表达式,然后用归纳法证明公式正确.
    逐次求导,得
$$y' = e^x(\sin x + \cos x)$$
$$= 2^{\frac{1}{2}} e^x\left(\sin x \cos\dfrac{\pi}{4} + \cos x \sin\dfrac{\pi}{4}\right)$$
$$y'' = 2^{\frac{1}{2}} e^x\left[\sin\left(x+\dfrac{\pi}{4}\right) + \cos\left(x+\dfrac{\pi}{4}\right)\right]$$
$$= 2^{\frac{1}{2}} e^x 2^{\frac{1}{2}}\left[\sin\left(x+\dfrac{\pi}{4}\right)\cos\dfrac{\pi}{4} + \cos\left(x+\dfrac{\pi}{4}\right)\sin\dfrac{\pi}{4}\right]$$
$$= 2^{\frac{1}{2} \times 2} e^x \sin\left(x+\dfrac{2\pi}{4}\right)$$
$$y^{(3)} = 2^{\frac{2}{2}} e^x\left[\sin\left(x+\dfrac{2\pi}{4}\right) + \cos\left(x+\dfrac{2\pi}{4}\right)\right]$$
$$= 2^{\frac{3}{2}} e^x \sin\left(x+\dfrac{3\pi}{4}\right)$$

观察其规律性得 $y^{(n)} = 2^{\frac{n}{2}} e^x \sin\left(x+\dfrac{n\pi}{4}\right)$.

易用归纳法证明,对任意自然数 n,上式成立.

【温馨提示】对于求函数的 n 阶导数,通常先出函数的前几项导数,然后找出其规律,运用归纳总结方法进行求解.

19. **知识点窍** 本题主要考查函数切线、法线的计算.
    解题过程 关键是写出该曲线上任意点 (x_0, y_0) 处的切线方程 $y = y_0 + (2x_0+5)(x-x_0)$,或不垂直于 x 轴的法线方程 $y = y_0 - \dfrac{1}{2x_0+5}(x-x_0)$,其中 $y_0 = x_0^2 + 5x_0 + 4$,再根据题中的条件来确定 x_0.

(1) 曲线过任意点 (x_0, y_0) ($y_0 = x_0^2 + 5x_0 + 4$) 不垂直于 x 轴的法线方程是
$$y = -\dfrac{1}{2x_0+5}(x-x_0) + y_0.$$

要使 $y = -\dfrac{1}{3}x + b$ 为此曲线的法线,

则 $-\dfrac{1}{2x_0+5} = -\dfrac{1}{3}$, $x_0^2 + 5x_0 + 4 + \dfrac{x_0}{2x_0+5} = b$.

解得 $x_0 = -1, b = -\frac{1}{3}$.

(2) 曲线上任意点 $(x_0, y_0)(y_0 = x_0^2 + 5x_0 + 4)$ 处的切线方程是 $y = y_0 + (2x_0 + 5)(x - x_0)$ ①,点 $(0,3)$ 不在给定的曲线上,在 ① 式中令 $x = 0, y = 3$ 得 $x_0^2 = 1, x_0 = \pm 1$,即曲线上点 $(1,10), (-1, 0)$ 处的切线方程为 $y = 7x + 3, y = 3x + 3$,通过点 $(0,3)$,也就是过点 $(0,3)$ 的切线方程是 $y = 7x + 3$ 与 $y = 3x + 3$.

【温馨提示】对于切线与法线的计算,首先需要根据导数来确定函数在此点处切线和法线的斜率,然后根据点斜式求解切线与法线方程. 易错点:一定要注意考查题中所给出的点是否在曲线上.

20. **知识点窍** 本题主要考查与分段函数可导有关的一些性质.

解题过程 (1) 分别计算 $\varphi'_-(x_0)$ 与 $\varphi'_+(x_0)$;

$$\varphi'_-(x_0) = \lim_{x \to x_0^-} \frac{f(x) - f(x_0)}{x - x_0} = f'(x_0)$$

$$\varphi'_+(x_0) = \lim_{x \to x_0^+} \frac{g(x) - f(x_0)}{x - x_0} (\because f(x_0) = g(x_0))$$

$$= \lim_{x \to x_0^+} \frac{g(x) - g(x_0)}{x - x_0} = g'(x_0)$$

因 $f'(x_0) = g'(x_0)$,故 $\varphi'_-(x_0) = \varphi'_+(x_0)$,从而 $\varphi'(x_0)$ 存在.

(2) 因 $\varphi'(x_0)$ 存在,故有

$$\varphi'_-(x_0) = \varphi'_+(x_0) = \varphi'(x_0)$$

而由 (1) 有 $\varphi'_-(x_0) = f'(x_0), \varphi'_+(x_0) = g'(x_0)$

从而有 $f'(x_0) = g'(x_0) = \varphi'(x_0)$

所以,若 $\varphi'(x_0)$ 存在,则 $f'(x_0)$ 与 $g'(x_0)$ 皆存在,且都等于 $\varphi'(x_0)$.

【温馨提示】解决此题的关键是掌握函数可导的定义及性质,从而建立等式关系,进行求证.

第三章　导数与微分同步测试(B)卷解析

一、单项选择题

题号	1	2	3	4	5	6
答案	A	D	A	D	D	A

1. **知识点窍** 本题主要考查复杂函数导数是否存在的判断.

解题过程 ① 不能对 $g(x)\varphi(x)$ 用乘积的求导法则,因为 $\varphi'(a)$ 不存在;

② 当 $g(a) \neq 0$ 时,若 $F(x)$ 在 $x = a$ 可导,可对 $\frac{F(x)}{g(x)}$ 用商的求导法则.

(1) 若 $g(a) = 0$,按定义考查

$$\frac{F(x) - F(a)}{x - a} = \frac{g(x)\varphi(x) - g(a)\varphi(a)}{x - a}$$

$$= \frac{g(x) - g(a)}{x - a}\varphi(x),$$

则 $\lim_{x \to a} \frac{F(x) - F(a)}{x - a} = \lim_{x \to a} \frac{g(x) - g(a)}{x - a} \lim_{x \to a} \varphi(x)$

$= g'(a)\varphi(a),$

即 $F'(a) = g'(a)\varphi(a).$

(2) 可用反证法证明:若 $F'(a)$ 存在,则必有 $g(a) = 0$. 若 $g(a) \neq 0$,由商的求导法则即知 $\varphi(x) = \frac{F(x)}{g(x)}$ 在 $x = a$ 处可导,与假设条件 $\varphi(x)$ 在 $x = a$ 处不可导矛盾. 因此应选 (A).

【温馨提示】判断函数是否可导,一般从定义出发去证明,同时应注意对反证法的灵活应用.

2. **知识点窍** 本题主要考查分段函数连续、可导的判断.

解题过程 因为

$$f(0^-) = \lim_{x \to 0^-}(1 + x^2) = 1,$$

$$f(0^+) = \lim_{x \to 0^+}[a(a-1)xe^x + 1] = 1$$

所以,$\lim_{x \to 0} f(0) = 1$,(A) 正确.

$a = \pm 1$ 时,$f(0) = 1 = \lim_{x \to 0} f(x)$,故 $f(x)$ 在 $x = 0$ 处连续,故 (B) 正确.

$a = 1$ 时,

$$f(x) = \begin{cases} 1 + x^2, x < 0 \\ 1, x = 0 \\ 1, x > 0 \end{cases}$$

于是 $f'_-(0) = \lim_{x \to 0^-} \frac{(1 + x^2) - 1}{x} = 0$

$f'_+(0) = \lim_{x \to 0^+} \frac{1 - 1}{x} = 0$

可见,$f'(0) = 0$,(C) 正确.

$a = -1$ 时,

$$f(x)=\begin{cases}1+x_2, & x<0\\ 1, & x=0\\ 2xe^x+1, & x>0\end{cases}$$

于是
$$f'_-(0)=0, f'_+(0)=\lim_{x\to 0^+}\frac{(2xe^x+1)-1}{x}$$
$$=\lim_{x\to 0^+}(2e^x)=2.$$

因 $f'_-(0)\neq f'_+(0)$，故 $f'(0)$ 不存在，即(D)不正确.
综上所述，应选(D).

> 【温馨提示】对于分段函数连续性、可导性的判断，主要是从定义出发，逐条验证. 注意对定义的掌握和灵活应用.

3. 知识点窍 本题主要考查分段函数可导的求法及性质.

解题过程 首先,$f(x)$ 在 $x=0$ 处连续 $\Leftrightarrow \lim_{x\to 0^-}f(x)=f(0)$，即 $b=0$，然后，$f(x)$ 在 $x=0$ 可导 $\Leftrightarrow f'_+(0)=f'_-(0)$.

当 $b=0$ 时，$f(x)=\begin{cases}x^2\sin\frac{1}{x}, & x>0\\ ax, & x\leq 0\end{cases}$.

按定义求出 $f'_+(0)=\lim_{x\to 0^+}\frac{f(x)-f(0)}{x}=\lim_{x\to 0^+}\frac{x^2\sin\frac{1}{x}}{x}=0.$

由求导法则知 $f'_-(0)=(ax)'|_{x=0}=a$.
由 $f'_+(0)=f'_-(0)$ 得 $a=0$. 因此选(A).

> 【温馨提示】解决此类问题，首先要掌握函数连续性的性质，然后根据可导的定义求解.

4. 知识点窍 本题主要考查抽象函数的导数计算.

解题过程 令 $x=0$，由 $f(1+x)=2f(x), f(0)=1$，得 $f(1)=2f(0)=2$

于是
$$f'(1)=\lim_{\Delta x\to 0}\frac{f(1+\Delta)-f(1)}{\Delta x}=\lim_{\Delta x\to 0}\frac{2f(\Delta x)-2}{\Delta x}$$
$$=2\lim_{\Delta x\to 0}\frac{f(\Delta x)-f(0)}{\Delta x}=2f'(0)=2a$$

所以，应选(D).

> 【温馨提示】对于抽象函数导数的计算，应该从定义出发，运用题设条件进行求解.

5. 知识点窍 本题主要考查分段函数连续性、导数存在性和切线存在性的判断.

解题过程 显然 $\lim_{x\to 0}f(x)=0=f(0)$. 又
$$\lim_{x\to 0^+}\frac{f(x)-f(0)}{x}=\lim_{x\to 0^+}\frac{\sqrt{x}}{x}=+\infty,$$
$$\lim_{x\to 0^-}\frac{f(x)-f(0)}{x}=\lim_{x\to 0^-}\frac{\sqrt{-x}}{x}=-\infty,$$

$y=f(x)$ 的图形见下图

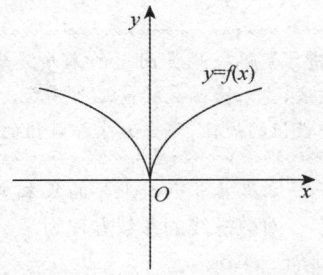

因此，$f'(0)$ 不 $\exists$，$y=f(x)$ 在 $(0,0)$ $\exists$ 切线 $x=0$，选(D).

> 【温馨提示】对于分段函数连续性，要从定义出发求解. 同时应掌握函数切线的求法.

6. 解题过程 二曲线在点 $(-1,0)$ 处的切线斜率应相等，因为
$$y'|_{x=-1}=(3x^2+a)|_{x=-1}=3+a$$
$$y'|_{x=-1}=(2bx)|_{x=-1}=-2b$$

故有 $a+3=-2b$.   ①
二曲线在点 $(-1,0)$ 相交，应有 $-1-a=b+1$，即
$$a+b=-2 \quad ②$$

由①、②解得 $a=b=-1$. 因此，应选(A).

二、填空题

7. 知识点窍 本题主要考查对数函数导数的计算.

解题过程 先作恒等变形，然后再求导数，由
$y=\log_{\sin x}\cos x=\frac{\ln\cos x}{\ln\sin x}$ 得

$$y'=\left(\frac{\ln\cos x}{\ln\sin x}\right)'=\frac{-\frac{\sin x}{\cos x}\ln\sin x-\frac{\cos x}{\sin x}\ln\cos x}{\ln^2\sin x}$$
$$=-\frac{\tan x}{\ln\sin x}-\cot x\frac{\ln\cos x}{\ln^2\sin x}.$$

> 【温馨提示】对于对数形式函数的倒数计算，先进性恒等变换，然后根据商的求导法则和复合函数求导法则进行求解，注意对求导先后顺序的掌握.

8. 知识点窍 本题主要考查函数 n 项导数的计算.

解题过程 因为

$f'(x) = \dfrac{-(1+x)-(1-x)}{(1+x)^2} = (-2)(1+x)^{-2}$ 于是
$f''(x) = (-2)[(1+x)^{-2}]' = (-2)^2(1+x)^{-3}$
$f'''(x) = (-2)^2(-3)(1+x)^{-4}$
$= 2\times(-1)^3\times 3!\times(1+x)^{-(3+1)}$

一般地
$f^{(n)}(x) = 2\times(+1)^n \cdot n!(1+x)^{-(n+1)}$
$= \dfrac{2\times(-1)^n n!}{(1+x)^{n+1}}, n=1,2,\cdots$

【温馨提示】解决此类问题的本质是通过归纳总结方法,先求出函数的前几个导数,然后找出每次导数值的规律,写出 n 次导数值的表达式.

9. **知识点窍** 本题属于函数求导的基本应用.

   解题过程 对数螺线的参数方程为
   $\begin{cases} x = r\cos\theta = e^\theta\cos\theta, \\ y = r\sin\theta = e^\theta\sin\theta, \end{cases}$ 于是它在点 $\left(e^{\frac{\pi}{2}}, \dfrac{\pi}{2}\right)$ 处切线的斜率为
   $\dfrac{dy}{dx} = \dfrac{y'(\theta)}{x'(\theta)}\bigg|_{\theta=\frac{\pi}{2}} = \dfrac{e^\theta(\sin\theta+\cos\theta)}{e^\theta(\cos\theta-\sin\theta)}\bigg|_{\theta=\frac{\pi}{2}} = -1.$

   当 $\theta = \dfrac{\pi}{2}$ 时 $x=0, y=e^{\frac{\pi}{2}}$,因此该切线方程为
   $y = e^{\frac{\pi}{2}} - x.$

   【温馨提示】函数导数应用最多的就是求函数在某点处的切线方程,注意求切线方程的方法:先求出在此点处的切线斜率,然后根据点斜式求得切线方程.

10. **知识点窍** 本题主要考查分段函数可导性和连续性的判断,通过此题应该掌握函数可导性及连续性的判断.

    解题过程 因为:$f(1) = \arctan 1 = \dfrac{\pi}{4}$
    $f(1^-) = \lim\limits_{x\to 1^-}\arctan x = \arctan 1 = \dfrac{\pi}{4}$
    $f(1^+) = \lim\limits_{x\to 1^+}\left(\dfrac{\pi}{4}\sin\dfrac{\pi x}{2} + \dfrac{x-1}{2}\right) = \dfrac{\pi}{4}$
    所以 $f(1^-) = f(1^+) = f(1)$,
    从而 $f(x)$ 在 $x=1$ 处连续.
    另外,令 $u = \dfrac{x-1}{2}$,则
    $x\to 1^-$ 时,$u\to 0^-$;$x\to 1^+$ 时,$u\to 0^+$.
    $f'_-(1) = \lim\limits_{x\to 1^-}\dfrac{\arctan x - \arctan 1}{x-1}$
    $= \lim\limits_{x\to 1^-}\dfrac{1}{x-1}\arctan\dfrac{x-1}{1+x}$
    $= \dfrac{1}{2}\lim\limits_{u\to 0^-}\dfrac{\arctan u}{u} = \dfrac{1}{2}$

$f'_+(1) = \lim\limits_{x\to 1^+}\dfrac{\left(\dfrac{\pi}{4}\sin\dfrac{\pi x}{2} + \dfrac{x-1}{2}\right) - \dfrac{\pi}{4}}{x-1}$

(其中 $\sin\dfrac{\pi x}{2} = \cos\pi u$)

$= \dfrac{1}{2}\lim\limits_{u\to 0^+}\left(1 - \dfrac{\pi}{4}\times\dfrac{1-\cos\pi u}{u}\right)$

($u\to 0^+$ 时,$1-\cos\pi u \sim \dfrac{1}{2}(\pi u)^2$)

$= \dfrac{1}{2} - \dfrac{\pi}{8}\times\dfrac{\pi^2}{2}\lim\limits_{u\to 0^+}u = \dfrac{1}{2}$

因 $f'_-(1) = f'_+(1) = \dfrac{1}{2}$,故 $f(x)$ 在 $x=1$ 处可导,且 $f'(1) = \dfrac{1}{2}$.

即函数在 $x=1$ 处可导且连续.

【温馨提示】函数连续性与可导性的判断,要从定义出发,判断左右极限是否存在且相等,并且等于函数值,若相等,则连续,否则不连续;若果左右导数存在且相等,则函数可导,否则不可导.

11. **知识点窍** 本题主要考查函数在某点处可导性的判断.

    解题过程 函数 $|x|, |x-1|, |x+1|$ 分别仅在 $x=0, x=1, x=-1$ 处不可导且它们处处连续. 因此只须在这些点考查 $f(x)$ 是否可导.

    方法 1
    $f(x) = (x^2-x-2)|x||x-1||x+1|$,只需考查 $f(x)$ 在 $x=0,1,-1$ 处是否可导. 考查 $x=0$ 时,令 $g(x) = (x^2-x-2)|x^2-1|$,则 $f(x) = g(x)|x|, g'(0)$ 存在,$g(0)\neq 0, \varphi(x) = |x|$ 在 $x=0$ 处连续但不可导,则 $f(x)$ 在 $x=0$ 处不可导.

    考查 $x=1$ 时,令 $g(x) = (x^2-x-2)|x^2+x|$,$\varphi(x) = |x-1|$,则 $g'(1)$ 存在,$g(1)\neq 0, \varphi(x)$ 在 $x=1$ 连续但不可导,则 $f(x) = g(x)\varphi(x)$ 在 $x=1$ 不可导. 考查 $x=-1$ 时,令 $g(x) = (x^2-x-2)|x^2-x|, \varphi(x) = (x+1)$,则 $g'(-1)$ 存在,$g(-1) = 0, \varphi(x)$ 在 $x=-1$ 处连续但不可导,则 $f(x) = g(x)\varphi(x)$ 在 $x=-1$ 可导.

    方法 2 按定义考查.
    考查 $x=0$ 时,
    $\dfrac{f(x)-f(0)}{x} = (x^2-x-2)|x^2-1|\dfrac{|x|}{x}$,于是
    $f'_+(0) = \lim\limits_{x\to 0^+}\dfrac{f(x)-f(0)}{x} = -2\times 1\times\lim\limits_{x\to 0^+}\dfrac{x}{x}$
    $= -2,$

$$f'_-(0) = \lim_{x \to 0^-} \frac{f(x)-f(0)}{x} = -2 \times 1 \times \lim_{x \to 0^-} \frac{-x}{x}$$
$$= 2.$$

故 $f'_+(0) \neq f'_-(0)$. 因此 $f(x)$ 在 $x=0$ 不可导.

考查 $x=1$ 时,
$$\frac{f(x)-f(1)}{x-1} = (x^2-x-2)|x^2+x|\frac{|x-1|}{x-1},$$
于是
$$f'_+(1) = \lim_{x \to 1+0} \frac{f(x)-f(1)}{x-1} = -2 \times 2 \times 1 = -4,$$
$$f'_-(1) = \lim_{x \to 1-0} \frac{f(x)-f(1)}{x-1} = -2 \times 2 \times (-1) = 4.$$

故 $f'_+(1) \neq f'_-(1)$. 因此 $f(x)$ 在 $x=1$ 处不可导.

考查 $x=-1$ 时,
$$\frac{f(x)-f(-1)}{x+1} = (x^2-x-2)|x^2-x|\frac{|x+1|}{x+1},$$
于是
$$f'(-1) = \lim_{x \to -1} \frac{f(x)-f(-1)}{x+1} = 0.$$
因为 $\lim_{x \to -1}[(x^2-x-2)|x^2-x|] = 0 \times 2 = 0$, 而且 $\left|\frac{x+1}{x+1}\right|$ 为有界变量, 所以 $f'(-1) = 0$. 因此 $f(x)$ 在 $x=-1$ 处可导.

【温馨提示】判断函数可导点的个数,首先需判断函数的分界点个数,然后根据定义求解.

12. **知识点窍** 本题主要考查隐函数求解微分的方法.

解题过程 $dy\sin(x+y) + y\cos(x+y)(dx+dy)$
$= dx\cos(x+y) - x\sin(x+y)(dx+dy)$

整理,得
$[\sin(x+y) + y\cos(x+y) + x\sin(x+y)]dy$
$= [\cos(x+y) - x\sin(x+y) - y\cos(x+y)]dx$

所以
$$dy = \frac{(1-y)\cos(x+y) - x\sin(x+y)}{(1+x)\sin(x+y) + y\cos(x+y)}dx.$$

注:利用已知方程,上式可化简为
$$dy = \frac{y-x^2-y^2}{x+x^2+y^2}dx.$$

【温馨提示】对于隐函数求微分,通常是将函数式两边分别进行微分求解,然后通过化简,得出隐函数的微分.对等式两边微分的时候,要注意复合函数求解的步骤.

三、解答题

13. **知识点窍** 本题主要考查隐函数求导.

解题过程 (1) **方法 1** 利用一阶微分形式不变性求得 $d(y\sin x) - d\cos(x-y) = 0$,
即 $\sin x\,dy + y\cos x\,dx + \sin(x-y)(dx-dy) = 0$,
整理得
$[\sin(x-y) - \sin x]dy = [y\cos x + \sin(x-y)]dx$,
故
$$dy = \frac{y\cos x + \sin(x-y)}{\sin(x-y) - \sin x}dx.$$

方法 2 先求 y', 再写出 $dy = y'dx$. 等式两端对 x 求导, 注意 $y=y(x)$. 下略.

方法 3 记 $F(x,y) = y\sin x - \cos(x-y)$, 代入公式得
$$dy = y'(x)dx = \left(-\frac{\partial F}{\partial x}\Big/\frac{\partial F}{\partial y}\right)dx$$
$$= -\frac{y\cos x + \sin(x-y)}{\sin x - \sin(x-y)}dx.$$

(2) **方法 1** 先简化原方程,两边取对数得
$$\frac{1}{2}\ln(x^2+y^2) = \arctan\frac{y}{x}$$

现将方程两边求微分得
$$\frac{x\,dx + y\,dy}{x^2+y^2} = \frac{1}{1+\left(\frac{y}{x}\right)^2} \cdot \frac{x\,dy - y\,dx}{x^2},$$

化简得 $x\,dx + y\,dy = x\,dy - y\,dx$,
即 $(x-y)dy = (x+y)dx$,
由此解得 $y' = \frac{dy}{dx} = \frac{x+y}{x-y}.$

为求 y'', 将 y' 满足的方程 $(x-y)y' = x+y$ 两边再对 x 求导, 即得
$(1-y')y' + (x-y)y'' = 1+y' \Rightarrow y'' = \frac{1+y'^2}{x-y}.$

代入 y' 表达式即得
$$y'' = \frac{1+\left(\frac{x+y}{x-y}\right)^2}{x-y} = \frac{2(x^2+y^2)}{(x-y)^3}.$$

方法 2 注意 y 是 x 的函数, 于是对 x 求导得
$$\frac{x+yy'}{\sqrt{x^2+y^2}} = e^{\arctan\frac{y}{x}} \cdot \frac{\frac{y'x-y}{x^2}}{1+\left(\frac{y}{x}\right)^2},$$

即 $(x+yy')\sqrt{x^2+y^2} = e^{\arctan\frac{y}{x}}(y'x-y).$

注意 $\sqrt{x^2+y^2} = e^{\arctan\frac{y}{x}}$, 得 $y' = \frac{x+y}{x-y}$,

再求导得
$$y'' = \frac{(1+y')(x-y) - (x+y)(1-y')}{(x-y)^2}$$
$$= \frac{2(xy'-y)}{(x-y)^2},$$

将 y' 表达式代入得 $y'' = \dfrac{2(x^2+y^2)}{(x-y)^3}$.

【温馨提示】隐函数求微分、求导问题,通常是利用一阶微分形式不变形,对两边同时求微分,然后进行化简求解. 还可以先求出函数的导数,然后根据导数与微分的关系求解,注意对此方法的灵活运用.

14. **知识点窍** 本题主要考查指数型函数的求导.
    解题过程 取对数,得
    $$\ln y = \cos x \cdot \ln\sin x$$
    对上式两端求导,得
    $$\dfrac{1}{y}y' = -\sin x\,\ln\sin x + \dfrac{\cos x}{\sin x}\cdot\cos x$$
    $$= \dfrac{\cos^2 x}{\sin x} - \sin x \cdot \ln\sin x$$
    所以
    $$y' = y\left(\dfrac{\cos^2 x}{\sin x} - \sin x\,\ln\sin x\right)$$
    $$= (\sin x)^{\cos x}\left(\dfrac{\cos^2 x}{\sin x} - \sin x\,\ln\sin x\right)$$
    $$= (\sin x)^{1+\cos x}(\cot^2 x - \ln\sin x).$$

【温馨提示】指数型函数求导,通常是将其转化成对数形式,然后根据复合函数求导法则进行求解.

15. **知识点窍** 本题主要考查分段函数的求导.
    解题过程 $f(x)$ 是以 $x=0$ 为分界点的分段函数,其中左边一段的表达式包括分界点即 $x=0$,从而
    当 $x\leqslant 0$ 时 $f'(x) = \dfrac{8}{3}x(1+x^2)^{\frac{1}{3}} - 2\sin 2x$,$x=0$ 处左导数 $f'_-(0)=0$;
    当 $x>0$ 时 $f'(x) = \left(\dfrac{\sin 2x}{2x}\right)' = \dfrac{2x\cos 2x - \sin 2x}{2x^2}$,
    $$\lim_{x\to 0^+}f'(x) = \lim_{x\to 0^+}\dfrac{(2x\cos 2x - \sin 2x)'}{4x}$$
    $$= \lim_{x\to 0^+}\dfrac{-4x\sin 2x}{4x} = 0.$$
    又 $\lim_{x\to 0^+}f(x) = \lim_{x\to 0^+}\dfrac{\sin 2x}{2x} = 1 = f(0)$,
    即 $f(x)$ 在 $x=0$ 右连续 $\Rightarrow f'_+(0)=0$. 于是 $f'(0)=0$. 因此
    $$f'(x) = \begin{cases}\dfrac{2x\cos 2x-\sin 2x}{2x^2}, & x>0,\\ \dfrac{8}{3}x(1+x^2)^{\frac{1}{3}} - 2\sin 2x, & x\leqslant 0.\end{cases}$$
    $f'(x)$ 也是分段函数,$x=0$ 是分界点,为求 $f''(0)$,

要分别求 $f''_+(0)$ 与 $f''_-(0)$. 同前可求
$$f''_-(0) = \left[\dfrac{8}{3}x(1+x^2)^{\frac{1}{3}} - 2\sin 2x\right]'\bigg|_{x=0}$$
$$= \left[\dfrac{8}{3}(1+x^2)^{\frac{1}{3}} - 4\cos 2x\right]\bigg|_{x=0}$$
$$= \dfrac{8}{3} - 4 = -\dfrac{4}{3}.$$
按定义求 $f''_+(0)$,则有
$$f''_+(0) = \lim_{x\to 0^+}\dfrac{f'(x)-f'(0)}{x}$$
$$= \lim_{x\to 0^+}\dfrac{2x\cos 2x - \sin 2x}{2x^3}$$
$$= \lim_{x\to 0^+}\dfrac{-4x\sin 2x}{6x^2}$$
$$= -\dfrac{4}{3}\lim_{x\to 0^+}\dfrac{\sin 2x}{2x} = -\dfrac{4}{3}.$$
因为 $f''_+(0) = f''_-(0) = -\dfrac{4}{3}$,所以 $f''(0) = -\dfrac{4}{3}$.

【温馨提示】本题的难点主要在于求分界点处函数的导数. 分界点处导数值的计算,要根据定义求解或者分别求左右导数.

16. **知识点窍** 本题主要考查参数方程求解某点处的切线方程、法线方程.
    解题过程 (1) $\dfrac{dy}{dx} = \dfrac{y'(t)}{x'(t)} = \dfrac{e^t\cos t - e^t\sin t}{e^t\sin t + e^t\cos t}$
    $= \dfrac{\cos t - \sin t}{\cos t + \sin t}$,
    故 $t=\dfrac{\pi}{2}$ 时,$k = \dfrac{dy}{dx}\bigg|_{t=\frac{\pi}{2}} = -1$,
    $x\left(\dfrac{\pi}{2}\right) = e^{\frac{\pi}{2}},y\left(\dfrac{\pi}{2}\right) = 0$,
    从而此时切线方程为 $y = -(x - e^{\frac{\pi}{2}})$,
    法线方程为 $y = x - e^{\frac{\pi}{2}}$.
    (2) $\dfrac{dy}{dx} = \dfrac{y'(t)}{x'(t)} = \dfrac{3\sin^2 t \cdot \cos t}{-3\cos^2 t \cdot \sin t} = -\tan t$,
    故 $t = \dfrac{\pi}{4}$ 时,
    $k = -\tan t\big|_{t=\frac{\pi}{4}} = -1$,
    $x(t)\big|_{t=\frac{\pi}{4}} = \left(\dfrac{\sqrt{2}}{2}\right)^3 = \dfrac{\sqrt{2}}{4}$,
    $y(t)\big|_{t=\frac{\pi}{4}} = \dfrac{\sqrt{2}}{4}$.
    从而此时切线方程为 $y - \dfrac{\sqrt{2}}{4} = -\left(x - \dfrac{\sqrt{2}}{4}\right)$,
    即 $y = -x + \dfrac{\sqrt{2}}{2}$,
    法线方程为 $y - \dfrac{\sqrt{2}}{4} = x - \dfrac{\sqrt{2}}{4}$,

即 $y = x$.

【温馨提示】参数方程求解某点处的切线和法线,归根到底为求解函数在某点处的导数,因此,要注意掌握参数方程求导的方法.同时应该掌握切线斜率与法线斜率之间的关系.

17. **知识点窍** 本题主要考查隐函数求解二阶导数.

解题过程 $e^y = y^x$,两边取对数得 $y = x\ln y$,对 x 求导(注意 $y = y(x)$)$\Rightarrow \dfrac{dy}{dx} = \ln y + \dfrac{x}{y}\dfrac{dy}{dx}$,$y\dfrac{dy}{dx}$

$y\ln y + x\dfrac{dy}{dx} \Rightarrow \dfrac{dy}{dx} = \dfrac{y\ln y}{y - x}$.

求 $\dfrac{d^2y}{dx^2}$ 有两种方法:

方法 1 将 $\dfrac{dy}{dx}$ 的方程 $y\dfrac{dy}{dx} = y\ln y + x\dfrac{dy}{dx}$ 两边对 x 求导得 $y\dfrac{d^2y}{dx^2} + \left(\dfrac{dy}{dx}\right)^2 = \dfrac{dy}{dx}\ln y + 2\dfrac{dy}{dx} + x\dfrac{d^2y}{dx^2}$.

解出 $\dfrac{d^2y}{dx^2}$ 并代入 $\dfrac{dy}{dx}$ 表达式得

$(y - x)\dfrac{d^2y}{dx^2} = (\ln y + 2) \cdot \dfrac{y\ln y}{y - x} - \dfrac{y^2\ln^2 y}{(y - x)^2}$

$= \dfrac{[(\ln y + 2)(y - x) - y\ln y]y\ln y}{(y - x)^2}$.

注意 $y = x\ln y$,于是 $\dfrac{d^2y}{dx^2} = \dfrac{(y - 2x)y\ln y}{(y - x)^3}$.

方法 2 将 $\dfrac{dy}{dx}$ 的表达式再对 x 求导得

$\dfrac{d^2y}{dx^2} = \dfrac{d}{dx}\left(\dfrac{y\ln y}{y - x}\right)$

$= \dfrac{(\ln y + 1)\dfrac{dy}{dx}(y - x) - y\ln y\left(\dfrac{dy}{dx} - 1\right)}{(y - x)^2}$.

注意 $y = x\ln y$,化简得 $\dfrac{d^2y}{dx^2} = \dfrac{y\ln y - x\dfrac{dy}{dx}}{(y - x)^2}$.

代入 $\dfrac{dy}{dx}$ 表达式得 $\dfrac{d^2y}{dx^2} = \dfrac{(y - 2x)y\ln y}{(y - x)^3}$.

【温馨提示】隐函数求一阶导数,需对等式两边同时求导(注意复合函数求导法则的运用),然后通过化简求出一阶导数,进而求二阶导数.第一种方法是在一阶导数的等式的基础上接着求二阶导数,第二种方法是直接对一阶导数进行求解,注意对此两种方法的掌握.

18. **知识点窍** 本题属于基本题型,主要考查函数微分的计算.

解题过程 (1) $dy = (x^2 + \sqrt{x} + 1)'dx$

$= \left(2x + \dfrac{1}{2\sqrt{x}}\right)dx$

或 $dy = d(x^2 + \sqrt{x} + 1) = d(x^2) + d(\sqrt{x}) + 0$

$= 2xdx + \dfrac{1}{2\sqrt{x}}dx = \left(2x + \dfrac{1}{2\sqrt{x}}\right)dx$.

(2) $y' = \left(-\dfrac{1}{2}\right)(1 + x^2)^{-\frac{3}{2}} \cdot 2x$

$= \dfrac{-x}{(1 + x^2)\sqrt{1 + x^2}}$

故 $dy = \dfrac{-x}{(1 + x^2)\sqrt{1 + x^2}}dx$.

(3) $y' = \cos x - \cos x + x\sin x = x\sin x$

或 $dy = x\sin x dx$.

(4) $y' = 2\tan(1 - x)\sec^2(1 - x) \times (-1)$

故 $dy = -2\tan(1 - x)\sec^2(1 - x)dx$.

【温馨提示】求解函数的微分,第一种方法是根据一阶微分形式不变性对等式两边分别求微分,通过等式转化求解.第二种方法是对等式两边进行求导,求出导数后,根据导数与微分的关系进行求解.

19. **知识点窍** 本题主要考查函数的 n 阶导数.

解题过程 利用对数函数性质将函数 y 分解为形如 $\ln(ax + b)$ 的对数函数之和,再用 $[\ln(ax + b)]^{(n)}$ 的公式即可得结果.

先分解

$y = \ln(3 - 2x)(1 + 3x) = \ln(3 - 2x) + \ln(1 + 3x)$

$\Rightarrow y^{(n)} = [\ln(3 - 2x)]^{(n)} + [\ln(1 + 3x)]^{(n)}$

然后利用 $[\ln(ax + b)]^{(n)}$ 的公式得

$y^{(n)} = \dfrac{(-1)^{n-1}(-2)^n(n-1)!}{(3 - 2x)^n} + \dfrac{(-1)^{n-1}3^n(n-1)!}{(1 + 3x)^n}$

$= \dfrac{-2^n(n-1)!}{(3 - 2x)^n} + \dfrac{(-1)^{n-1}3^n(n-1)!}{(1 + 3x)^n}$.

【温馨提示】解决本题的关键是对原函数进行转化,然后根据函数的 n 阶求导公式进行求解,注意对 n 阶导数公式的应用.

20. **知识点窍** 本题主要考查函数可导的性质及奇偶性、周期性的判断.

解题过程 (1) 因为 $f(-x) = f(x)$,所以,由导数定义,有

$f'(-x) = \lim\limits_{\Delta x \to 0} \dfrac{f(-x + \Delta x) - f(-x)}{\Delta x}$

$= -\lim\limits_{\Delta x \to 0} \dfrac{f(x - \Delta x) - f(x)}{(-\Delta x)} = -f'(x)$

即 $f(x)$ 为可导的偶函数时,$f'(x)$ 为奇函数.

(2) 因 $f(-x) = -f(x)$,所以

$f'(-x) = \lim\limits_{\Delta x \to 0} \dfrac{f(-x + \Delta x) - f(-x)}{\Delta x}$

$$= \lim_{\Delta x \to 0} \frac{-f(x - \Delta x) + f(x)}{\Delta x}$$
$$= \lim_{\Delta x \to 0} \frac{f(x - \Delta x) - f(x)}{(-\Delta x)} = f'(x)$$

即 $f(x)$ 为可导的奇函数时,$f'(x)$ 为偶函数.

(3) 设 $f(x+T) = f(x)$,则两边同时求导,得
$$f'(x+T)(x+T)' = f'(x+T) = f'(x)$$

所以,$f'(x)$ 为周期为 T 的周期函数.

【温馨提示】对于此题的证明,应从函数可导的定义出发,建立等式关系,然后根据可导与奇偶性的关系求解.

第四章 中值定理与导数的应用同步测试(A)卷解析

一、单项选择题

题号	1	2	3	4	5	6
答案	C	C	D	B	C	D

1. **知识点窍** 本题主要考查函数可导与极值、拐点的关系.

   解题过程 (1) 由条件 $\lim_{x \to 0} \frac{f'(x)}{x^2} = 1$ 及 $f'(x)$ 在 $x = 0$ 处连续即知 $\lim_{x \to 0} f'(x) = f'(0) = 0$.

   用洛必达法则得 $\frac{0}{0}$ 型未定式极限
   $$J \stackrel{记}{=} \lim_{x \to 0} \frac{f'(x)}{x^2} = \lim_{x \to 0} \frac{f''(x)}{2x}.$$
   因 $\lim_{x \to 0} f''(x) = f''(0)$,若 $f''(0) \neq 0$,则 $J = \infty$,与 $J = 1$ 矛盾,故必有 $f''(0) = 0$.
   再由 $f'''(0)$ 的定义得
   $$J = \lim_{x \to 0} \frac{f''(x)}{2x} = \lim_{x \to 0} \frac{f''(x) - f''(0)}{2x}$$
   $$= \frac{1}{2} f'''(0) = 1,$$
   $\Rightarrow f'''(0) = 2.$
   因此,$(0, f(0))$ 是拐点. 选(C).

   评注 ① 若求 J 的最后一步用洛必达法则得
   $$J = \lim_{x \to 0} \frac{f''(x)}{2x} = \lim_{x \to 0} \frac{f'''(x)}{2} = \frac{1}{2} f'''(0) = 1,$$
   但在题设条件下,这种解法是错误的,因题中未假定 $f(x)$ 在 $x = 0$ 的某邻域内三阶可导及 $f'''(x)$ 在 $x = 0$ 处连续. 若设 $f(x)$ 在 $x = 0$ 的某邻域内三阶可导且 $f'''(x)$ 在 $x = 0$ 处连续,则上述解法正确. 在四选一的选择题中,可通过加强条件来选得正确选项.

   ② 因 $\lim_{x \to 0} \frac{f'(x)}{x^2} = 1 > 0$,可由极限不等式性质 $\Rightarrow \exists \delta > 0$,使得当 $x \in (-\delta, \delta)$ 且 $x \neq 0$ 时 $\frac{f'(x)}{x^2} > 0$,即 $f'(x) > 0$,又 $f'(0) = 0 \Rightarrow f(x)$ 在 $(-\delta, \delta)$ 单调上升,可见 $f(0)$ 不是 $f(x)$ 的极值. 但此时还不能判断 $(0, f(0))$ 是否是拐点.

   ③ 此类四选一的选择题,用特殊选取法往往最方便,例如,取 $f(x) = \frac{1}{3} x^3 + C$,则 $f'(x) = x^2$ 满足题中所有条件,$(0, f(0))$ 是拐点,$f(0)$ 不是极值. 对这个函数 $f(x)$ 选项(C)正确,而其他选项错误,因此选(C).

   【温馨提示】解决此类问题,注意对函数可导定义的掌握以及洛必达法则的应用.

2. **知识点窍** 本题主要考查拉格朗日中值定理的应用.

   解题过程 因为(C)满足拉格朗日中值定理的所有条件,而(A),(B)和(D)不满足拉格朗日中值定理中在闭区间上连续的条件. 因此,应选(C).

   【温馨提示】对于此类问题的解决,主要是要掌握中值定理的定义,从定义出发求解.

3. **知识点窍** 本题主要考查函数连续性、可导性、极值存在之间的关系.

   解题过程 $f(x)$ 在 $x = a$ 处连续
   $\Rightarrow \lim_{x \to a} f(x) = f(a).$ 又
   $\lim_{x \to a} f(x) = \lim_{x \to a} \frac{f(x)}{(x-a)^4} (x-a)^4 = 0 \Rightarrow f(a) = 0.$
   $\Rightarrow \lim_{x \to a} \frac{f(x) - f(a)}{(x-a)^4} = 2 > 0.$
   根据极限的保号性 $\Rightarrow \exists \delta > 0$,
   当 $0 < |x - a| < \delta$ 时 $\frac{f(x) - f(a)}{(x-a)^4} > 0$,
   即 $f(x) - f(a) > 0$.
   因此,$f(a)$ 为极小值,故选(D).

   【温馨提示】解决此题,首先需从函数连续入手,导出极限存在关系式,然后根据极限数值及极限的保号性求解.

4. **知识点窍** 本题主要考查函数单调性的应用.

   解题过程 令 $F(x) = \frac{f(x)}{g(x)}$,则

$$F'(x) = \frac{f'(x)g(x) - f(x)g'(x)}{[g(x)]^2} < 0, x \in (a,b).$$

于是,$F(x)$ 在 (a,b) 内单调减少,故有
$$F(x) < F(a), x \in (a,b)$$
即有 $f(x)g(a) < f(a)g(x)$.
故应选(B).

> 【温馨提示】解决此类问题的关键,是对题设中原函数式进行转化,构造新的函数,然后根据函数的单调性进行判断.

5. **知识点窍** 本题主要考查函数单调性的判断.
   解题过程 (A),(B),(D) 分别改写为
   $$\frac{f(a)}{a} > \frac{f(b)}{b}, \frac{f(x)}{x^2} > \frac{f(b)}{ab}, \frac{f(x)}{x^2} < \frac{f(a)}{ab}.$$
   因此要考查 $\frac{f(x)}{x}$ 的单调性. 因为
   $$\left[\frac{f(x)}{x}\right]' = \frac{xf'(x) - f(x)}{x^2} > 0, x \in (a,b),$$
   又 $\frac{f(x)}{x}$ 在 $[a,b]$ 连续 $\Rightarrow \frac{f(x)}{x}$ 在 $[a,b]$ 单调上升
   $\Rightarrow \frac{f(a)}{a} < \frac{f(x)}{x} < \frac{f(b)}{b}, \frac{f(x)}{ab} < \frac{f(x)}{x^2} < \frac{f(b)}{ab}$
   $\Rightarrow$(A),(B),(D) 均不对. 选(C).
   或由正值函数 $\frac{f(x)}{x}$ 在 $[a,b]$ 单调上升
   $\Rightarrow xf(x) = \frac{f(x)}{x} \cdot x^2$ 在 $[a,b]$ 单调上升
   $\Rightarrow$(C) 对. 选(C).

> 【温馨提示】对于比较函数值大小问题,首先需要对要比较的函数式进行总结规律,转化成统一的形式,然后构造函数式,利用原题设中的条件进行求解.

6. **知识点窍** 本题主要考查某点处函数极值的判断.
   解题过程 由 $f'(x) = 2ax + b = 0$,
   得驻点 $x_0 = -\frac{b}{2a}$,而 $f''(x) = 2a \neq 0$
   可见 $a > 0$ 时,$f\left(-\frac{b}{2a}\right)$ 为极小值;
   $a < 0$ 时,$f\left(-\frac{b}{2a}\right)$ 为极大值.
   故应选(D).

> 【温馨提示】判断函数极值:一种方法是分别求出此点处函数左右的导数,根据左右导数值判断此点左右处函数的单调性,如果左增右减,则为极大值,如果左减右增,则为极小值;另一种方法是根据此点处的二阶导数来判断,本题就是用了此种方法.

二、填空题

7. **知识点窍** 本题主要考查函数渐近线的计算.
   解题过程 只有间断点 $x = 0$,
   因 $\lim\limits_{x \to 0} y = \lim\limits_{x \to 0}\left[\frac{1}{x} + \ln(1 + e^x)\right] = \infty$,
   故有垂直渐近线 $x = 0$. 又
   $$\lim_{x \to +\infty} \frac{y}{x} = \lim_{x \to +\infty}\left[\frac{1}{x^2} + \frac{\ln(1+e^x)}{x}\right]$$
   $$= 0 + \lim_{x \to +\infty} \frac{e^x}{1+e^x} = 1,$$
   $$\lim_{x \to +\infty}(y - x) = \lim_{x \to +\infty}\left[\frac{1}{x} + \ln(1+e^x) - \ln e^x\right]$$
   $$= 0 + \lim \ln(1 + e^{-x}) = 0,$$
   因此,$x \to +\infty$ 时有斜渐近线 $y = x$.
   最后,$\lim\limits_{x \to -\infty} y = \lim\limits_{x \to -\infty}\left[\frac{1}{x} + \ln(1 + e^x)\right]$
   $$= 0 + \ln 1 = 0,$$
   于是 $x \to -\infty$ 时有水平渐近线 $y = 0$.

> 【温馨提示】计算函数的渐近线,主要是从各渐近线存在的定义出发,分别判断与求解.

8. **知识点窍** 本题主要考查函数极限的求解.
   解题过程 设 $y = \left(\frac{1}{x}\right)^{\tan x}$,则 $\ln y = \tan x \ln \frac{1}{x}$,
   而
   $$\lim_{x \to 0^+} \tan x \ln \frac{1}{x} = \lim_{x \to 0^+} x \ln \frac{1}{x} = \lim_{x \to 0^+} \frac{\ln \frac{1}{x}}{\frac{1}{x}}$$
   $$= \lim_{t \to +\infty} \frac{\ln t}{t} = \lim_{t \to +\infty} \frac{1}{t} = 0$$
   所以
   $$\lim_{x \to 0^+} y = \lim_{x \to 0^+} e^{\ln y} = e^{\lim\limits_{x \to 0^+} \ln y} = e^0 = 1.$$

> 【温馨提示】本题属于基本题型,对于函数极限的求解,先对原式进行转化,然后运用洛必达法则进行求解.

9. **知识点窍** 本题主要考查函数最值的计算.
   解题过程 $f(x) = \begin{cases} e^{x-3}, 3 \leqslant x \leqslant 5 \\ e^{3-x}, -5 \leqslant x \leqslant 3 \end{cases}$
   $f(x)$ 在 $x = 3$ 处连续,但不可导,该函数在 $(-5,5)$ 内无驻点. 因 $f(x)$ 在闭区间 $[-5,5]$ 上连续,故在 $[-5,5]$ 上取得最大值和最小值.
   因为 $-5 < x < 3$ 时,$f'(x) = -e^{3-x} < 0$
   $\qquad 3 < x < 5$ 时,$f'(x) = e^{x-3} > 0$
   所以,$f(x)$ 的不可导点 $x = 3$ 为极小值点,亦即最小值点,最小值为 $f_{\min} = f(3) = e^0 = 1$,

最大值必在区间$[-5,5]$的端点取得:$f(5) = e^2$,
$f(-5) = e^8$.
因此,最大值 $f_{\max} = f(-5) = e^8$.

【温馨提示】对于最值计算,需要考查函数的端点和极值点,然后找出最大和最小值.

10. **知识点窍** 本题主要考查函数拐点的计算.

    解题过程 $y = \frac{9}{14}x^{\frac{7}{3}} - \frac{9}{2}x^{\frac{1}{3}}$,

    $y' = \frac{3}{2}x^{\frac{4}{3}} - \frac{3}{2}x^{-\frac{2}{3}}$,

    $y'' = 2x^{\frac{1}{3}} + x^{-\frac{5}{3}} = x^{\frac{1}{3}}\left(2 + \frac{1}{x^2}\right)\begin{cases}>0, x>0,\\ <0, x<0.\end{cases}$

    这里 $y(x)$ 在 $(-\infty, +\infty)$ 连续,$(y'(0), y''(0)$ 均不 $\exists)$.
    $y(x)$ 在 $x=0$ 两侧凹凸性相反,$(0,0)$ 是拐点.

    【温馨提示】解决本题的关键是掌握拐点的定义及计算方法.拐点即函数凹凸性改变的点,计算拐点,需求解函数的二次导数,然后根据导数值进行判断.

11. **知识点窍** 本题主要考查函数的凹凸区间的计算.

    解题过程 定义域为:$(-\infty, -1) \cup (-1, +\infty)$.

    $y' = \frac{(x+1)^2 - 2x(x+1)}{(x+1)^4} = \frac{1-x}{(x+1)^3}$

    $y'' = \frac{-(x+1)^3 - 3(1-x)(x+1)^2}{(x+1)^6} = \frac{2x-4}{(x+1)^4}$

    令 $y'' = 0$,得 $x_0 = 2$;$x = -1$ 时,y'' 不存在.因为
    $x < -1$ 时,$y'' < 0$
    $-1 < x < 2$ 时,$y'' < 0$
    $2 < x < +\infty$ 时,$y'' > 0$
    所以,$(-\infty, -1)$ 和 $(-1, 2)$ 为凸区间,$(2, +\infty)$ 为凹区间.

    【温馨提示】求解函数的凹凸区间,首先求解函数的一阶、二阶导数,然后根据二阶导数的正负判断凹凸区间.

12. **知识点窍** 本题主要考查函数渐近线的求解.

    解题过程 因为
    $\lim_{x\to\infty}\sqrt{1+x^2} = \infty$

    $\lim_{x\to x_0}\sqrt{1+x^2} = \sqrt{1+x_0^2} \neq \infty (x_0$ 为任意实数$)$

    $a_1 = \lim_{x\to+\infty}\frac{y}{x} = \lim_{x\to+\infty}\frac{\sqrt{1+x^2}}{x} = \lim_{x\to+\infty}\sqrt{\frac{1}{x^2}+1}$
    $= 1, b_1 = \lim_{x\to+\infty}(y-a_1 x) = \lim_{x\to+\infty}(\sqrt{1+x^2}-x)$

    $= \lim_{x\to+\infty}\frac{1}{\sqrt{1+x^2}+x} = 0$

    $a_2 = \lim_{x\to-\infty}\frac{y}{x} = \lim_{x\to-\infty}\frac{\sqrt{1+x^2}}{x}$
    $= \lim_{x\to-\infty}\left(-\sqrt{\frac{1}{x^2}+1}\right) = -1$

    $b_2 = \lim_{x\to-\infty}(y-a_2 x) = \lim_{x\to-\infty}(\sqrt{1+x^2}+x)$
    $= \lim_{x\to-\infty}\frac{1}{\sqrt{1+x^2}-x} = 0$

    所以,该曲线无水平渐近线,也无垂直渐近线;但有二条斜渐近线:
    $y = x (x\to+\infty)$
    $y = -x (x\to-\infty)$.

    【温馨提示】本题属于基本题型,对于函数水平、垂直、斜渐近线的计算,应从定义出发,逐步求解.

三、解答题

13. **知识点窍** 本题主要考查函数等式的证明.

    解题过程 令 $f(x) = \arctan x$,
    $g(x) = \frac{1}{2}\arctan\frac{2x}{1-x^2}$,
    要证 $f(x) = g(x)$ 当 $x \in (-1, 1)$ 时成立,
    只需证明:
    (1) $f(x), g(x)$ 在 $(-1, 1)$ 可导且当 $x \in (-1, 1)$ 时 $f'(x) = g'(x)$.
    (2) $\exists x_0 \in (-1, 1)$ 使得 $f(x_0) = g(x_0)$.
    由初等函数的性质知,$f(x)$ 与 $g(x)$ 都在 $(-1, 1)$ 内可导,容易计算得到 $f'(x) = \frac{1}{1+x^2}$,

    $g'(x) = \frac{1}{2} \cdot \frac{1}{1+\left(\frac{2x}{1-x^2}\right)^2} \cdot \frac{2(1-x^2)+4x^2}{(1-x^2)^2}$

    $= \frac{1}{1+x^2}$,

    即当 $x \in (-1, 1)$ 时 $f'(x) = g'(x)$.
    又 $f(0) = g(0) = 0$,因此当 $x \in (-1, 1)$ 时
    $f(x) = g(x)$,即原等式成立.

    【温馨提示】掌握等式恒成立的方法,首先需证明等式两边的函数导数存在且相等,然后证明在定义域内函数值相等.注意对此方法的灵活应用.

14. **知识点窍** 本题主要考查函数单调性和极值的计算.

    解题过程 (1) 因为 $f(x)$ 单调增加时,$f'(x) > 0$. 由

$$f'(x) = 3ax^2 + 2bx + c$$
$$= 3a\left(x^2 + 2 \times \frac{b}{3a}x + \frac{c}{3a}\right)$$
$$= 3a\left[\left(x + \frac{b}{3a}\right)^2 + \frac{c}{3a} - \left(\frac{b}{3a}\right)^2\right] > 0$$

可得 $a > 0$ 且 $\frac{c}{3a} - \left(\frac{b}{3a}\right)^2 \geqslant 0$.

由此得 $a > 0$ 且 $3ac - b^2 \geqslant 0$.

(2) 由 $f'(x) = 3a\left[\left(x + \frac{b}{3a}\right)^2 + \frac{c}{3a} - \left(\frac{b}{3a}\right)^2\right] = 0$

可知,$f(x)$ 取极值时,应满足条件

$\frac{c}{3a} - \left(\frac{b}{3a}\right)^2 \leqslant 0$,或 $3ac - b^2 \leqslant 0$.

于是,得驻点

$$x_0 = -\frac{b}{3a} \pm \sqrt{\left(\frac{b}{3a}\right)^2 - \frac{c}{3a}}$$
$$= -\frac{b}{3a} + \frac{1}{3|a|}\sqrt{b^2 - 3ac}$$

因 $f''(x_0) = 6ax_0 + 2b = \pm 2\sqrt{b^2 - 3ac}$,故 $f(x)$ 有极值的条件是 $b^2 - 3ac \geqslant 0$.

【温馨提示】 本题属于基本题型,对于函数单调性及极值的判断,应从函数的一阶导数出发,根据其正负性求解.

15. **知识点窍** 本题主要考查函数最值的计算.

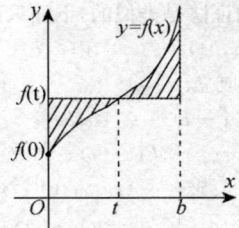

解题过程 先写出面积函数 $S(t)$,它由两块面积相加,然后求 $S(t)$ 的最大值点、最小值点.

由于 $S(t) = \int_0^t [f(t) - f(x)] \mathrm{d}x + \int_t^b [f(x) - f(t)] \mathrm{d}x$

$$= tf(t) - \int_0^t f(x)\mathrm{d}x + \int_t^b f(x)\mathrm{d}x + (t-b)f(t)$$

在 $[0, b]$ 可导,且

$S'(t) = tf'(t) + f(t) - f(t) - f(t) + f(t) + (t-b)f'(t)$

$$= (2t-b)f'(t) \begin{cases} < 0, 0 < t < \frac{b}{2} \\ = 0, t = \frac{b}{2} \\ > 0, \frac{b}{2} < t < b \end{cases},$$

则 $S(t)$ 在 $\left[0, \frac{b}{2}\right]\searrow$,在 $\left[\frac{b}{2}, b\right]\nearrow$,

因此 $t = \frac{b}{2}$ 时,$S(t)$ 取最小值.

$S(t)$ 在 $[0, b]$ 连续,也一定有最大值,且只能在 $t = 0$ 或 $t = b$ 处取得.

$$S(0) = \int_0^b f(x)\mathrm{d}x - bf(0),$$
$$S(b) = bf(b) - \int_0^b f(x)\mathrm{d}x,$$
$$S(b) - S(0)$$
$$= 2\left[\frac{f(0) + f(b)}{2}b - \int_0^b f(x)\mathrm{d}x\right] \begin{cases} > 0 \\ = 0, \\ < 0 \end{cases}$$

不能肯定阴影部分面积最大时 t 取 0 还是 b.

【温馨提示】 解决此类题型,主要是对题设条件进行转化,然后利用导数求解函数的最值.

16. **知识点窍** 本题属于应用型题,主要考查最大收益的计算.

解题过程 设收益为 R,则

$$R = pQ = \frac{ap}{p+b} - cp$$
$$\frac{\mathrm{d}R}{\mathrm{d}p} = \frac{a(p+b) - ap}{(p+b)^2} - c = \frac{ab - c(p+b)^2}{(p+b)^2}$$

令 $\frac{\mathrm{d}R}{\mathrm{d}p} = 0$,得驻点(舍去负值):

$$p_0 = -b + \sqrt{\frac{ab}{c}} = \sqrt{\frac{b}{c}}(\sqrt{a} - \sqrt{bc})$$
$$= \sqrt{\frac{b}{c}} \frac{a - bc}{\sqrt{a} + \sqrt{bc}} > 0$$

因为

$0 < p < p_0$ 时,$\frac{\mathrm{d}R}{\mathrm{d}p} > 0$,

$p_0 < p$ 时,$\frac{\mathrm{d}R}{\mathrm{d}p} < 0$.

所以,p_0 为 R 的唯一极大值点,亦即最大值点,R 的最大值为

$$R_{\max} = R(p_0) = \frac{ap_0}{p_0+b} - cp_0 = \left(\frac{a}{p_0+b} - c\right)p_0$$
$$= \left(\sqrt{\frac{ac}{b}} - c\right)\left(\sqrt{\frac{ab}{c}} - b\right)$$
$$= (\sqrt{a} - \sqrt{bc})^2.$$

【温馨提示】 本题的解题步骤是先求解出收益的函数式,然后根据求解最值的方法求解最大收益.

17. **知识点窍** 本题主要考查函数不等式的证明.

解题过程　取系 $f(x_1)-f(x_2)$ 与 $f'(x)$ 的是拉格朗日中值定理.

不妨设 $0 \leqslant x_1 \leqslant x_2 \leqslant 1$. 分两种情形:

(1) 若 $x_2-x_1 < \dfrac{1}{2}$, 直接用拉格朗日中值定理得
$$|f(x_1)-f(x_2)| = |f'(\xi)(x_2-x_1)|$$
$$= |f'(\xi)||x_2-x_1| < \dfrac{1}{2}.$$

(2) 若 $x_2-x_1 \geqslant \dfrac{1}{2}$, 利用条件 $f(0)=f(1)$ 分别在 $[0,x_1]$ 与 $[x_2,1]$ 上用拉格朗日中值定理可知, 存在 $\xi \in (0,x_1), \eta \in (x_2,1)$, 使得
$$|f(x_1)-f(x_2)| = |[f(x_1)-f(0)]-[f(x_2)-f(1)]|$$
$$\leqslant |f(x_1)-f(0)|+|f(1)-f(x_2)|$$
$$= |f'(\xi)x_1|+|f'(\eta)(1-x_2)|$$
$$< x_1+(1-x_2)=1-(x_2-x_1) \leqslant \dfrac{1}{2}(x_1=0$$ 时 $x_2 \neq 1$),

当 $x_1=0, x_2=1$ 时上式显然成立. 因此对于 $\forall x_1, x_2 \in [0,1]$ 总有 $|f(x_1)-f(x_2)| < \dfrac{1}{2}$.

【温馨提示】对于题设条件中存在导数, 一般是运用拉格朗日中值定理进行求解, 注意对此定理的掌握.

18. **知识点窍**　本题主要考查函数最值的计算.

    解题过程　本题为求最值问题, 首先要建立函数模型, 然后再利用求最值的方法进行求解.

    设 $p\left(x, \dfrac{x^2}{4}\right)$ 为曲线上任一点, 要求点 $(0,a)$ 到曲线 $x^2=4y$ 的最近距离, 只需求点 $(0,a)$ 与点 $p\left(x, \dfrac{x^2}{4}\right)$ 的距离的最小值.

    即只需求函数 $f(x)=x^2+\left(\dfrac{x^2}{4}-a\right)^2$ 的最小值

    $f'(x)=2x+x\left(\dfrac{x^2}{4}-a\right)$.

    令 $f'(x)=0$, 得驻点
    $x_1=0, x_2=2\sqrt{a-2}$
    $x_3=-2\sqrt{a-2}$ (不妨设 $a > 2$)
    $f''(x)=\dfrac{3}{4}x^2+2-a$.

    ∴ $a < 2$ 时, $f(x)$ 有唯一驻点且 $x_1=0$,
    $f''(0)=2-a > 0$

    ∴ $f(x)$ 在 $x=0$ 处有极小值, 其也是最小值.
    $f(0)=a^2$

    此时点 $(0,a)$ 到曲线的距离为 $|a|$.

    $a > 2$ 时,
    $f''(\pm 2\sqrt{a-2})=2(a-2)>0$,
    $f''(0)=2-a<0$.

    故 $f(x)$ 在 $x=0$ 处取得极大值且 $f(0)=a^2$,
    在 $x=\pm 2\sqrt{a-2}$ 时取得极小值
    $f(\pm 2\sqrt{a-2})=4(a-1)$
    且 $f(0) > f(\pm\sqrt{a-2})$

    ∴ $f(\pm 2\sqrt{a-2})$ 为函数的最小值.

    此时 $(0,a)$ 到曲线的距离为 $2\sqrt{a-1}$.

    $a=2$ 时
    $f'(x)=\dfrac{1}{4}x^2 > 0 (0 < x < +\infty)$

    又 $f(x)$ 在 $[0,+\infty)$ 连续.

    ∴ 函数 $f(x)$ 在 $[0,+\infty)$ 内单调递增.
    $f(x) > f(0)=a^2=4$

    此时有最小距离 2.

    【温馨提示】解决此类题目的关键是将题设条件转化成函数式, 然后根据函数的最值求解方法进行判断.

19. **知识点窍**　本题主要考查抽象函数不等式的证明.

    解题过程　分析与证明一:

    (1) 与 (2) 的证法是类似的, 下面只证 (1). 因 $f''(x) > 0 (x \in (a,b)) \Rightarrow f(x)$ 在 (a,b) 为凹函数 $\Rightarrow$ (1) 相应的式子成立.

    注意 $tx_1+(1-t)x_2 \in (a,b) \Rightarrow$
    $f(x_1) > f[tx_1+(1-t)x_2]+f'[tx_1+(1-t)x_2][x_1-(tx_1+(1-t)x_2)]$
    $= f[tx_1+(1-t)x_2]+f'[tx_1+(1-t)x_2](1-t)(x_1-x_2)$
    $f(x_2) > f[tx_1+(1-t)x_2]+f'[tx_1+(1-t)x_2][x_2-(tx_1+(1-t)x_2)]$
    $= f[tx_1+(1-t)x_2]-f'[tx_1+(1-t)x_2]t(x_1-x_2)$,

    两式分别乘 t 与 $(1-t)$ 后相加得
    $tf(x_1)+(1-t)f(x_2) > f[tx_1+(1-t)x_2]$.

    分析与证明二:

    不妨设 $x_1 < x_2$, 将 x_2 换成 x, 引进函数
    $F(x)=tf(x_1)+(1-t)f(x)-f[tx_1+(1-t)x]$.

    若能证 $x_1 < x \leqslant x_2$ 时, $F(x) > 0$, 则原结论 (1) 成立. 因 $F(x_1)=f(x_1)-f(x_1)=0$,
    $F(x) > 0$ 的一个充分条件是 $F(x)$ 在 $[x_1,x_2]$ 单调上升, 因此只需考查 $F'(x)$.
    $F'(x)=(1-t)f'(x)-f'[tx_1+(1-t)x](1-t)$

$= (1-t)[f'(x) - f'(tx_1 + (1-t)x)],$

注意到当 $x_1 < x \leqslant x_2$ 时,

$x_1 < tx_1 + (1-t)x = x + t(x_1 - x) < x \leqslant x_2$,

由 $f''(x) > 0 (\forall x \in (a,b))$,

得 $f'(x)$ 在 (a,b) 单调上升,

所以 $f'(x) > f'[tx_1 + (1-t)x](x_1 < x \leqslant x_2)$,

即 $F'(x) > 0(x_1 < x \leqslant x_2)$, 亦即 $F(x)$ 在 $[x_1, x_2]$ 单调上升. 因此 $F(x_2) > F(x_1) = 0$, 即

$tf(x_1) + (1-t)f(x_2) > f[tx_1 + (1-t)x_2]$.

【温馨提示】对于不等式的证明,一种是利用函数的单调性,一种是利用函数的凹凸性,注意对此两种方法的灵活运用与掌握.

20. **知识点窍** 本题主要考查函数零点个数的判断.

解题过程 对于连续函数,一般总是以连续函数的零点定理为依据来确定函数零点的存在,若函数在某区间内有零点且具单调性,则函数在该区间内的零点唯一,故可先划出函数的单调区间,再讨论零点,以确定其个数.

(1) $f'(x) = \cos x - 1 \leqslant 0$, 当且仅当 $x = 2k\pi(k \in Z)$ 时, $f'(x) = 0$, 除此之外, $f'(x) < 0$, 所以函数 $f(x)$ 在 $(-\infty, +\infty)$ 内单调减少, 又 $f(0) = 0$, 即 $x = 0$ 为 $f(x)$ 零点, 所以 $f(x)$ 仅有一个零点.

(2) $f'(x) = \frac{1}{x} - a$, $x \in \left(0, \frac{1}{a}\right)$ 时, $f'(x) > 0$, $x \in \left(\frac{1}{a}, +\infty\right)$ 时 $f'(x) < 0$, 所以 $f(x)$ 在 $\left(0, \frac{1}{a}\right]$ 内单调增加, 在 $\left[\frac{1}{a}, +\infty\right)$ 内单调减少, 又 $\lim_{x \to 0^+} f(x) = \lim_{x \to +\infty} f(x) = -\infty$, 所以有

若 $f\left(\frac{1}{a}\right) > 0$, 即 $-\ln a - 1 > 0, 0 < a < \frac{1}{e}$, 则 $f(x)$ 在 $\left(0, \frac{1}{a}\right)$ 内及 $\left(\frac{1}{a}, +\infty\right)$ 内分别有且只有一个零点, 即 $f(x)$ 在 $(0, +\infty)$ 内有且仅有两个零点.

若 $f\left(\frac{1}{a}\right) = 0$, 即 $-\ln a - 1 = 0, a = \frac{1}{e}$, 则 $f(x)$ 在 $(0, +\infty)$ 内有且仅有一个零点.

若 $f\left(\frac{1}{a}\right) < 0$, 即 $-\ln a - 1 < 0, a > \frac{1}{e}$, 则 $f(x)$ 在 $(0, +\infty)$ 内无零点.

【温馨提示】对于函数零点存在个数问题,一般由函数的单调性、零点定理及单调区间来证明.

第四章 中值定理与导数的应用同步测试(B)卷解析

一、单项选择题

题号	1	2	3	4	5	6
答案	B	A	D	B	C	B

1. **知识点窍** 本题主要考查函数可导与极值、拐点的关系.

   解题过程 已知 $f'(0) = 0$, 现考查 $f''(0)$. 由方程得
   $f''(x) = \frac{e^x - 1 + xf'(x)}{\sqrt[3]{1+x} - 1}$

   $\Rightarrow \lim_{x \to 0} f''(x) = \lim_{x \to 0} \frac{e^x - 1 + xf'(x)}{\frac{1}{3}x} (\sqrt[3]{1+x} - 1 \sim \frac{1}{3}x(x \to 0))$

   $= 3 \lim_{x \to 0} \frac{e^x - 1}{x} + 3 \lim_{x \to 0} f'(x)$

   $= 3 + 0 = 3.$

   又 $f''(x)$ 在 $x = 0$ 处连续 $\Rightarrow f''(0) = 3 > 0$. 因此 $f(0)$ 是 $f(x)$ 的极小值, 应选(B).

2. **知识点窍** 本题主要考查未定式的计算.

   解题过程 由题中假设可知, 题中极限为 $\frac{0}{0}$ 型未定式, 故由

   原式 $= \lim_{x \to 0} \frac{f' + \sin x}{f'(x)} \cdot f(x)$

   $= \lim_{x \to 0} \left[f(x) + \frac{f(x) \sin x}{f'(x)} \right] = 1$

   可知, 应选(A).

   【温馨提示】对于函数极限的运算,首先需要对原函数式进行化简,然后根据现有的计算法则进行求解.

3. **知识点窍** 本题主要考查函数连续性与极值、拐点的关系.

   解题过程 由 $f'(0) = 0$ 知 $x = 0$ 是 $f(x)$ 的驻点,

为求 $f''(0)$，把方程改写为
$$f''(x)+3[f'(x)]^2=\frac{1-e^x}{x}.$$

令 $x\to 0$，得 $f''(0)=\lim\limits_{x\to 0}\frac{1-e^x}{x}=-1<0\Rightarrow f(0)$ 为极大值．故选(D)．

【温馨提示】对于此种问题，首先需要掌握函数驻点的定义，其次需要掌握函数极值的判断方法．注意对原题设条件的合理运用，以及等式的转化．

4. **知识点窍** 本题主要考查函数单调性的判断与应用，以及极值的判断．

解题过程 题设函数的定义域为 $[1,+\infty)$．因
$$f'(x)=\frac{1}{2\sqrt{x}}-\frac{1}{2\sqrt{x-1}}$$
$$=-\frac{1}{2\sqrt{x}\sqrt{x-1}(\sqrt{x}+\sqrt{x-1})}<0,$$
$x\in[1,+\infty)$，
故 $f(x)$ 在 $[1,+\infty)$ 上单调减少，应选(B)．

【温馨提示】判断函数的单调性，主要是求函数的导数，如果导数大于零，则函数单调增；如果导数值小于零，则单调减．同时应将极值与最值区别开，如果函数左增右减，则此点为极大值；如果左减右增，则此点为极小值．极值与最值并无直接关系．

5. **知识点窍** 本题主要考查函数可导、极值存在、单调性及拐点的判断．

解题过程

分析一

(A)，(B)，(D) 涉及到一些基本事实．
若 $f(x)$ 在 (a,b) 单调增加且可导 $\Rightarrow f'(x)\geqslant 0(x\in(a,b))$．
若 $(x_0,f(x_0))$ 是曲线 $y=f(x)$ 的拐点，则 $f''(x_0)$ 可能不存在．
若 $x=x_0$ 是 $f(x)$ 的极值点，则 $f'(x_0)$ 可能不存在．
因此(A)，(B)，(D)均不正确(如下图所示)，选(C)．

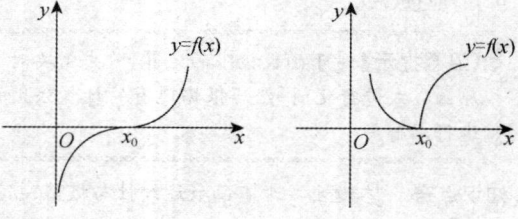

分析二

$f'''(x_0)\neq 0$，不妨设 $f'''(x_0)>0$，则

$$f'''(x_0)=\lim\limits_{x\to x_0}\frac{f''(x)-f''(x_0)}{x-x_0}=\lim\limits_{x\to x_0}\frac{f''(x)}{x-x_0}>0.$$

由极限保号性 $\Rightarrow \exists\delta>0$，
$$f''(x)\begin{cases}\leqslant 0,x_0-\delta<x<x_0\\ \geqslant 0,x_0<x<x_0+\delta\end{cases}$$
$\Rightarrow f'(x)$ 在 $(x_0-\delta,x_0]$ 单调下降，在 $[x_0,x_0+\delta)$ 单调上升 $\Rightarrow$
$f'(x)>f'(x_0)=0(x\in(x_0-\delta,x_0+\delta),x\neq x_0)$
$\Rightarrow f(x)$ 在 $(x_0-\delta,x_0+\delta)$ 单调上升，x_0 不是 $f(x)$ 的极值点，选(C)．

分析三

考查(C)．不妨设 $f'''(x_0)>0$．由题设可知，$f(x)$ 在 $x=x_0$ 处有如下三阶泰勒公式：
$$f(x)-f(x_0)=f'(x_0)(x-x_0)+\frac{1}{2!}f''(x_0)(x-x_0)^2+\frac{1}{3!}f'''(x_0)(x-x_0)^3+o((x-x_0)^3)$$
$$=(x-x_0)^3\left[\frac{1}{3!}f'''(x_0)+o(1)\right](x\to x_0),$$

其中 $o(1)$ 为无穷小量$(x\to x_0$ 时)$\Rightarrow \exists\delta>0$，
$$[f(x)-f(x_0)]\begin{cases}<0,x\in(x_0-\delta,x_0)\\ >0,x\in(x_0,x_0+\delta)\end{cases}.$$

因此 $x=x_0$ 不是 $f(x)$ 的极值点．

【温馨提示】注意掌握对函数单调性、极值存在、拐点存在的基本判断方法．同时应对方法二、三有所掌握．

6. **知识点窍** 本题主要考查函数渐近线的判断．

解题过程 因
$$\lim\limits_{x\to\infty}\frac{x^3}{(x-1)^2}=\infty,\lim\limits_{x\to 1}\frac{x^3}{(x-1)^2}=\infty$$
$$a=\lim\limits_{x\to\infty}\frac{y}{x}=\lim\limits_{x\to\infty}\frac{x^2}{(x-1)^2}=1$$
$$b=\lim\limits_{x\to\infty}(y-ax)=\lim\limits_{x\to\infty}\left(\frac{x^3}{(x-1)^2}-x\right)=2$$

故有垂直渐近线 $x=1$ 和斜渐近线 $y=x+2$，而无水平渐近线．故应选(B)．

【温馨提示】判断函数是否存在渐近线、存在何种渐近线，主要从定义出发，根据极限值来判断．

二、填空题

7. **知识点窍** 本题主要考查函数单调性的判断．

解题过程 $f(x)=(1+2^x)^{\frac{1}{x}}=e^{\frac{1}{x}\ln(1+2^x)}$，则
$$f'(x)=(1+2^x)^{\frac{1}{x}}\frac{\frac{x2^x\ln 2}{1+2^x}-\ln(1+2^x)}{x^2}$$
$$=(1+2^x)^{\frac{1}{x}-1}\frac{2^x\ln 2^x-(1+2^x)\ln(1+2^x)}{x^2}$$

令 $t=2^x$，则 $x>0$ 时 $t>1$，
$2^x\ln 2^x-(1+2^x)\ln(1+2^x)$
$=t\ln t-(1+t)\ln(1+t)\xrightarrow{记}g(t)$.

方法一
由于 $g'(t)=\ln t-\ln(1+t)<0(\forall t>0)$
$\Rightarrow g(t)$ 在 $(0,+\infty)$ 单调下降，又
$$\lim_{t\to 0_+}g(t)=0$$
$\Rightarrow g(t)<0(t>0)$.

方法二
由于 $(x\ln x)'=\ln x+1>0(x>1)$
$\Rightarrow x\ln x$ 在 $(1,+\infty)$ 单调上升 $\Rightarrow \forall t>1$
$t\ln t-(1+t)\ln(1+t)<0$
$\Rightarrow \forall x>0, 2^x\ln 2^x-(1+2^x)\ln(1+2^x)<0$,
因此 $f'(x)<0(x>0)$，$f(x)$ 在 $(0,+\infty)$ 内单调递减.

【温馨提示】判断函数单调性，主要是判断函数导数的正负，注意题中求解导数正负时使用的方法.

8. **知识点窍** 本题主要考查函数极限的运算.

解题过程 设 $y=\left(\dfrac{\sin x}{x}\right)^{\frac{1}{x^2}}$，

则 $\ln y=\dfrac{1}{x^2}\ln\dfrac{\sin x}{x}$，

而 $\lim\limits_{x\to 0}\dfrac{\ln\dfrac{\sin x}{x}}{x^2}$

$=\lim\limits_{x\to 0}\dfrac{\dfrac{x\cos x-\sin x}{x\sin x}}{2x}$

$=\lim\limits_{x\to 0}\dfrac{x\cos x-\sin x}{2x^2\sin x}$

$=\lim\limits_{x\to 0}\dfrac{x\cos x-\sin x}{2x^3}$

$=\lim\limits_{x\to 0}\dfrac{\cos x-x\sin x-\cos x}{6x^2}=-\dfrac{1}{6}$.

所以原式 $=e^{-\frac{1}{6}}$.

【温馨提示】本题属于基本题型，对于复杂函数极限的运算，首先对原函数式进行转化，然后运用洛必达法则进行求解.

9. **知识点窍** 本题主要考查函数单调区间的求解.

解题过程 $f'(x)=(e^{x\ln(1+\frac{1}{x})})'$
$=\left(1+\dfrac{1}{x}\right)^x\left(\ln\left(1+\dfrac{1}{x}\right)-\dfrac{1}{1+x}\right)$.

因 $x>0$ 时 $\left(1+\dfrac{1}{x}\right)^x>0$，

故只需
$g(x)=\ln\left(1+\dfrac{1}{x}\right)-\dfrac{1}{1+x}$
在 $(0,+\infty)$ 内递减即可.
$g'(x)=\dfrac{1}{1+x}-\dfrac{1}{x}+\dfrac{1}{(1+x)^2}$
$=-\dfrac{1}{x(1+x)^2}<0(x>0)$，

所以 $g(x)$ 在 $(0,+\infty)$ 内递减，又
$\lim\limits_{x\to+\infty}g(x)=\lim\limits_{x\to+\infty}\left(\ln\left(1+\dfrac{1}{x}\right)-\dfrac{1}{1+x}\right)=0$,
所以 $g(x)>0$，故 $f'(x)>0$，即
$f(x)=\left(1+\dfrac{1}{x}\right)^x$ 在 $(0,+\infty)$ 内递增.

【温馨提示】求解函数的单调区间，首先需对原式求导，然后根据导数的正负判断单调区间.

10. **知识点窍** 本题主要考查函数最值的计算.

解题过程 $f(x)$ 在 $(-\infty,+\infty)$ 上连续且可写成如下分段函数
$$f(x)=\begin{cases}\dfrac{1}{1-x}+\dfrac{1}{1+a-x}, & x\leqslant 0\\ \dfrac{1}{1+x}+\dfrac{1}{1+a-x}, & 0\leqslant x\leqslant a\\ \dfrac{1}{1+x}+\dfrac{1}{1+x-a}, & x\geqslant a\end{cases}$$

$\Rightarrow f'(x)$
$=\begin{cases}\dfrac{1}{(1-x)^2}+\dfrac{1}{(1+a-x)^2}, & x<0\\ -\dfrac{1}{(1+x)^2}+\dfrac{1}{(1+a-x)^2}, & 0<x<a\\ -\dfrac{1}{(1+x)^2}-\dfrac{1}{(1+x-a)^2}, & x>a\end{cases}$

由此得 $x\in(-\infty,0)$ 时 $f'(x)>0$，故 $f(x)$ 在 $(-\infty,0]$ 单调增加；$x\in(a,+\infty)$ 时 $f'(x)<0$，故 $f(x)$ 在 $[a,+\infty)$ 单调减少.
故 $f(x)$ 在 $[0,a]$ 上的最大值就是 $f(x)$ 在 $(-\infty,+\infty)$ 上的最大值.
在 $(0,a)$ 上解 $f'(x)=0$，
即 $(1+a-x)^2-(1+x)^2=0$，得 $x=\dfrac{a}{2}$. 又
$f\left(\dfrac{a}{2}\right)=\dfrac{4}{2+a}<\dfrac{2+a}{1+a}=f(0)=f(a)$，
因此 $f(x)$ 在 $[0,a]$ 内，也就是在 $(-\infty,+\infty)$ 内的最大值是 $\dfrac{2+a}{1+a}$.

【温馨提示】解决此题的方法是首先对函数进行化简，然后求函数的导数，根据导数正负判断单调性，然后再判断最值.

11. 【知识点窍】 本题主要考查函数拐点的计算.

【解题过程】 定义域：$x \neq 1$.

由 $y' = \dfrac{4x(1-x)^2 + 4x^2(1-x)}{(1-x)^4}$

$= \dfrac{4x - 4x^2 + 4x^2}{(1-x)^3}$

$= \dfrac{4x}{(1-x)^3} \begin{cases} <0, x<0 \\ =0, x=0 \\ >0, 0<x<1 \\ <0, x>1 \end{cases}$,

$y'' = 4\left[\dfrac{1}{(1-x)^3} - \dfrac{1}{(1-x)^2}\right]'$

$= 4\left[\dfrac{3}{(1-x)^4} - \dfrac{2}{(1-x)^3}\right]$

$= \dfrac{4(1+2x)}{(1-x)^4} \begin{cases} <0, -\infty<x<-\dfrac{1}{2} \\ =0, x=-\dfrac{1}{2} \\ >0, -\dfrac{1}{2}<x<1 \\ >0, 1<x<+\infty \end{cases}$

$\Rightarrow$ 凹区间为 $\left(-\dfrac{1}{2}, 1\right) \cup (1, +\infty)$，凸区间为 $\left(-\infty, -\dfrac{1}{2}\right)$，拐点为 $\left(-\dfrac{1}{2}, \dfrac{2}{9}\right)$.

【温馨提示】求解函数的拐点，首先需求解函数的一阶导数，然后求解二阶导数，根据二阶导数的正负判断函数的凹凸区间，进而求解函数的拐点.

12. 【知识点窍】 本题主要考查函数的渐近线计算.

【解题过程】 定义域为 $(-\infty, 0) \cup (0, +\infty)$. 因为

$\lim\limits_{x \to +\infty} y = \lim\limits_{x \to +\infty} x e^{-1/x} = \infty$

$\lim\limits_{x \to 0^+} x e^{-1/x} \xrightarrow{u = -\dfrac{1}{x}} - \lim\limits_{u \to -\infty} \dfrac{e^u}{u} = 0$

$\lim\limits_{x \to 0^-} x e^{-1/x} \xrightarrow{u = -\dfrac{1}{x}} - \lim\limits_{u \to +\infty} \dfrac{e^u}{u} = - \lim\limits_{u \to +\infty} \dfrac{e^u}{1} = -\infty$

$a = \lim\limits_{x \to \infty} \dfrac{y}{x} = \lim\limits_{x \to \infty} e^{-1/x} = 1$

$b = \lim\limits_{x \to \infty} (y - ax) = \lim\limits_{x \to \infty} (x e^{-1/x} - x)$

$= \lim\limits_{x \to \infty} x(e^{-1/x} - 1) \xrightarrow{u = -\dfrac{1}{x}} \lim\limits_{u \to 0} \dfrac{e^u - 1}{-u}$

$= -\lim\limits_{u \to 0} e^u = -1$

所以，该曲线无水平渐近线，有垂直渐近线 $x = 0 (x \to 0^-)$ 和斜渐近线 $y = x - 1 (x \to \infty)$.

【温馨提示】求解函数的渐近线，需从定义出发，分别判断函数有无水平、垂直及斜渐近线. 注意对定义及解题步骤的掌握.

三、解答题

13. 【知识点窍】 本题主要考查函数单调区间、极值点、凹凸区间及拐点的计算.

【解题过程】 （1）定义域为 $x \neq \pm 1$，间断点 $x = \pm 1$，零点 $x = 0$，且原函数是奇函数.

（2）求 y', y'' 和它们的零点.

$y = \dfrac{x^3}{x^2 - 1} = x + \dfrac{1}{2(x+1)} + \dfrac{1}{2(x-1)}$,

$y' = \dfrac{3x^2(x^2 - 1) - 2x \cdot x^3}{(x^2 - 1)^2} = \dfrac{x^2(x^2 - 3)}{(x^2 - 1)^2}$,

$y'' = \dfrac{1}{(x+1)^3} + \dfrac{1}{(x-1)^3} = \dfrac{2x(x^2 + 3)}{(x^2 - 1)^3}$.

由 $y' = 0$ 得驻点 $x = 0, \pm\sqrt{3}$,

由 $y'' = 0$ 得 $x = 0$,

由这些点及间断点 $x = \pm 1$，把函数的定义域按自然顺序分成 $(-\infty, -\sqrt{3}), (-\sqrt{3}, -1), (-1, 0), (0, 1), (1, \sqrt{3}), (\sqrt{3}, +\infty)$.

由此可列出函数如下分段变化表，并标明每个区间上函数的单调性、凹凸性及相应的极值点与拐点.

x	$(-\infty, -\sqrt{3})$	$-\sqrt{3}$	$(-\sqrt{3}, -1)$	-1	$(-1, 0)$	0	$(0, 1)$	1	$(1, \sqrt{3})$	$\sqrt{3}$	$(\sqrt{3}, +\infty)$
y'	$+$	0	$-$		$-$	0	$-$		$-$	0	$+$
y''	$-$		$-$		$+$	0	$-$		$+$		$+$
y	单调上升，凸的	极大值 $-\dfrac{3\sqrt{3}}{2}$	单调下降，凸的		单调下降，凹的	拐点 0	单调下降，凸的		单调下降，凹的	极小值 $\dfrac{3\sqrt{3}}{2}$	单调上升，凹的

因此，单调增区间是 $(-\infty, -\sqrt{3}), (\sqrt{3}, +\infty)$，单调减区间是 $(-\sqrt{3}, -1), (-1, 1), (1, \sqrt{3})$；极大值点是 $x = -\sqrt{3}$，对应的极大值是 $-\dfrac{3\sqrt{3}}{2}$，极小值点是 $x = \sqrt{3}$，对应的极小值是 $\dfrac{3\sqrt{3}}{2}$；凸区间是 $(-\infty, -1), (0, 1)$，凹区间是 $(-1, 0), (1, +\infty)$；拐点是 $(0, 0)$.

【温馨提示】本题属于基本题型,首先求解函数一阶导数、二阶导数,然后根据其正负值判断单调区间、极值点、凹凸区间及拐点.注意对解题方法与步骤的掌握.

14. **知识点窍** 本题主要考查函数恒等式的证明.
解题过程 将欲证等式左边构造成函数并证明其导数在给定区间上为零,然后代入给定区间上任意一个值,即可得证.

(1) 记 $f(x) = \arctan x + \arctan \dfrac{1}{x}$.

则 $f'(x) = \dfrac{1}{1+x^2} + \dfrac{1}{1+\dfrac{1}{x^2}}\left(-\dfrac{1}{x^2}\right)$

$= \dfrac{1}{1+x^2} - \dfrac{1}{1+x^2} = 0$,

故 $f(x) = c(x > 0)$.

又 $f(1) = 2\arctan 1 = \dfrac{\pi}{2}$,

故 $f(x) = \dfrac{\pi}{2}(x > 0)$.

(2) 记 $f(x) = \arctan x - \dfrac{1}{2}\arccos \dfrac{2x}{1+x^2}(x \geq 1)$,

则 $f'(x) = \dfrac{1}{1+x^2} + \dfrac{1}{2}\dfrac{1}{\sqrt{1-\left(\dfrac{2x}{1+x^2}\right)^2}} \cdot$

$2 \dfrac{1+x^2-2x^2}{(1+x^2)^2}$

$= \dfrac{1}{1+x^2} + \dfrac{1-x^2}{(1+x^2)^2\sqrt{(1-x^2)^2}}$

$= \dfrac{1}{1+x^2} - \dfrac{1}{1+x^2}$

$= 0(x \geq 1)$,

故 $f(x) = c(x \geq 1)$,

又 $f(1) = \dfrac{\pi}{4} - 0 = \dfrac{\pi}{4}$,

故 $f(x) = \dfrac{\pi}{4}$.

【温馨提示】本题属于基本题型,对于证明等式恒成立,只需构建新的函数式,然后证明其导数值等于零即可.

15. **知识点窍** 本题主要考查函数最值的应用.
解题过程 **方法一** 过椭圆上任意点(x_0, y_0)的切线的斜率 $y'(x_0)$ 满足

$\dfrac{x_0}{a^2} + \dfrac{y_0 y'(x_0)}{b^2} = 0$,

则 $y'(x_0) = -\dfrac{b^2}{a^2}\dfrac{x_0}{y_0}(y_0 \neq 0)$.

切线方程为 $y - y_0 = -\dfrac{b^2}{a^2}\dfrac{x_0}{y_0}(x - x_0)$.

分别令 $y = 0$ 与 $x = 0$,得 x, y 轴上的截距: $x = \dfrac{a^2}{x_0}$,

$y = \dfrac{b^2}{y_0}$.

于是该切线与椭圆及两坐标轴所围图形的面积(下图)为

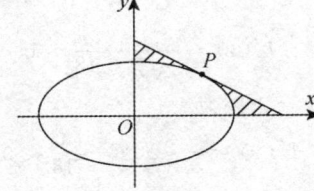

$S(x_0) = \dfrac{1}{2}\dfrac{a^2 b^2}{x_0 y_0} - \dfrac{1}{4}\pi ab$.

问题是求: $S(x) = \dfrac{1}{2}\dfrac{a^2 b^2}{xy} - \dfrac{1}{4}\pi ab(0 < x < a)$ 的

最小值点,其中 $y = b\sqrt{1-\dfrac{x^2}{a^2}}$,将其代入 $S(x)$

中,问题可进一步化为求 $f(x) = x^2(a^2 - x^2)(0 \leq x \leq a)$ 内的最大值点.

$f'(x) = 2x(a^2 - 2x^2)$,由 $f'(x) = 0(x \in (0, a))$ 得

$a^2 - 2x^2 = 0, x = x_0 = \dfrac{\sqrt{2}}{2}a$.

注意 $f(0) = f(a) = 0, f(x_0) > 0$,

$x_0 = \dfrac{\sqrt{2}}{2}a$ 是 $f(x)$ 在 $[0, a]$ 的最大值点.

因此 $P\left(\dfrac{\sqrt{2}}{2}a, \dfrac{\sqrt{2}}{2}b\right)$ 为所求的点.

方法二 椭圆参数方程为 $x = a\cos t, y = b\sin t$.
过椭圆上第一象限任意点的切线参数方程为

$\dfrac{x - a\cos t}{-a\sin t} = \dfrac{y - b\sin t}{b\cos t}$.

分别令 $y = 0$ 与 $x = 0$,得 x, y 轴的截距为

$x = \dfrac{a}{\cos t}, y = \dfrac{b}{\sin t}\left(0 < t < \dfrac{\pi}{2}\right)$,

问题是求:

$S(t) = \dfrac{ab}{2\sin t \cos t} - \dfrac{1}{4}\pi ab\left(0 < t < \dfrac{\pi}{2}\right)$ 的最小值

点,即 $f(t) = \sin t \cos t = \dfrac{1}{2}\sin 2t\left(0 < t < \dfrac{\pi}{2}\right)$ 的

最大值点.

显然 $t = \dfrac{\pi}{4}$ 为所求.

因此 $(x, y) = \left(\dfrac{\sqrt{2}}{2}a, \dfrac{\sqrt{2}}{2}b\right)$ 时面积最小.

【温馨提示】解决此题的关键是将题设条件转化为等式条件,然后求解函数式的最小值.

16. **知识点窍** 本题属于应用型题目,主要考查利润的计算.

   解题过程 总利润为
   $$L(x) = R(x) - C(x) = 3\sqrt{x} - \frac{1}{36}x^2 - 1 \quad (x > 0)$$
   由
   $$L'(x) = \frac{3}{2\sqrt{x}} - \frac{x}{18} = 0$$
   得驻点 $x_0 = 9$. 因为
   $$L''(x) = -\frac{3}{4}x^{-3/2} - \frac{1}{18} < 0$$
   所以,$x_0 = 9$ 为 $L(x)$ 的唯一极大值点,亦即最大值点. 最大利润为
   $$L_{\max} = L(9) = 3 \times \sqrt{9} - \frac{1}{36} \times 9^2 - 1 = \frac{23}{4}.$$

【温馨提示】解决此类题目的方法是通过题设条件中建立函数式,然后根据函数求解极值的方法进行求解.

17. **知识点窍** 本题主要考查函数不等式的证明.

   解题过程 (1) 令 $f(x) = x^2 - (1+x)\ln^2(1+x)$,则
   $$f'(x) = 2x - \ln^2(1+x) - 2\ln(1+x),$$
   $$f''(x) = 2 - 2\frac{\ln(1+x)}{1+x} - \frac{2}{1+x}$$
   $$= \frac{2}{1+x}[x - \ln(1+x)] \quad (x > 0)$$
   因为当 $x > 0$ 时 $\frac{2}{1+x} > 0$,所以 $f''(x)$ 与 $x - \ln(1+x)$ 同号. 由于 $G(x) = x - \ln(1+x)$ 满足 $G(0) = 0$,$G'(x) = 1 - \frac{1}{1+x} = \frac{x}{1+x} > 0 \ (\forall x > 0)$,可见当 $x > 0$ 时 $G(x) > 0$,于是 $f''(x) > 0$. 由此可得 $f'(x)$ 在 $x > 0$ 时单调上升,又 $f'(0) = 0$,则 $f'(x) > 0 \ (\forall x > 0)$. 所以 $f(x)$ 在 $x > 0$ 时单调上升.
   又 $f(0) = 0$,则 $x > 0$ 时,$f(x) > 0$,即 $x^2 > (1+x)\ln^2(1+x)$.

(2) 令 $g(x) = \frac{1}{\ln(1+x)} - \frac{1}{x}$,则由题(1)知当 $x > 0$ 时有
$$g'(x) = -\frac{1}{\ln^2(1+x)} \cdot \frac{1}{1+x} + \frac{1}{x^2}$$
$$= \frac{-x^2 + (1+x)\ln^2(1+x)}{x^2(1+x)\ln^2(1+x)} < 0,$$
故 $g(x)$ 在 $(0,1)$ 内单调下降.
又 $g(x)$ 在 $(0,1]$ 连续,$g(x)$ 在 $x = 0$ 处无定义,但
$$\lim_{x \to 0^+} g(x) = \lim_{x \to 0^+} \frac{x - \ln(1+x)}{x\ln(1+x)}$$
$$\xrightarrow{\text{等价无穷小因子替换}} \lim_{x \to 0^+} \frac{x - \ln(1+x)}{x^2}$$
$$\xrightarrow[\text{洛必达法则}]{\frac{0}{0}\text{型}} \lim_{x \to 0^+} \frac{1 - \frac{1}{1+x}}{2x}$$
$$= \lim_{x \to 0^+} \frac{1}{2(1+x)} = \frac{1}{2},$$
若补充定义 $g(0) = \frac{1}{2}$,则 $g(x)$ 在 $[0,1]$ 上连续.
又 $g'(x) < 0, 0 < x < 1$,因此 $g(x)$ 在 $[0,1]$ 单调下降,所以,当 $0 < x < 1$ 时,$g(1) < g(x) < g(0)$.
于是 $\frac{1}{\ln 2} - 1 < \frac{1}{\ln(1+x)} - \frac{1}{x} < \frac{1}{2}$.

【温馨提示】对于不等式的证明,一般通过构建函数式,根据函数式的单调性及最值进行证明.

18. **知识点窍** 本题主要考查函数图像描述的方法.

   解题过程 (1) 函数的定义域为 $(-\infty, +\infty)$,该函数是非奇非偶函数.
   $$y' = -2(x-1)e^{-(x-1)^2}$$
   令 $y' = 0$,得 $x_1 = 1$.
   $$y'' = -2(1 - 2(x-1)^2)e^{-(x-1)^2}$$
   $$= 4\left((x-1)^2 - \frac{1}{2}\right)e^{-(x-1)^2}$$
   令 $y'' = 0$ 得
   $$x_2 = 1 - \frac{\sqrt{2}}{2}, \quad x_3 = 1 + \frac{\sqrt{2}}{2}.$$
   现利用列表法考虑函数在 $(-\infty, +\infty)$ 的性态详见下表.

x	$\left(-\infty, 1-\frac{\sqrt{2}}{2}\right)$	$1-\frac{\sqrt{2}}{2}$	$\left(1-\frac{\sqrt{2}}{2}, 1\right)$	1	$\left(1, 1+\frac{\sqrt{2}}{2}\right)$	$1+\frac{\sqrt{2}}{2}$	$\left(1+\frac{\sqrt{2}}{2}, +\infty\right)$
y'	+	+	+	0	−	−	−
y''	+	0	−	−	−	0	+
y	下凸,增	拐点	上凸,增	极大	上凸,减	拐点	下凸,减

且
$$y\left(1-\frac{\sqrt{2}}{2}\right)=\frac{1}{\sqrt{e}}, y(1)=1,$$
$$y\left(1+\frac{\sqrt{2}}{2}\right)=\frac{1}{\sqrt{e}}, y(0)=\frac{1}{e},$$
又 $\lim\limits_{x\to\infty}y=\lim\limits_{x\to\infty}e^{-(x-1)^2}=0$,

故 $y=0$ 是水平渐近线,所以可得 $y=e^{-(x-1)^2}$ 的草图(如下图所示)或先作出 $y=e^{-x^2}$ 的图像,然后沿横坐标右移一个单位.

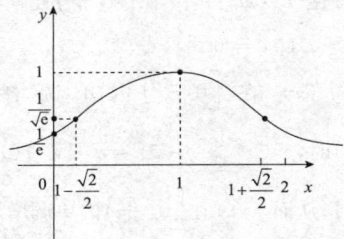

(2) $y=\dfrac{x}{1+x^2}$ 为 $(-\infty,+\infty)$ 内的奇函数,所以仅需考虑 $x\geqslant 0$ 时函数的图像.
$$y'=\frac{(1+x^2)-2x^2}{(1+x^2)^2}=\frac{1-x^2}{(1+x^2)^2},$$
$$y''=\frac{2x(x^2-3)}{(1+x^2)^3},$$

令 $y'=0$ 得 $x=\pm 1$,令 $y''=0$,得 $x=\pm\sqrt{3}$,现利用列表法考虑 $f(x)$ 在 $x\geqslant 0$ 时的性态,见下表.

x	0	(0,1)	1	$(1,\sqrt{3})$	$\sqrt{3}$	$(\sqrt{3},+\infty)$
y'		+	+	0	−	−	−
y''	0		−		−	0	+
y	拐点	上凸,增	极大值	上凸,减	拐点	下凸,减

又 $y(0)=0,y(1)=\dfrac{1}{2},y(\sqrt{3})=\dfrac{\sqrt{3}}{4}$,
$$\lim\limits_{x\to\infty}y=\lim\limits_{x\to\infty}\frac{x}{1+x^2}=0,$$

所以 $y=0$ 为函数的水平渐近线;曲线无垂直渐近线及斜渐近线,再考虑曲线的对称性,即可得曲线的草图(如下图所示).

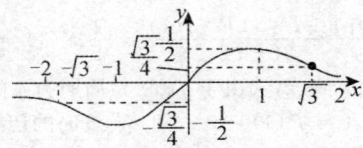

【温馨提示】描绘函数图形,就是判断函数的单调区间、渐近线、极值、凹凸性,注意对解题步骤与方法的掌握.

19. **知识点窍** 本题主要考查函数根存在情况的判断.

解题过程 令 $f(x)=\ln x-x^a$,即讨论 $f(x)$ 在 $(0,+\infty)$ 有几个零点.用单调性分析方法求 $f(x)$ 的单调性区间.
$$f'(x)=\frac{1}{x}-ax^{a-1}$$
$$=\frac{a}{x}\left(\frac{1}{a}-x^a\right)\begin{cases}>0,0<x<x_0\\=0,x=\left(\dfrac{1}{a}\right)^{\frac{1}{a}}\xlongequal{\text{记}}x_0\\<0,x>x_0\end{cases}(1)$$

则当 $0<x\leqslant x_0$ 时,$f(x)$ 单调上升;
当 $x\geqslant x_0$ 时,$f(x)$ 单调下降;
当 $x=x_0$ 时,$f(x)$ 取最大值
$$f(x_0)=\ln\left(\frac{1}{a}\right)^{\frac{1}{a}}-\left[\left(\frac{1}{a}\right)^{\frac{1}{a}}\right]^a$$
$$=-\frac{1}{a}(1+\ln a).$$

$f(x)$ 在 $(0,+\infty)$ 有几个零点,取决于 $y=f(x)$ 属于下图中的哪种情形.

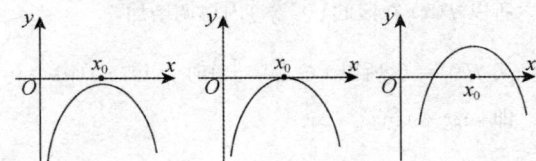

方程 $f(x)=0$ 的实根个数有下列三种情形:

(1) 当 $f(x_0)=-\dfrac{1}{a}(1+\ln a)<0$ 即 $a>\dfrac{1}{e}$ 时,恒有 $f(x)<0(\forall x\in(0,+\infty))$,故 $f(x)=0$ 没有根.

(2) 当 $f(x_0)=-\dfrac{1}{a}(1+\ln a)=0$ 即 $a=\dfrac{1}{e}$ 时,由于 $x\in(0,+\infty)$,当 $x\neq x_0=e^e$ 时,$f(x)<0$,故 $f(x)=0$ 只有一个根,即 $x=x_0=e^e$.

(3) 当 $f(x_0)=-\dfrac{1}{a}(1+\ln a)>0$ 即 $0<a<\dfrac{1}{e}$ 时,因为 $\lim\limits_{x\to 0^+}f(x)=-\infty$,
$$\lim\limits_{x\to+\infty}f(x)=\lim\limits_{x\to+\infty}\left[x^a\left(\frac{\ln x}{x^a}-1\right)\right]=-\infty,$$
故方程 $f(x)=0$ 在 $(0,x_0),(x_0,+\infty)$ 各有一个根.

因此,$f(x)=0$ 在 $(0,+\infty)$ 恰有两个根.

【温馨提示】判断函数根的情况,首先需构建新的函数式,然后根据函数的单调性判断其与坐标轴交点的个数及零点的个数.注意对此种题目解题步骤与方法的掌握.

20. **知识点窍** 此题属于基本题型,主要考查关于函数不等式的证明.

   解题过程 类似证明 $f(x) > g(x)(a < x < b)$,可转化为证明 $F(x) = f(x) - g(x)$ 的单调性问题成立.

   (1) 令
   $$f(x) = 1 + x\ln(x + \sqrt{1+x^2}) - \sqrt{1+x^2}$$
   则 $f(0) = 0$
   $$f'(x) = \ln(x + \sqrt{1+x^2}) + \frac{x}{\sqrt{1+x^2}} - \frac{x}{\sqrt{1+x^2}}$$
   $$= \ln(x + \sqrt{1+x^2})$$
   又当 $x > 0$ 时 $f'(x) > 0$ 以及 $f(x)$ 在 $[0, +\infty)$ 内连续,所以 $f(x)$ 在 $[0, +\infty)$ 内单调增加,故 $x > 0$ 时, $f(x) > f(0)$,即 $f(x) > 0$,原不等式成立.

   (2) 令 $f(x) = \sin x + \tan x - 2x$,
   则 $f'(x) = \cos x + \sec^2 x - 2 > \cos^2 x + \frac{1}{\cos^2 x} - 2$
   $> 0, x \in \left(0, \frac{\pi}{2}\right)$.

   所以 $f(x)$ 在区间 $\left(0, \frac{\pi}{2}\right)$ 内单调增加,

   又 $f(0) = 0$,所以 $x \in \left(0, \frac{\pi}{2}\right)$ 时 $f(x) > f(0) = 0$,
   即 $\sin x + \tan x > 2x$.

   (3) 令 $f(x) = \tan x - x - \frac{1}{3}x^3$,则
   $f(0) = 0, f'(x) = \sec^2 x - 1 - x^2, f'(0) = 0$,
   $f''(x) = 2\sec^2 x \tan x - 2x = 2(\sec^2 x \tan x - x)$,
   $f''(0) = 0$.

   又 $0 < x < \frac{\pi}{2}$ 时,
   $\sec^2 x \tan x - x > \tan x - x > 0$,

   所以 $f''(x)$ 在 $\left(0, \frac{\pi}{2}\right)$ 内单调增加,又 $f''(x)$ 在 $\left[0, \frac{\pi}{2}\right)$ 连续以及 $f'(x)$ 在 $\left[0, \frac{\pi}{2}\right)$ 连续,故 $f''(x) > f''(0) = 0$

   从而 $f'(x)$ 在 $\left[0, \frac{\pi}{2}\right)$ 内单调增加, $x \in \left(0, \frac{\pi}{2}\right)$ 时, $f'(x) > f'(0) = 0$,又 $f(x)$ 连续于 $\left[0, \frac{\pi}{2}\right)$,从而 $f(x)$ 在 $\left[0, \frac{\pi}{2}\right)$ 内单调增加,即 $x \in \left(0, \frac{\pi}{2}\right)$ 时, $f(x) > f(0) = 0$,故
   $$\tan x > x + \frac{1}{3}x^3 \left(0 < x < \frac{\pi}{2}\right).$$

   【温馨提示】 对于函数不等式的证明,一般先构建新的函数式,然后根据函数的单调性进行证明.

期中同步测试(A)卷解析

一、选择题

题号	1	2	3	4	5	6
答案	D	B	D	D	B	D

1. **知识点窍** 无穷小的比较.

   解题过程 (D).
   $$\lim_{x \to 0} \frac{x - \arctan x}{x^k} = \lim_{x \to 0} \frac{1 - \frac{1}{1+x^2}}{kx^{k-1}} (洛必达法则)$$
   $$= \lim_{x \to 0} \frac{\frac{x^2}{1+x^2}}{kx^{k-1}} = \lim_{x \to 0} \frac{1}{kx^{k-3}} \cdot \frac{1}{1+x^2}$$
   $$= \lim_{x \to 0} \frac{1}{kx^{k-3}}$$

   由于 c 为常数,则 $k - 3 = 0$,即 $k = 3$,因此 $c = \frac{1}{3}$.

   【方法点击】 类题目为典型的基础题,历年真题中出现若干次,也是一种经典的练习题目,此类题目解题方法比较固定,无非就是,洛必达法则,等价无穷小代换和泰勒公式的使用.

2. **知识点窍** 等价无穷小.

   解题过程 因 $0 < a < b$,有 $\frac{b}{a} > 1$,
   $$\lim_{x \to \infty} \left(\frac{b}{a}\right)^{-n} = 0,$$
   $$\lim_{n \to \infty}(a^{-n} + b^{-n})^{\frac{1}{n}} = \lim_{n \to \infty} a^{-1}\left[1 + \left(\frac{b}{a}\right)^{-n}\right]^{\frac{1}{n}} = a^{-1},$$
   $1^0 = a^{-1}$,选择(B).

3. **知识点窍** 导数的几何意义.

   解题过程 因 $\lim_{x \to 0} \frac{f(1) - f(1-x)}{2x}$
   $= \lim_{x \to 0} \frac{f[1 + (-x)] - f(1)}{2(-x)} = \frac{1}{2}f'(1) = -1$,

   得 $f'(1) = -2$,又由于 $f(x)$ 是周期为 4 的周期函数, $f'(5) = f'(1) = -2$,即 $x = 5$ 时的切线斜率为 -2,选择(D).

4. **知识点窍** 导数与极限的关系.

   解题过程 因 $f(x)$ 在 $x = 0$ 处连续,若 $\lim_{x \to 0} \frac{f(x)}{x}$ 存在,有 $f(0) = \lim_{x \to 0} f(x) = \lim_{x \to 0} x \cdot \frac{f(x)}{x} = \lim_{x \to 0} x$.

$\lim\limits_{x\to 0}\dfrac{f(x)}{x}=0$,

且 $f'(0)=\lim\limits_{x\to 0}\dfrac{f(x)-f(0)}{x-0}=\lim\limits_{x\to 0}\dfrac{f(x)}{x}$ 存在,排除 (A),(C);

若 $\lim\limits_{x\to 0}\dfrac{f(x)+f(-x)}{x}$ 存在,

有 $2f'(0)=\lim\limits_{x\to 0}[f(x)+f(-x)]$
$=\lim\limits_{x\to 0}x\cdot\dfrac{f(x)+f(-x)}{x}=0$,排除(B);

而若 $\lim\limits_{x\to 0}\dfrac{f(x)-f(-x)}{x}$ 存在,则不一定有 $f'(0)$ 存在,

如 $f(x)=|x|$,

有 $\lim\limits_{x\to 0}\dfrac{f(x)-f(-x)}{x}=\lim\limits_{x\to 0}\dfrac{|x|-|-x|}{x}=0$,但 $f'(0)$ 不存在,选择(D).

5. **知识点窍** 函数的极值拐点与凹凸性.

解题过程

因 $f'(a)=\lim\limits_{x\to a}f'(x)=\lim\limits_{x\to a}(x-a)\dfrac{f'(x)}{x-a}=0\times(-1)=0$,

又因为 $\lim\limits_{x\to a}\dfrac{f'(x)}{x-a}=-1<0$,即在 a 的某邻域内 $\dfrac{f'(x)}{x-a}<0$.

在该领域内,当 $x<a$ 时, $f'(x)>0$;当 $x>a$ 时, $f'(x)<0$,即 $x=a$ 是 $f(x)$ 的极大值点,选择(B).

6. **知识点窍** 渐近线的判定.

解题过程 因 $\lim\limits_{x\to -\infty}\left[\dfrac{1}{x}+\ln(1+e^x)\right]=0+\ln 1=0$,

$\lim\limits_{x\to +\infty}\left[\dfrac{1}{x}+\ln(1+e^x)\right]=\infty$,

有一条水平渐近线 $y=0$,

$\lim\limits_{x\to 0}\left[\dfrac{1}{x}+\ln(1+e^x)\right]=\infty$,

有一条铅直渐近线 $x=0$,

$\lim\limits_{x\to +\infty}\dfrac{y}{x}=\lim\limits_{x\to +\infty}\left[\dfrac{1}{x^2}+\dfrac{\ln(1-e^x)}{x}\right]$
$=0+\lim\limits_{x\to +\infty}\dfrac{\ln(1+e^x)}{x}=\lim\limits_{x\to +\infty}\dfrac{e^x}{1+e^x}$
$=\lim\limits_{x\to +\infty}\dfrac{1}{e^{-x}+1}=1\neq 0$,

$\lim\limits_{x\to +\infty}(y-x)=\lim\limits_{x\to +\infty}\left[\dfrac{1}{x}+\ln(1+e^x)-x\right]$
$=\lim\limits_{x\to +\infty}\left[\dfrac{1}{x}+\ln\dfrac{1+e^x}{e^x}\right]$
$=\lim\limits_{x\to +\infty}\left[\dfrac{1}{x}+\ln(e^{-x}+1)\right]=0$,

有一条斜渐近线 $y=x$,选择(D).

二、填空题

7. **知识点窍** 极限求解.

解题过程 当 $x\to\infty$ 时, $\sin\dfrac{2}{x}\to\dfrac{2}{x}$,

有 $\lim\dfrac{3x^2+5}{5x+3}\sin\dfrac{2}{x}=\lim\dfrac{3x^2+5}{5x+3}\cdot\dfrac{2}{x}=\dfrac{6}{5}$.

8. **知识点窍** 分段函数连续的性质.

解题过程 因 $\lim\limits_{x\to c^-}f(x)=\lim\limits_{x\to c^-}(x^2+1)=c^2+1$,

$\lim\limits_{x\to c^+}f(x)=\lim\limits_{x\to c^+}\dfrac{2}{|x|}=\dfrac{2}{c}$,

且 $\lim\limits_{x\to c^-}f(x)=\lim\limits_{x\to c^+}f(x)$ 时 $f(x)$ 连续,则 $c^2+1=\dfrac{2}{c}$,

得到 $c=1$,但显然有 $c\geqslant 0$,即 $c=1$.

9. **知识点窍** 高阶导数.

解题过程 $y'=-\dfrac{1}{(2x+3)^2}\cdot 2=\dfrac{-2}{(2x+3)^2}$,

$y''=-2\cdot\dfrac{-2}{(2x+3)^3}\cdot 2=\dfrac{2\times 4}{(2x+3)^3}$,

$y'''=-3\cdot\dfrac{2\times 4}{(2x+3)^4}\cdot 2=\dfrac{-6\times 8}{(2x+3)^4}$,

依此类推, $y^{(n)}=\dfrac{(-1)^n\times n!\times 2^n}{(2x+3)^{n+1}}$,

即 $y^{(n)}(0)=\dfrac{(-1)^n\times n!\times 2^n}{3^{n+1}}$.

【方法点击】高阶导数的一般求解方法包括:归纳法、公式法、间接法.

10. **知识点窍** 导数的几何意义.

解题过程 方程两边关于 x 求导,得

$\sec^2\left(x+y+\dfrac{\pi}{4}\right)\cdot(1+y')=e^y\cdot y'$,

则 $y'=\dfrac{\sec^2\left(x+y+\dfrac{\pi}{4}\right)}{e^y-\sec^2\left(x+y+\dfrac{\pi}{4}\right)}$,

即 $y'\big|_{x=0}=\dfrac{\sec^2\left(\dfrac{\pi}{4}\right)}{e^0-\sec^2\left(\dfrac{\pi}{4}\right)}=\dfrac{2}{1-2}=-2$,可得点 $(0,0)$ 处的切线方程为 $y-0=(-2)\cdot(x-0)$,即 $y=-2x$.

11. **知识点窍** 极限的求解.

解题过程 设 $y=(\tan x)^{\frac{1}{\cos x-\sin x}}$,有 $\ln y=\dfrac{1}{\cos x-\sin x}\ln(\tan x)=\dfrac{\ln(\tan x)}{\cos x-\sin x}$,

则 $\lim\limits_{x\to\frac{\pi}{4}}\ln y=\lim\limits_{x\to\frac{\pi}{4}}\dfrac{\ln(\tan x)}{\cos x-\sin x}=\lim\limits_{x\to\frac{\pi}{4}}\dfrac{\dfrac{1}{\tan x}\cdot\sec^2 x}{-\sin x-\cos x}$
$=\dfrac{1\cdot(\sqrt{2})^2}{-\dfrac{\sqrt{2}}{2}-\dfrac{\sqrt{2}}{2}}=-\sqrt{2}$,即 $\lim\limits_{x\to\frac{\pi}{4}}y=e^{-\sqrt{2}}$.

【方法点击】注意对自然对数在极限求解中的运用.

12. **知识点窍** 隐函数求导.

    解题过程 $y' = f'(\ln x) \cdot \dfrac{1}{x} \cdot e^{f(x)} + f(\ln x) \cdot e^{f(x)} \cdot f'(x)$,

    $dy = \left(\dfrac{1}{x} f'(\ln x) e^{f(x)} + f(\ln x) f'(x) e^{f(x)}\right) dx$.

三、解答题

13. **知识点窍** 定积分的求解.

    解题过程 只需求出极限 $\lim\limits_{x \to 1^-} f(x)$,然后定义 $f(1)$ 为此极限值即可.

    因为
    $$\lim_{x \to 1^-} f(x)$$
    $$= \lim_{x \to 1^-}\left[\dfrac{1}{\pi x} + \dfrac{1}{\sin \pi x} - \dfrac{1}{\pi(1-x)}\right]$$
    $$= \dfrac{1}{\pi} + \dfrac{1}{\pi}\lim_{x \to 1^-} \dfrac{\pi(1-x) - \sin \pi x}{(1-x)\sin \pi x}$$
    $$= \dfrac{1}{\pi} + \dfrac{1}{\pi}\lim_{x \to 1^-} \dfrac{-\pi - \pi\cos \pi x}{-\sin \pi x + (1-x)\pi\cos \pi x}$$
    $$= \dfrac{1}{\pi} + \dfrac{1}{\pi}\lim_{x \to 1^-} \dfrac{\pi^2 \sin \pi x}{-\pi\cos \pi x - \pi\cos \pi x - (1-x)\pi^2 \sin \pi x}$$
    $$= \dfrac{1}{\pi}.$$

    由于 $f(x)$ 在 $\left[\dfrac{1}{2}, 1\right]$ 上连续,因此定义

    $f(1) = \dfrac{1}{\pi}$,

    使 $f(x)$ 在 $\left[\dfrac{1}{2}, 1\right]$ 上连续.

    【方法点击】本题实质上是一求极限问题,但以这种形式表现出来,还考查了连续的概念,在计算过程中,也可先作变量代换 $y = 1 - x$,转化为求 $y \to 0^+$ 的极限,可以适当简化.

14. **知识点窍** 导数的定义与极限的关系.

    解题过程 (1) 当 $x \neq 0$ 时,
    $f'(x) = \left[\dfrac{g(x) - e^{-x}}{x}\right]'$
    $= \dfrac{x[g'(x) + e^{-x}] - [g(x) - e^{-x}]}{x^2}$,

    且 $f'(0) = \lim\limits_{x \to 0} \dfrac{f(x) - f(0)}{x - 0} = \lim\limits_{x \to 0} \dfrac{g(x) - e^{-x}}{x^2} \stackrel{\frac{0}{0}}{=}$
    $\lim\limits_{x \to 0} \dfrac{g'(x) + e^{-x}}{2x} = \lim\limits_{x \to 0} \dfrac{g''(x) - e^{-x}}{2} = \dfrac{g''(0) - 1}{2}$,

    故
    $$f'(x) = \begin{cases} \dfrac{x[g'(x) + e^{-x}] - [g(x) - e^{-x}]}{x^2} & x \neq 0 \\ \dfrac{g''(0) - 1}{2} & x = 0 \end{cases}.$$

    (2) 当 $x \neq 0$ 时,$f'(x)$ 连续,

    且 $\lim\limits_{x \to 0} f'(x) = \lim\limits_{x \to 0} \dfrac{x[g'(x) + e^{-x}] - [g(x) - e^{-x}]}{x^2}$
    $\stackrel{\frac{0}{0}}{=} \lim\limits_{x \to 0} \dfrac{x[g''(x) - e^{-x}]}{2x} = \dfrac{g''(0) - 1}{2}$
    $= f'(0)$,

    故 $f'(x)$ 在 $x = 0$ 处连续,$f'(x)$ 在 $(-\infty, +\infty)$ 上连续.

15. **知识点窍** 根据罗尔定理,只需用证明存在一点 $c \in [0, 3]$,使得 $f(c) = 1 = f(3)$,然后在 $[c, 3]$ 上应用罗尔定理即可,条件 $f(0) + f(1) + f(2) = 3$ 等价于 $\dfrac{f(0) + f(1) + f(2)}{3} = 1$,问题可转化为 1 介于 $f(x)$ 的最值之间,最终用介值可以达到目的.

    解题过程 因为 $f(x)$ 在 $[0, 3]$ 上连续,所以 $f(x)$ 在 $[0, 2]$ 上连续,且在 $[0, 2]$ 上必有最大值 M 和最小值 m,于是
    $m \leqslant f(0) \leqslant M$,
    $m \leqslant f(1) \leqslant M$,
    $m \leqslant f(2) \leqslant M$,
    故 $m \leqslant \dfrac{f(0) + f(1) + f(2)}{3} \leqslant M$.

    由介值定理知,至少存在一点 $c \in [0, 2]$,使
    $f(c) = \dfrac{f(0) + f(1) - f(2)}{3} = 1$.

    因为 $f(c) = 1 = f(3)$,且 $f(x)$ 在 $(c, 3)$ 上连续,在 $(c, 3)$ 内可导,所以由罗尔定理知,必存在 $\xi \in (c, 3) \subset (0, 3)$,使 $f'(\xi) = 0$.

    【方法点击】介值定理、微分中值定理与积分中值定理都是常考知识点,且一般是两两结合起来考,本题是典型的结合介值定理与微分中值定理的情形.

16. **知识点窍** 拉格朗日中值定理.

    解题过程 因 $g(x) = e^x$ 在 $[a, b]$ 上连续,在 (a, b) 内可导,根据拉朗日定理知:

    存在 $\eta \in (a, b)$,使得 $g'(\eta) = e^\eta = \dfrac{e^b - e^a}{b - a}$,即
    $\dfrac{e^b - e^a}{b - a} e^{-\eta} = 1$,取 $\xi = \eta$,有 $f'(\xi) = f'(\eta) \neq 0$,
    故 $\dfrac{f'(\xi)}{f'(\eta)} = \dfrac{e^b - e^a}{b - a} e^{-\eta}$.

17. **知识点窍** 先通化为"$\dfrac{0}{0}$"型极限,再利用等价无

穷小与洛必达法则求解即可.

解题过程 $\lim\limits_{x\to 0}\left(\dfrac{1}{\sin^2 x}-\dfrac{\cos^2 x}{x^2}\right)=\lim\limits_{x\to 0}\dfrac{x^2-\sin^2 x\cos^2 x}{x^2\sin^2 x}$

$=\lim\limits_{x\to 0}\dfrac{x^2-\dfrac{1}{4}\sin^2 2x}{x^4}=\lim\limits_{x\to 0}\dfrac{2x-\dfrac{1}{2}\sin 4x}{4x^3}$

$=\lim\limits_{x\to 0}\dfrac{1-\cos 4x}{6x^2}=\lim\limits_{x\to 0}\dfrac{\dfrac{1}{2}(4x)^2}{6x^2}=\dfrac{4}{3}.$

【方法点击】 本题属于求未定式极限的基本题型,对于"$\dfrac{0}{0}$"型极限,应充分利用等价无穷小替换来简化计算.

18. 知识点窍 不等式证明.

解题过程 设 $f(x)=\sin\dfrac{x}{2}-\dfrac{x}{\pi}$,

有 $f(0)=f(\pi)=0$,且 $f'(x)=\dfrac{1}{2}\cos\dfrac{x}{2}-\dfrac{1}{\pi}$,

当 $0<x<2\arccos\dfrac{2}{\pi}$ 时,$f'(x)>0$,

得 $f(x)>f(0)=0$;

当 $2\arccos\dfrac{2}{\pi}<x<\pi$ 时,$f'(x)<0$,

得 $f(x)>f(\pi)=0$;

故当 $0<x<\pi$ 时,有 $\sin\dfrac{x}{2}>\dfrac{x}{\pi}.$

【方法点击】 利用函数单调性证明不等式.

19. 知识点窍 函数的零点或方程实根的讨论.

解题过程 设 $f(x)=4\arctan x-x+\dfrac{4\pi}{3}-\sqrt{3}$,有

$f'(x)=\dfrac{4}{1+x^2}-1=\dfrac{3-x^2}{1+x^2}.$

令 $f'(x)=0$,可得 $x=\pm\sqrt{3}.$

当 $x<-\sqrt{3}$ 时,$f'(x)<0$;当 $-\sqrt{3}<x<\sqrt{3}$ 时,$f'(x)>0$;当 $x>\sqrt{3}$ 时,$f'(x)<0.$

$f(-\sqrt{3})=4\arctan(-\sqrt{3})-(-\sqrt{3})+\dfrac{4\pi}{3}-\sqrt{3}$
$=0$ 为极小值,

$f(\sqrt{3})=4\arctan\sqrt{3}-\sqrt{3}+\dfrac{4\pi}{3}-\sqrt{3}$
$=\dfrac{8\pi}{3}-2\sqrt{3}>0$ 为极大值.

当 $x<-\sqrt{3}$ 时,$f'(x)<0$,

有 $f(x)>f(-\sqrt{3})=0$;

当 $-\sqrt{3}<x<\sqrt{3}$ 时,$f'(x)>0$,

有 $f(x)>f(-\sqrt{3})=0$;

可得在 $(-\infty,\sqrt{3})$ 内 $x=-\sqrt{3}$ 是唯一实根,

因 $f(\sqrt{3})=\dfrac{8\pi}{3}-2\sqrt{3}>0$,且 $\lim\limits_{x\to+\infty}f(x)=-\infty$,不

妨取 $f(100)=4\arctan 100-100+\dfrac{4\pi}{3}-\sqrt{3}<0$,

由介值定理知存在 $\xi\in(\sqrt{3},100)$,使得 $f(\xi)=0$,

当 $x>\sqrt{3}$ 时,$f'(x)<0$,$f(x)$ 单调下降,可得在 $(\sqrt{3},+\infty)$ 内 $x=\xi$ 是唯一实根,

故 $4\arctan x-x+\dfrac{4\pi}{3}-\sqrt{3}=0$,

恰有两个实根 $x=-\sqrt{3}$ 与 $x=\xi.$

20. 知识点窍 不等式证明.

解题过程 设 $f(x)=x\ln\dfrac{1+x}{1-x}+\cos x-1-\dfrac{x^2}{2}$,

有 $f(0)=0$,

因

$f'(x)=\ln\dfrac{1+x}{1-x}+x\left(\dfrac{1}{1+x}+\dfrac{1}{1-x}\right)-\sin x-0-x$

$=\ln\dfrac{1+x}{1-x}+\dfrac{2x}{1-x^2}-\sin x-x,$

有 $f'(0)=0$,

则 $f''(x)=\left(\dfrac{1}{1+x}+\dfrac{1}{1-x}\right)+\dfrac{2(1-x^2)-2x(-2x)}{(1-x^2)^2}$

$\qquad -\cos x-1$

$=\dfrac{2}{1-x^2}+\dfrac{2(1+x^2)}{(1-x^2)^2}-\cos x-1$

$=\dfrac{4}{(1-x^2)^2}-\cos x-1.$

可得当 $-1<x<1$ 时,

$f''(x)=\dfrac{4}{(1-x^2)^2}-\cos x-1\geqslant 2>0$,$f'(x)$ 单调增加.

当 $-1<x\leqslant 0$ 时,$f'(x)<f'(0)=0$,$f(x)$ 单调减少,

当 $0\leqslant x<1$ 时,$f'(x)>f'(0)=0$,$f(x)$ 单调增加,

则当 $-1<x<1$ 时,$f(0)=0$ 为极小值,有 $f(x)>f(0)=0$,

故 $x\ln\dfrac{1+x}{1-x}-\cos x\geqslant 1+\dfrac{x^2}{2}$,$-1<x<1.$

期中同步测试(B)卷解析

一、选择题

题号	1	2	3	4	5	6
答案	B	D	C	D	C	D

1. 知识点窍 等价无穷小求解.

解题过程 当 $x \to 0^+$ 时，$1-e^{\sqrt{x}} \to -\sqrt{x}$，$\ln(1+\sqrt{x}) \to \sqrt{x}$，$\sqrt{1+\sqrt{x}}-1 \to \frac{1}{2}\sqrt{x}$，$1-\cos\sqrt{x} \to \frac{1}{2}(\sqrt{x})^2 = \frac{1}{2}x$，选择(B).

2. 知识点窍 由题设，可推出 $f(0)=0$，再利用在点 $x=0$ 处的导数定义进行讨论即可.

解题过程 显然 $x=0$ 为 $g(x)$ 的间断点，且由 $f(x)$ 为不恒等于零的奇函数知，$f(0)=0$，于是有 $\lim_{x\to 0}g(x) = \lim_{x\to 0}\frac{f(x)}{x} = \lim_{x\to 0}\frac{f(x)-f(0)}{x-0} = f'(0)$ 存在，故 $x=0$ 为可去间断点.

> 【方法点击】若 $f(x)$ 在 $x=x_0$ 处连续，则 $\lim_{x\to x_0}\frac{f(x)}{x-x_0} = A \Leftrightarrow f(x_0)=0, f'(x_0)=A$.

3. 知识点窍 间断点的判定.

解题过程 因 $f(x) = \frac{x-x^3}{\sin\pi x}$ 的间断点处有 $\sin\pi x = 0$，即 x 取任何整数 n，

当整数 $n \neq 0, \pm 1$ 时，$n-n^3 \neq 0$，$\lim_{x\to n}\frac{x-x^3}{\sin\pi x} = \infty$，即 $x=n$ 为 $f(x) = \frac{x-x^3}{\sin\pi x}$ 的无穷间断点，

且 $\lim_{x\to 0}\frac{x-x^3}{\sin\pi x} \xlongequal{\frac{0}{0}} \lim_{x\to 0}\frac{1-3x^2}{\pi\cos\pi x} = \frac{1}{\pi}$，

$\lim_{x\to 1}\frac{x-x^3}{\sin\pi x} \xlongequal{\frac{0}{0}} \lim_{x\to 1}\frac{1-3x^2}{\pi\cos\pi x} = \frac{2}{\pi}$，

$\lim_{x\to -1}\frac{x-x^3}{\sin\pi x} \xlongequal{\frac{0}{0}} \lim_{x\to -1}\frac{1-3x^2}{\pi\cos\pi x} = \frac{2}{\pi}$，

故 $x=0, \pm 1$ 都是 $f(x) = \frac{x-x^3}{\sin\pi x}$ 的可去间断点，选择(C).

4. 知识点窍 导数的几何意义.

解题过程 因 $\lim_{x\to 0}\frac{f(1)-f(1-x)}{2x} = \lim_{x\to 0}\frac{f[1+(-x)]-f(1)}{2(-x)} = \frac{1}{2}f'(1) = -1$，

得 $f'(1) = -2$，又由于 $f(x)$ 是周期为 4 的周期函数，$f'(5) = f'(1) = -2$，即 $x=5$ 时的切线斜率为 -2，选择(D).

5. 知识点窍 极值点与拐点的求解.

解题过程 当 $x < 0$ 时，
$f(x) = -x(1-x) = -x + x^2$，
$f'(x) = -1+2x < 0, f''(x) = 2 > 0$；
当 $0 < x < \frac{1}{2}$ 时，$f(x) = x(1-x) = x-x^2$，
$f'(x) = 1-2x > 0, f''(x) = -2 < 0$；
由于 $f(x)$ 在 $x=0$ 处连续，且 $f'(x)$ 与 $f''(x)$ 都在 $x=0$ 两侧异号，选择(C).

> 【方法点击】对于极值情况，也可考查 $f(x)$ 在 $x=0$ 的某空领域内的一阶导数的符号来判断.

6. 知识点窍 利用介值定理与极限的保号性可得到三个正确的选项，由排除法可选择错误选项.

解题过程 首先，已知 $f'(x)$ 在 $[a,b]$ 上连续，且 $f'(a) > 0, f'(b) < 0$，则由介值定理可知，至少存在一点 $x_0 \in (a,b)$，使得 $f'(x_0) = 0$；

另外，$f'(a) = \lim_{x\to a^+}\frac{f(x)-f(a)}{x-a} > 0$，由极限的保号性可知，至少存在一点 $x_0 \in (a,b)$ 使得 $\frac{f(x_0)-f(a)}{x_0-a} > 0$，即 $f(x_0) > f(a)$，同理，至少存在一点 $x_0 \in (a,b)$ 使得 $f(x_0) > f(b)$，所以，(A)，(B)，(C) 都正确，故选择(D).

> 【方法点击】本题综合考查了介值定理与极限的保号性，有一定的难度.

二、填空题

7. 知识点窍 当 $x \neq 0$ 时可直接按公式求导，当 $x=0$ 时要求定义求导.

解题过程 当 $\lambda > 1$ 时，有
$$f'(x) = \begin{cases} \lambda x^{\lambda-1}\cos\frac{1}{x} + x^{\lambda-2}\sin\frac{1}{x}, & x \neq 0 \\ 0, & x=0 \end{cases},$$
显然当 $\lambda > 2$ 时，有 $\lim_{x\to 0}f'(x) = 0 = f'(0)$，即其导函数在 $x=0$ 处连续.

8. 知识点窍 极限求解.

解题过程 当 n 为偶数时，$\left(\frac{n+1}{n}\right)^{(-1)^n} = \frac{n+1}{n} \to 1 (n \to \infty)$；当 n 为奇数时，$\left(\frac{n+1}{n}\right)^{(-1)^n} = \frac{n}{n+1} \to 1 (n \to \infty)$，则 $\lim_{n\to\infty}\left(\frac{n+1}{n}\right)^{(-1)^n} = 1$.

9. **知识点窍** 本题属基本题型,直接用无穷小量的等价代换进行计算即可.

　　解题过程 $\lim\limits_{x\to\infty}x\sin\dfrac{2x}{x^2+1}=\lim\limits_{x\to\infty}x\dfrac{2x}{x^2+1}=2.$

10. **知识点窍** 导数的几何意义.

　　解题过程 因切点为 $(1,1)$,
切线斜率 $k=f'(1)=n$,
切线方程为 $y-1=n(x-1)$,即 $-1=n(\xi_n-1)$,
则 $\xi_n=1-\dfrac{1}{n}$,
$\lim\limits_{n\to\infty}f(\xi_n)=\lim\limits_{n\to\infty}\left(1-\dfrac{1}{n}\right)^n=\lim\limits_{n\to\infty}\left(1+\dfrac{1}{-n}\right)^{-n(-1)}$
$=e^{-1}.$

11. **知识点窍** 导数的求解.

　　解题过程 $y=\arctan e^x-\dfrac{1}{2}[\ln(e^{2x})-\ln(e^{2x}+1)]=\arctan e^x-x+\dfrac{1}{2}\ln(e^{2x}+1),\dfrac{dy}{dx}=\dfrac{e^x}{1+e^{2x}}-1+\dfrac{e^{2x}}{1+e^{2x}}=\dfrac{e^x-1}{1+e^{2x}},\dfrac{dy}{dx}\bigg|_{x=1}=\dfrac{e-1}{e^2+1}.$

12. **知识点窍** 极限求解.

　　解题过程 设 $y=(\tan x)^{\frac{1}{\cos x-\sin x}},$
有 $\ln y=\dfrac{1}{\cos x-\sin x}\ln(\tan x)=\dfrac{\ln(\tan x)}{\cos x-\sin x},$
则 $\lim\limits_{x\to\frac{\pi}{4}}\ln y=\lim\limits_{x\to\frac{\pi}{4}}\dfrac{\ln(\tan x)}{\cos x-\sin x}\stackrel{\frac{0}{0}}{=}\lim\limits_{x\to\frac{\pi}{4}}\dfrac{\frac{1}{\tan x}\cdot\sec^2 x}{-\sin x-\cos x}$
$=\dfrac{1\cdot(\sqrt{2})^2}{-\frac{\sqrt{2}}{2}-\frac{\sqrt{2}}{2}}=-\sqrt{2},$
即 $\lim\limits_{x\to\frac{\pi}{4}}y=e^{-\sqrt{2}}.$

三、解答题

13. **知识点窍** 导数高阶导数求解.

　　解题过程
$y'=\dfrac{1}{x+1+x^2}\cdot(1+2x)=\dfrac{1+2x}{x+1+x^2},$
$y''=\dfrac{1-2x-2x^2}{(x+1+x^2)^2},$
$y'''=\dfrac{-2(1+2x)(2-x-x^2)}{(x+1+x^2)^3},$
$y'''\big|_{x=3}=\dfrac{140}{13^3}.$

14. **知识点窍** 导数的运用.

　　解题过程 (1)平均成本
$G(x)=\dfrac{C(x)}{x}=\dfrac{25000}{x}+200+\dfrac{1}{40}x,$
令 $G'(x)=\dfrac{25000}{x^2}+\dfrac{1}{40}=0,$
得 $x=\pm 1000$(负值舍去),即 $x=1000$ 是唯一驻

点,且 $G''(x)=\dfrac{50000}{x^3}>0,$
故生产 1000 件产品时,平均成本最小为
$G(1000)=250(元).$
(2)产品以每件 500 元售出,收益 $R(x)=500x,$利润 $L(x)=R(x)-C(x)=-25000+300x-\dfrac{1}{40}x^2,$
令 $L'(x)=300-\dfrac{1}{20}x,$得 $x=6000,$有唯一驻点,
且 $L''(x)=-\dfrac{1}{20}<0,$
故生产 6000 件产品时,利润最大为
$L(6000)=875000(元).$

15. **知识点窍** 中值定理的应用.

　　解题过程(1)设 $g(x)=f(x)-x,$有 $g(x)$ 在区间 $\left[\dfrac{1}{2},1\right]$ 上连续,$g\left(\dfrac{1}{2}\right)=\dfrac{1}{2}>0,$
$g(1)=-1<0,$
故根据零点定理知:存在 $\eta\in\left(\dfrac{1}{2},1\right),$使 $g(\eta)=0,$
即 $f(\eta)=\eta.$
(2)设 $F(x)=e^{-\lambda x}[f(x)-x],F(x)$ 在区间 $[0,\eta]$ 上连续,在 $(0,\eta)$ 内可导,且 $F(0)=0=F(\eta),$根据拉格朗日定理知:存在 $\xi\in(0,\eta),$使得
$F'(\xi)=e^{-\lambda\xi}[f'(\xi)-1]-\lambda e^{-\lambda\xi}[f(\xi)-\xi]=0,$
故 $f'(\xi)-\lambda[f(\xi)-\xi]=1.$

16. **知识点窍** 函数作图.

　　解题过程 因 $y'=1\cdot e^{\frac{\pi}{2}+\arctan x}+(x-1)e^{\frac{\pi}{2}+\arctan x}\cdot\dfrac{1}{1+x^2}=\dfrac{x+x^2}{1+x^2}e^{\frac{\pi}{2}+\arctan x},$
令 $y'=0,$得 $x=-1$ 或 $x=0.$
且没有不可导的点,列表:

x	$(-\infty,-1)$	-1	$(-1,0)$	0	$(0,+\infty)$
y'	$+$	0	$-$	0	$+$
y	↗	极大	↘	极小	↗

故 $y=(x-1)e^{\frac{\pi}{2}+\arctan x}$ 在 $(-\infty,-1)$ 与 $(0,+\infty)$ 内单调增加,在 $(-1,0)$ 内单调减少,
极大值 $y\big|_{x=-1}=-2e^{\frac{\pi}{4}},$极小值为 $y\big|_{x=0}=-e^{\frac{\pi}{2}}.$
由于 $\lim\limits_{x\to\infty}(x-1)e^{\frac{\pi}{2}+\arctan x}=\infty,$
且 $y=(x-1)e^{\frac{\pi}{2}+\arctan x}$ 没有间断点,则没有水平与垂直渐近线.
因 $\lim\limits_{x\to-\infty}\dfrac{(x-1)e^{\frac{\pi}{2}+\arctan x}}{x}=\lim\limits_{x\to-\infty}\dfrac{x-1}{x}e^{\frac{\pi}{2}+\arctan x}$
$=1\neq 0,$
且 $\lim\limits_{x\to-\infty}\left[(x-1)e^{\frac{\pi}{2}+\arctan x}-x\right]$

$$= \lim_{x \to -\infty} [x(e^{\frac{\pi}{2}+\arctan x} - 1) - e^{\frac{\pi}{2}+\arctan x}]$$

$$= \lim_{x \to -\infty} \frac{e^{\frac{\pi}{2}+\arctan x} - 1}{\frac{1}{x}} - 1$$

$$\stackrel{\frac{0}{0}}{=} \lim_{x \to -\infty} \frac{e^{\frac{\pi}{2}+\arctan x} \cdot \frac{1}{1+x^2}}{-\frac{1}{x^2}} - 1$$

$$= \lim_{x \to -\infty} e^{\frac{\pi}{2}+\arctan x} \cdot \frac{-x^2}{1+x^2} - 1 = -2,$$

故 $y = x - 2$ 是一条斜渐近线.

又因 $\lim_{x \to +\infty} \frac{(x-1)e^{\frac{\pi}{2}+\arctan x}}{x}$

$$= \lim_{x \to +\infty} \frac{x-1}{x} e^{\frac{\pi}{2}+\arctan x} = e^{\pi},$$

且 $\lim_{x \to +\infty} [(x-1)e^{\frac{\pi}{2}+\arctan x} - e^{\pi}x]$

$$= \lim_{x \to +\infty} [x(e^{\frac{\pi}{2}+\arctan x} - e^{\pi}) - e^{\frac{\pi}{2}+\arctan x}]$$

$$= \lim_{x \to +\infty} \frac{e^{\frac{\pi}{2}+\arctan x} - e^{\pi}}{\frac{1}{x}} - e^{\pi}$$

$$\stackrel{\frac{0}{0}}{=} \lim_{x \to +\infty} \frac{e^{\frac{\pi}{2}+\arctan x} \cdot \frac{1}{1+x^2}}{-\frac{1}{x^2}} - e^{\pi}$$

$$= \lim_{x \to +\infty} e^{\frac{\pi}{2}+\arctan x} \cdot \frac{-x^2}{1+x^2} - e^{\pi} = -2e^{\pi},$$

故 $y = e^{\pi}(x-2)$ 也是一条斜渐近线.

17. **知识点窍** 拉格朗日中值定理.
    解题过程 因 $f(x)$ 在 $[x-1, x]$ 内连续，在 $(x-1, x)$ 内可导，根据拉格朗日定理知：存在 $\xi \in (x-1, x)$，使得
    $$f'(\xi) = \frac{f(x)-f(x-1)}{x-(x-1)} = f(x) - f(x-1),$$
    则 $\lim_{x \to \infty}[f(x) - f(x-1)] = \lim_{x \to \infty} f'(\xi) = e,$
    且 $\lim_{x \to \infty} \left(\frac{x+c}{x-c}\right)^x = \lim_{x \to \infty} \left(\frac{1+\frac{c}{x}}{1-\frac{c}{x}}\right)^x$
    $$= \lim_{x \to \infty} \frac{\left(1+\frac{c}{x}\right)^{\frac{x}{c} \cdot c}}{\left(1+\frac{-c}{x}\right)^{-\frac{x}{c}(-c)}} = \frac{e^c}{e^{-c}} = e^{2c}, 即 e^{2c} = e,$$
    故 $c = \frac{1}{2}$.

18. **知识点窍** 最值的求解.
    解题过程 令 $f'(t) = a^t \ln a - a = 0$，有 $a^t = \frac{a}{\ln a}$，

得驻点 $t(a) = \frac{\ln a - \ln(\ln a)}{\ln a} = 1 - \frac{\ln(\ln a)}{\ln a},$

令 $t'(a) = -\frac{\frac{1}{a} - \frac{1}{a}\ln(\ln a)}{(\ln a)^2} = 0$，得 $a = e^e$，有唯一驻点. 当 $1 < a < e^e$ 时，$t'(a) < 0$；当 $a > e^e$ 时，$t'(a) > 0$. 故 $a = e^e$ 时，$t(a) = 1 - \frac{1}{e}$ 为最小值.

19. **知识点窍** 等价无穷小.
    解题过程 因 $e^x(1 + Bx + Cx^2) - 1 - Ax = o(x^3),$
    有 $\lim_{x \to 0} \frac{e^x(1+Bx+Cx^2) - 1 - Ax}{x^3}$
    $$= \lim_{x \to 0} \frac{o(x^3)}{x^3} = 0,$$
    则 $\lim_{x \to 0} \frac{e^x(1+Bx+Cx^2) - 1 - Ax}{x^3}$
    $$\stackrel{\frac{0}{0}}{=} \lim_{x \to 0} \frac{e^x[(1+B) + (B+2C)x + Cx^2] - A}{3x^2} = 0,$$
    得 $\lim_{x \to 0}\{e^x[(1+B) + (B+2C)x + Cx^2] - A\}$
    $= 1 + B - A = 0;$
    又 $\lim_{x \to 0} \frac{e^x[(1+B) + (B+2C)x + Cx^2] - A}{3x^2}$
    $$\stackrel{\frac{0}{0}}{=} \lim_{x \to 0} \frac{e^x[(1+2B+2C) + (B+4C)x + Cx^2]}{6x}$$
    $= 0,$
    得 $\lim_{x \to 0}\{e^x[(1+2B+2C) + (B+4C)x + Cx^2]\}$
    $= 1 + 2B + 2C = 0;$
    且 $\lim_{x \to 0} \frac{e^x[(1+2B+2C) + (B+4C)x + Cx^2]}{6x}$
    $$= \frac{B+4C}{6} = 0.$$
    故 $A = \frac{1}{3}, B = -\frac{2}{3}, C = \frac{1}{6}.$

20. **知识点窍** 不等式的证明.
    解题过程 设 $f(x) = x\sin x + 2\cos x + \pi x$，有 $f'(x) = x\cos x - \sin x + \pi, f''(x) = -x\sin x,$
    当 $0 < x < \pi$ 时，$f''(x) < 0$，即 $f'(x)$ 单调减少，
    则 $0 < x < \pi$ 时，
    $f'(x) > f'(\pi) = \pi\cos\pi - \sin\pi + \pi = 0$，即 $f(x)$ 单调增加，
    故当 $0 < a < b < \pi$ 时，$f(b) > f(a)$，
    即 $b\sin b + 2\cos b + \pi b > a\sin a + 2\cos a + \pi a.$

    【方法点击】利用函数单调性证明不等式.

第五章 不定积分同步测试(A)卷解析

一、单项选择题

题号	1	2	3	4	5	6
答案	A	B	D	D	D	D

1. **知识点窍** 本题主要考查不定积分的计算.

   解题过程 该题实际上只需对四个选项求导数,看其是否与被积函数相等.

   对于选项(A),
   $$\left(\arctan\frac{1}{x}+C\right)' = \frac{1}{1+\left(\frac{1}{x}\right)^2} \cdot \left(-\frac{1}{x^2}\right)$$
   $$= -\frac{1}{1+x^2}$$
   $$\neq \frac{1}{1+x^2},$$

   所以该题的选项应是(A).

   可以验证,(B),(C),(D)的导函数都等于 $\frac{1}{1+x^2}$,这说明一个函数的原函数表达式不唯一.

   【温馨提示】此题属于基本题型,主要是求被积函数的原函数,对于选择题,可以分别求出各函数的导数.

2. **知识点窍** 本题主要考查抽象函数不定积分的计算.

   解题过程 两边对 $\int f'(x^3)\mathrm{d}x = x^3+C$ 微分得
   $$f'(x^3) = 3x^2, f'(t) = 3t^{\frac{2}{3}}$$
   $$\therefore f(x) = \int f'(x)\mathrm{d}x = \int 3x^{\frac{2}{3}}\mathrm{d}x = \frac{9}{5}x^{\frac{5}{3}}+C$$

   因此选(B).

   【温馨提示】解决此类题目,首先对原式进行微分计算,然后利用整体代换进行求解,注意对解题步骤与方法的掌握.

3. **知识点窍** 本题主要考查抽象函数不定积分的计算.

   解题过程 对等式 $\int xf(x)\mathrm{d}x = x^2\mathrm{e}^x+C$ 两边求导数,求出 $f(x)$.

   得 $xf(x) = 2x\mathrm{e}^x + x^2\mathrm{e}^x$

   即 $f(x) = 2\mathrm{e}^x + x\mathrm{e}^x$

   $f(\ln x) = 2x + x\ln x$

   从而

   $$\int \frac{f(\ln x)}{x}\mathrm{d}x = \int(2+\ln x)\mathrm{d}x = 2x + x\ln x - x + C$$
   $$= x\ln x + x + C$$

   故选(D).

   【温馨提示】对于抽象函数的计算,首先需对原式进行化简,求解出抽象函数表达式,然后代入待求函数式,进行计算. 在计算过程中,注意对不定积分计算方法的运用.

4. **知识点窍** 本题属于基本题型,主要考查不定积分的计算.

   解题过程 $\int \frac{\mathrm{e}^x - 1}{\mathrm{e}^x + 1}\mathrm{d}x$
   $$= \int \frac{\mathrm{e}^x + 1 - 2}{\mathrm{e}^x + 1}\mathrm{d}x$$
   $$= \int\left(1 - \frac{2}{\mathrm{e}^x+1}\right)\mathrm{d}x$$
   $$= x - 2\int \frac{\mathrm{e}^x}{(\mathrm{e}^x+1)\mathrm{e}^x}\mathrm{d}x$$
   $$= x - 2\int \frac{1}{\mathrm{e}^x(\mathrm{e}^x+1)}\mathrm{d}\mathrm{e}^x$$
   $$= x - 2\int\left(\frac{1}{\mathrm{e}^x} - \frac{1}{\mathrm{e}^x+1}\right)\mathrm{d}\mathrm{e}^x$$
   $$= x - 2x + 2\ln|\mathrm{e}^x+1| + C$$
   $$= -x + 2\ln|\mathrm{e}^x+1| + C.$$

   【温馨提示】对于分式不定积分的计算,首先需要对原函数式进行化简(一般通过配方法),然后根据常用的不定积分求解公式进行求解. 注意对化简方法的掌握.

5. **知识点窍** 本题主要考查抽象函数不定积分的计算.

   解题过程 由 $f'(\sin x) = \cos^2 x$,
   $f'(\sin x)\cos x = \cos^3 x$

   积分 $\int f'(\sin x)\cos x\mathrm{d}x = \int \cos^3 x\mathrm{d}x$

   有 $f(\sin x) = \sin x - \frac{1}{3}\sin^3 x + C_1$

   $f(x) = x - \frac{1}{3}x^3 + C_1$

   则 $\int f(x)\mathrm{d}x = \frac{x^2}{2} - \frac{1}{12}x^4 + C_1 x + C$

   故选(D).

【温馨提示】对于抽象函数的计算,关键是通过题设条件求解抽象函数式的表达式,然后代入待求函数式进行求解.

6. **知识点窍** 本题主要考查分数形式的不定积分计算.

  解题过程
  $$\int \frac{3 \cdot 2^x - 2 \cdot 3^x}{2^x} dx$$
  $$= \int \left[3 - 2 \cdot \left(\frac{3}{2}\right)^x\right] dx$$
  $$= 3x - 2 \cdot \frac{1}{\ln \frac{3}{2}} \cdot \left(\frac{3}{2}\right)^x + C$$
  $$= 3x - 2 \cdot \frac{1}{\ln 3 - \ln 2} \cdot \left(\frac{3}{2}\right)^x + C.$$

【温馨提示】对于分数形式的不定积分,首先需要对原函数式进行化简,然后通过常用不定积分求解公式进行求解.

二、填空题

7. **知识点窍** 本题主要考查不定积分的计算.

  解题过程 令 $x = \frac{1}{\cos t}(0 \leqslant t \leqslant \pi, t \neq \frac{\pi}{2})$

  于是 $dx = \frac{\sin t}{\cos^2 t} dt, \sqrt{x^2 - 1} = \frac{\sin t}{|\cos t|}$,则
  $$\int \frac{\sqrt{x^2-1}}{x^4} dx = \int \sin^2 t \cos t dt \cdot \text{sgn} x$$
  $$= \int \sin^2 t d\sin t \cdot \text{sgn} x$$
  $$= \frac{1}{3} \sin^3 t \cdot \text{sgn} x + C,$$

  其中 $\text{sgn} x = \begin{cases} 1, x > 0, \\ -1, x < 0. \end{cases}$

根式的形式	所作替换	三角形示意图($x>0$)
$\sqrt{a^2-x^2}$	$x = a\sin t, -\frac{\pi}{2} \leqslant t \leqslant \frac{\pi}{2}$	
$\sqrt{a^2+x^2}$	$x = a\tan t, -\frac{\pi}{2} < t < \frac{\pi}{2}$	
$\sqrt{x^2-a^2}$	$x = a\sec t, 0 \leqslant t \leqslant \pi, t \neq \frac{\pi}{2}$	

再依上面的三角形示意图 $\left(\sin t = \frac{\sqrt{x^2-1}}{|x|}\right)$,则得
$$\int \frac{\sqrt{x^2-1}}{x^4} dx = \frac{1}{3} \left(\frac{\sqrt{x^2-1}}{x}\right)^3 + C.$$

【温馨提示】解决此类问题的关键是对函数式中的变量进行合理代换,注意对三角代换的掌握.

8. **知识点窍** 本题主要考查分数形式的不定积分计算.

  解题过程 $\frac{6}{1+x^3} = \frac{6}{(1+x)(1-x+x^2)}$
  $$= \frac{A}{1+x} + \frac{Bx+C}{1-x+x^2}$$
  $A(1-x+x^2) + (1+x)(Bx+C) = 6$
  $(A+B)x^2 + (B+C-A)x + A+C = 6$
  比较同次幂系数,得
  $$\begin{cases} A+C = 6 \\ A+B = 0 \\ B+C-A = 0 \end{cases} \Rightarrow A=2, B=-2, C=4$$
  于是
  原式 $= \int \left(\frac{2}{1+x} + \frac{-2x+4}{1-x+x^2}\right) dx$
  $= 2\ln|x+1| - \int \frac{2x-4}{x^2-x+1} dx$
  $= 2\ln|x+1| - \int \frac{2x-1-3}{x^2-x+1} dx$
  $= 2\ln|x+1| - \int \frac{d(x^2-x+1)}{x^2-x+1}$
  $\quad + 3\int \frac{dx}{x^2-x+1}$
  $= 2\ln|x+1| - \ln(x^2-x+1)$
  $\quad + 3\int \frac{dx}{\left(x-\frac{1}{2}\right)^2 + \frac{3}{4}}$
  $= 2\ln|x+1| - \ln(x^2-x+1)$
  $\quad + 3 \cdot \frac{2}{\sqrt{3}} \arctan \frac{x-\frac{1}{2}}{\frac{\sqrt{3}}{2}} + C$
  $= 2\ln|x+1| - \ln(x^2-x+1)$
  $\quad + 2\sqrt{3} \arctan \frac{2x-1}{\sqrt{3}} + C.$

【温馨提示】对于分数形式的不定积分计算,主要是对原函数式进行化简,此题采用的是因式分解和配方方法,注意对此种方法的掌握及因式分解、配方的技巧.

9. **知识点窍** 本题主要考查混合型不定积分的计算.

  解题过程 记原式为 J,先分项:
  $$J = \int \frac{\arcsin x}{x^2} \frac{dx}{\sqrt{1-x^2}} + \int \frac{\arcsin x}{\sqrt{1-x^2}} dx \xlongequal{\text{记}} J_1 + J_2.$$

易凑微分得 $J_2 = \int \arcsin x \, d\arcsin x$
$$= \frac{1}{2}\arcsin^2 x + C.$$

下面求 J_1：

方法一 作变量替换

$x = \sin u \left(u \in \left(-\frac{\pi}{2}, \frac{\pi}{2}\right)\right)$，则

$J_1 = \int \dfrac{u}{\sin^2 u \cos u}\cos u \, du = -\int u \, d\cot u$

$\quad = -u\cot u + \int \dfrac{\cos u}{\sin u} du = -u\cot u + \ln|\sin u| + C$

变量还原得 $J_1 = -\dfrac{\sqrt{1-x^2}}{x}\arcsin x + \ln|x| + C.$

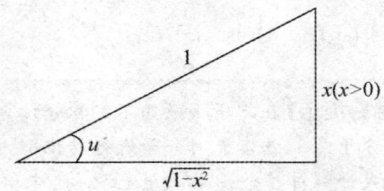

方法二 作分部积分，注意

$\int \dfrac{dx}{x^2 \sqrt{1-x^2}} = \int \dfrac{-\frac{1}{2}d\left(\frac{1}{x^2}\right)}{\sqrt{\frac{1}{x^2}-1}}\mathrm{sgn}\, x$

$\quad = -\sqrt{\dfrac{1}{x^2}-1}\,\mathrm{sng}\, x + C = \dfrac{-\sqrt{1-x^2}}{x}+C,$

于是

$J_1 = \int \arcsin x \, d\left(-\dfrac{\sqrt{1-x^2}}{x}\right)$

$\quad = -\dfrac{\sqrt{1-x^2}}{x}\arcsin x + \int \dfrac{1}{x}dx$

$\quad = -\dfrac{\sqrt{1-x^2}}{x}\arcsin x + \ln|x| + C.$

因此

$J = \dfrac{1}{2}\arcsin^2 x - \dfrac{\sqrt{1-x^2}}{x}\arcsin x + \ln|x| + C.$

【温馨提示】对复杂函数的不定积分求解，关键是将原函数式进行化简、分解. 在此过程中，注意对三角函数代换和分部积分方法的掌握和灵活运用.

10. **知识点窍** 本题主要考查含抽象函数的不定积分计算.

解题过程 **方法一** 因 $0 \leqslant x < 1$，故可令 $x = \sin^2 t \left(t \in \left[0, \dfrac{\pi}{2}\right)\right)$

所以

$\int \dfrac{\sqrt{x}}{\sqrt{1-x}}f(x)dx = \int \dfrac{\sin t}{\cos t}f(\sin^2 t) 2\sin t\cos t \, dt$

$\quad = 2\int t\sin t \, dt = -2t\cos t + 2\int \cos t \, dt$

$\quad = -2t\cos t + 2\sin t + C$

$\quad = -2\sqrt{1-x}\arcsin\sqrt{x} + 2\sqrt{x} + C.$

方法二 由题设知 $x \in [0,1) \subset \left[-\dfrac{\pi}{2}, \dfrac{\pi}{2}\right]$，故令

$u = \sin^2 x$

则有 $\sin x = \sqrt{u}$，$x = \arcsin\sqrt{u}$，$f(x) = \dfrac{\arcsin\sqrt{x}}{\sqrt{x}}$，

于是

$\int \dfrac{\sqrt{x}}{\sqrt{1-x}}f(x)dx = \int \dfrac{\arcsin\sqrt{x}}{\sqrt{1-x}}dx$

$\quad = -2\int \arcsin\sqrt{x}\, d\sqrt{1-x}$

$\quad = -2\sqrt{1-x}\arcsin\sqrt{x} + 2\int \sqrt{1-x}\dfrac{1}{\sqrt{1-x}}d\sqrt{x}$

$\quad = -2\sqrt{1-x}\arcsin\sqrt{x} + 2\sqrt{x} + C.$

【温馨提示】解决此题的关键是对原函数式通过整体代换进行化简，然后代入待求函数式进行求解.

11. **知识点窍** 本题主要考查已知函数的一个原函数，求函数不定积分的计算.

解题过程 按题意：

$f(x) = \left(\dfrac{\sin x}{x}\right)' = \dfrac{x\cos x - \sin x}{x^2}$

$\int x^3 f'(x)dx \xrightarrow{\text{分部积分}} \int x^3 df(x)$

$\quad = x^3 f(x) - 3\int x^2 f(x)dx$

$\quad = x^2 \cos x - x\sin x - 3\int (x\cos x - \sin x)dx$

$\quad = x^2 \cos x - x\sin x - 3\int x \, d\sin x - 3\cos x$

$\quad = x^2 \cos x - x\sin x - (3x\sin x + 3\cos x) - 3\cos x + C$

$\quad = x^2 \cos x - 4x\sin x - 6\cos x + C.$

【温馨提示】解决本题的关键，是由函数的原函数，求解出函数的表达式，然后代入待求函数式，根据分部积分进行求解.

12. **知识点窍** 本题属于应用型题目，已知函数在某点的切线斜率，求解函数式.

解题过程 由题意知，$f'(x) = x\ln(1+x^2)$

故

$$f(x) = \int x\ln(1+x^2)\,dx = \frac{1}{2}\int \ln(1+x^2)\,dx^2$$

$$= \frac{1}{2}x^2\ln(1+x^2) - \frac{1}{2}\int x^2 \cdot \frac{2x}{1+x^2}\,dx$$

$$= \frac{1}{2}x^2\ln(1+x^2) - \int \frac{x^3}{1+x^2}\,dx$$

$$= \frac{1}{2}x^2\ln(1+x^2) - \int \left(x - \frac{x}{1+x^2}\right)dx$$

$$= \frac{1}{2}x^2\ln(1+x^2) - \frac{1}{2}x^2 + \frac{1}{2}\ln(1+x^2) + C$$

由于曲线过点 $\left(0, -\frac{1}{2}\right)$ 即 $f(0) = -\frac{1}{2}$,可以定出常数 C.

$$f(0) = 0 - 0 + 0 + C = -\frac{1}{2}, \text{即 } C = -\frac{1}{2}$$

所以

$$f(x) = \frac{1}{2}x^2\ln(1+x^2) - \frac{1}{2}x^2 + \frac{1}{2}\ln(1+x^2) - \frac{1}{2}$$

$$= \frac{1}{2}(1+x^2)[\ln(1+x^2) - 1].$$

【温馨提示】 解决此类题目,需要把题设条件转化成可用的函数关系式,然后根据其他条件求解出需要的函数式.

三、解答题

13. 知识点窍 本题主要考查函数不定积分的计算.

解题过程

$$\int \ln(1+\sqrt[3]{x})\,dx$$

$$\xrightarrow[x=(t-1)^3]{1+\sqrt[3]{x}=t} \int \ln t\,d(t-1)^3$$

$$= (t-1)^3 \ln t - \int (t-1)^3\,d\ln t$$

$$= (t-1)^3 \ln t - \int \frac{t^3 - 3t^2 + 3t - 1}{t}\,dt$$

$$= (t-1)^3 \ln t - \frac{1}{3}t^3 + \frac{3}{2}t^2 - 3t + \ln t + C$$

$$= x\ln(1+\sqrt[3]{x}) - \frac{1}{3}(1+\sqrt[3]{x})^3 + \frac{3}{2}(1+\sqrt[3]{x})^2 - 3(1+\sqrt[3]{x}) + \ln(1+\sqrt[3]{x}) + C$$

$$= (x+1)\ln(1+\sqrt[3]{x}) - \frac{1}{3}(1+\sqrt[3]{x})^3 + \frac{3}{2}(1+\sqrt[3]{x})^2 - 3(1+\sqrt[3]{x}) + C$$

$$= (x+1)\ln(1+\sqrt[3]{x}) - \frac{1}{3}x + \frac{1}{2}x^{\frac{2}{3}} - x^{\frac{1}{3}} + C.$$

【温馨提示】 解决本题的关键是对原函数式进行换元,通过化简原函数式进行求解.

14. 知识点窍 本题主要考查含三角函数的不定积分计算.

解题过程 $\because \dfrac{1}{\sin^3 x\cos x} = \dfrac{\sin^2 x + \cos^2 x}{\sin^3 x\cos x}$

$$= \frac{1}{\sin x\cos x} + \frac{\cos x}{\sin^3 x} = \frac{\sin^2 x + \cos^2 x}{\sin x\cos x} + \frac{\cos x}{\sin^3 x}$$

$$= \tan x + \cot x + \csc^2 x \cot x$$

$$\therefore \int \frac{dx}{\sin^3 x\cos x} = \int (\tan x + \cot x + \csc^2 x\cot x)\,dx$$

$$= \int \tan x\,dx + \int \cot x\,dx + \int \csc^2 x\cot x\,dx$$

$$= -\ln|\cos x| + \ln|\sin x| - \int \csc x\,d\csc x$$

$$= -\ln|\cos x| + \ln|\sin x| - \frac{1}{2}\csc^2 x + C$$

$$= \ln|\tan x| - \frac{1}{2}\csc^2 x + C.$$

【温馨提示】 在三角函数的不定积分计算中,如果分子是1,基本先对分子进行转化,然后通过因式分解对整个函数式进行化简、求解.注意对此种方法的掌握.

15. 知识点窍 本题主要考查复杂函数分式的计算.

解题过程

$$\int \frac{x^{11}\,dx}{x^8 + 3x^4 + 2}$$

$$= \int \left(x^3 - \frac{3x^7 + 2x^3}{x^8 + 3x^4 + 2}\right)dx$$

$$= \int x^3\,dx - \int \frac{3x^7 + 2x^3}{x^8 + 3x^4 + 2}\,dx$$

$$= \frac{1}{4}x^4 - \frac{3}{8}\int \frac{8x^7 + 12x^3 - \frac{20}{3}x^3}{x^8 + 3x^4 + 2}\,dx$$

$$= \frac{1}{4}x^4 - \frac{3}{8}\int \frac{8x^7 + 12x^3}{x^8 + 3x^4 + 2}\,dx + \frac{20}{8}\int \frac{x^3\,dx}{x^8 + 3x^4 + 2}$$

$$= \frac{1}{4}x^4 - \frac{3}{8}\int \frac{d(x^8 + 3x^4 + 2)}{x^8 + 3x^4 + 2} + \frac{5}{8}\int \frac{dx^4}{x^8 + 3x^4 + 2}$$

$$= \frac{1}{4}x^4 - \frac{3}{8}\int \frac{d(x^8 + 3x^4 + 2)}{x^8 + 3x^4 + 2}$$

$$+ \frac{5}{8}\int \frac{dx^4}{\left(x^4 + \frac{3}{2}\right)^2 - \frac{1}{4}}$$

$$= \frac{1}{4}x^4 - \frac{3}{8}\int \frac{d(x^8 + 3x^4 + 2)}{x^8 + 3x^4 + 2}$$

$$+ \frac{5}{8}\int \frac{d\left(x^4 + \frac{3}{2}\right)}{\left(x^4 + \frac{3}{2}\right)^2 - \frac{1}{4}}$$

$$= \frac{1}{4}x^4 - \frac{3}{8}\ln|x^8 + 3x^4 + 2| + \frac{5}{8}\ln\left|\frac{x^4+1}{x^4+2}\right| + C$$

$$= \frac{1}{4}x^4 - \frac{3}{8}\ln|(x^4+1)(x^4+2)|$$

$$+\frac{5}{8}\ln\left|\frac{x^4+1}{x^4+2}\right|+C$$
$$=\frac{1}{4}x^4+\ln\left(\frac{\sqrt[4]{x^4+1}}{x^4+2}\right)+C.$$

> 【温馨提示】对于复杂分式的不定积分,一般通过配方、分解因式,将被积函数分解为一个整式加上一个真分式的形式,然后通过常用的不定积分法则进行求解.

16. 知识点窍 本题主要考查不定积分换元法的应用.

解题过程 **方法一** 令 $2x+3=t^2$, $x=\frac{1}{2}(t^2-3)$, $dx=tdt$,

$$\int x\sqrt{2x+3}\,dx=\int\frac{1}{2}(t^2-3)t\cdot t\,dt$$
$$=\frac{1}{2}\int(t^4-3t^2)\,dt$$
$$=\frac{1}{10}t^5-\frac{1}{2}t^3+C$$
$$=\frac{1}{10}(2x+3)^{\frac{5}{2}}-\frac{1}{2}(2x+3)^{\frac{3}{2}}+C$$

方法二 用凑微分方法.

$$\int x\sqrt{2x+3}\,dx=\int\left[\frac{1}{2}(2x+3)-\frac{3}{2}\right]\sqrt{2x+3}\,dx$$
$$=\frac{1}{2}\int(2x+3)^{\frac{3}{2}}\,dx-\frac{3}{2}\int(2x+3)^{\frac{1}{2}}\,dx$$
$$=\frac{1}{4}\int(2x+3)^{\frac{3}{2}}\,d(2x+3)-\frac{3}{4}\int(2x+3)^{\frac{1}{2}}\,d(2x+3)$$
$$=\frac{1}{4}\cdot\frac{2}{5}(2x+3)^{\frac{5}{2}}-\frac{3}{4}\cdot\frac{2}{3}(2x+3)^{\frac{3}{2}}+C$$
$$=\frac{1}{10}(2x+3)^{\frac{5}{2}}-\frac{1}{2}(2x+3)^{\frac{3}{2}}+C.$$

> 【温馨提示】对于乘积型不定积分的计算,通常采用换元法或分部积分法,本题采用换元法进行计算.注意对此种解题方法及步骤的掌握.

17. 知识点窍 本题主要考查三角函数分式型不定积分的计算.

解题过程 **分析一** 万能代换.

令 $t=\tan\frac{x}{2}$.

则 $\sin x=\frac{2t}{1+t^2}$, $\cos x=\frac{1-t^2}{1+t^2}$, $dx=\frac{2dt}{1+t^2}$.

$$\therefore\frac{dx}{(5+4\sin x)\cos x}=\frac{\frac{2dt}{1+t^2}}{\left(5+4\frac{2t}{1+t^2}\right)\frac{1-t^2}{1+t^2}}$$
$$=\frac{2(1+t^2)\,dt}{(5t^2+8t+5)(1-t^2)}$$
$$=-\left(\frac{2}{5t^2+8t+5}+\frac{4}{(5t^2+8t+5)(t^2-1)}\right)dt$$

而 $\frac{4}{(5t^2+8t+5)(t^2-1)}$

$$=\frac{4}{(5t^2+8t+5)(t-1)(t+1)}.$$

令 $\frac{4}{(5t^2+8t+5)(t-1)(t+1)}$

$$=\frac{At+B}{5t^2+8t+5}+\frac{C}{t-1}+\frac{D}{t+1}.$$

等式右边通分后比较两边分子 t 的同次项的系数得

$$\begin{cases} A+5C+5D=0 \\ B+13C+3D=0 \\ -A+13C-3D=0 \\ -B+5C-5D=4 \end{cases}$$

解之得 $\begin{cases} A=\frac{40}{9} \\ B=\frac{14}{9} \end{cases}$, $\begin{cases} C=\frac{1}{9} \\ D=-1 \end{cases}$.

$$\therefore\frac{4}{(5t^2+8t+5)(t-1)(t+1)}$$
$$=\frac{2}{9}\cdot\frac{20t+7}{5t^2+8t+5}+\frac{1}{9}\cdot\frac{1}{t-1}-\frac{1}{t+1}$$
$$=\frac{1}{9}\cdot\frac{1}{t-1}-\frac{1}{t+1}+\frac{4}{9}\cdot\frac{10t+8}{5t^2+8t+5}-\frac{2}{5t^2+8t+5}$$

$$\therefore\frac{dx}{(5+4\sin x)\cos x}$$
$$=\left(-\frac{1}{9}\cdot\frac{1}{t-1}+\frac{1}{t+1}-\frac{4}{9}\cdot\frac{10t+8}{5t^2+8t+5}\right)dt$$

$$\therefore\int\frac{dx}{(5+4\sin x)\cos x}$$
$$=-\frac{1}{9}\int\frac{1}{t-1}\,dt+\int\frac{1}{t+1}\,dt-\frac{4}{9}\int\frac{10t+8}{5t^2+8t+5}\,dt$$
$$=-\frac{1}{9}\ln|t-1|+\ln|t+1|-\frac{4}{9}\ln|5t^2+8t+5|+C$$

分析二 利用代换 $t=\sin x$.

令 $t=\sin x$, $|x|<\frac{\pi}{2}$,

则 $dx=\frac{dt}{\sqrt{1-t^2}}$, $\cos x=\sqrt{1-t^2}$

$$\therefore\int\frac{dx}{(5+4\sin x)\cos x}=\int\frac{\frac{dt}{\sqrt{1-t^2}}}{(5+4t)\sqrt{1-t^2}}$$

$$= \int \frac{dt}{(5+4t)(1-t^2)} = -\int \frac{dt}{(5+4t)(t^2-1)}$$

$$\because \frac{1}{(5+4t)(t^2-1)} = \frac{1}{(5+4t)(t-1)(t+1)}$$

令 $\dfrac{1}{(5+4t)(t^2-1)} = \dfrac{A}{5+4t} + \dfrac{B}{t-1} + \dfrac{C}{t+1}.$

等式右边分后比较两边分子 t 的同次项的系数得

$$\begin{cases} A+4B+4C=0 \\ 9B+C=0 \\ -A+5B-5C=1 \end{cases}$$

解之得 $\begin{cases} A = \dfrac{16}{9} \\ B = \dfrac{1}{18} \\ C = -\dfrac{1}{2} \end{cases}$

$$\therefore \frac{1}{(5+4t)(t^2-1)}$$
$$= \frac{16}{9} \cdot \frac{1}{5+4t} + \frac{1}{18} \cdot \frac{1}{t-1} - \frac{1}{2} \cdot \frac{1}{t+1}$$

$$\therefore \int \frac{dt}{(5+4t)(t^2-1)}$$
$$= \frac{16}{9}\int \frac{1}{5+4t}dt + \frac{1}{18}\int \frac{1}{t-1}dt - \frac{1}{2}\int \frac{1}{t+1}dt$$
$$= \frac{4}{9}\ln|5+4t| + \frac{1}{18}\ln|1-t| - \frac{1}{2}\ln|1+t| - C$$

$$\therefore \int \frac{dx}{(5+4\sin x)\cos x}$$
$$= -\frac{4}{9}\ln|5+4\sin x| - \frac{1}{18}\ln|1-\sin x| + \frac{1}{2}\ln|1+\sin x| + C.$$

【温馨提示】 解决此类题目,一般是通过代换对原式进行化简,注意万能代换的应用。

18. 知识点窍 本题主要考查不定积分相加减的运算。

解题过程
$$aF(x) + bG(x)$$
$$= \int \frac{a\sin x}{a\sin x + b\cos x}dx + \int \frac{b\cos x}{a\sin x + b\cos x}dx$$
$$= \int \frac{a\sin x + b\cos x}{a\sin x + b\sin x}dx = x + C \qquad (1)$$

$$aG(x) - bF(x)$$
$$= \int \frac{a\cos x}{a\sin x + b\cos x}dx - \int \frac{b\sin x}{a\sin x + b\cos x}dx$$
$$= \int \frac{a\cos x - b\sin x}{a\sin x + b\cos x}dx$$

$$= \int \frac{1}{a\sin x + b\cos x}d(a\sin x + b\cos x)$$
$$= \ln|a\sin x + b\cos x| + C \qquad (2)$$

在(1)式的两边乘以 a,(2)式的两边乘以 b,两式相减,得
$$(a^2+b^2)F(x) = ax - b\ln|a\sin x + b\cos x| + C_1$$
故
$$F(x) = \frac{1}{a^2+b^2}[ax - b\ln|a\sin x + b\cos x|] + C.$$

在(1)式的两边乘以 b,(2)式的两边乘以 a,然后再将两式相加,得
$$(a^2+b^2)G(x) = bx + a\ln|a\sin x + b\cos x| + C_1$$
$$G(x) = \frac{1}{a^2+b^2}(bx + a\ln|a\sin x + b\cos x|) + C.$$

【温馨提示】 解决此类题目的关键是在计算过程中,对函数式进行合并化简,然后运用不定积分求解法则进行计算。

19. 知识点窍 本题主要考查有关不定积分的证明。

解题过程 由目标式子可以看出应将被积函数 $\tan^n x$ 分开成 $\tan^{n-2} x \tan^2 x$.

进而写成:
$$\tan^{n-2} x(\sec^2 x - 1) = \tan^{n-2} x\sec^2 x - \tan^{n-2} x,$$
分项积分即可。

证明:$I_n = \int \tan^n x\, dx = \int (\tan^{n-2} x\sec^2 x - \tan^{n-2} x)dx$
$$= \int \tan^{n-2} x\sec^2 x\, dx - \int \tan^{n-2} x\, dx$$
$$= \int \tan^{n-2} x\, d\tan x - I_{n-2}$$
$$= \frac{1}{n-1}\tan^{n-1} x - I_{n-2}$$

$n = 5$ 时,
$$I_5 = \int \tan^5 x\, dx = \frac{1}{4}\tan^4 x - I_3$$
$$= \frac{1}{4}\tan^4 x - \frac{1}{2}\tan^2 x + I_1$$
$$= \frac{1}{4}\tan^4 x - \frac{1}{2}\tan^2 x + \int \tan x\, dx$$
$$= \frac{1}{4}\tan^4 x - \frac{1}{2}\tan^2 x - \ln|\cos x| + C.$$

【温馨提示】 解决此题的关键是对原被积函数进行分解化简,然后通过常用不定积分求解方法进行证明。

20. **知识点窍** 本题主要考查曲线方程的计算.
   解题过程 由题意知,曲线的导数为
   $$f'(x) = \frac{1}{2}x + 3e^x,$$
   故有 $f(x) = \frac{1}{4}x^2 + 3e^x + C.$
   又曲线过点$(0,2)$,所以
   $$f(0) = 0 + 3 + C = 2$$
   由此可得 $C = -1$
   从而 $f(x) = \frac{1}{4}x^2 + 3e^x - 1$

   【温馨提示】本题属于基本题型,主要考查曲线方程的求解,注意对题设各条件的转化.

第五章 不定积分同步测试(B)卷解析

一、单项选择题

题号	1	2	3	4	5	6
答案	C	B	B	C	C	A

1. **知识点窍** 本题主要考查抽象函数不定积分的计算.
   解题过程 对等式的左边进行分部积分,并与等式右边比较,有
   $$\int \sin f(x)dx = x\sin f(x) - \int x\cos f(x) \cdot f'(x)dx.$$
   可知 $f'(x) = \frac{1}{x}$,即 $f(x) = \ln x + C.$ 由 $f(1) = 0,$
   得 $C = 0.$
   所以
   $$\int \sin f(x)dx = \int \sin\ln x dx$$
   $$= x\sin\ln x - \int x\cos\ln x \cdot \frac{1}{x}dx$$
   $$= x\sin\ln x - \int \cos\ln x dx$$
   $$= x\sin\ln x - (x\cos\ln x - \int xd\cos\ln x)$$
   $$= x\sin\ln x - x\cos\ln x - \int \sin\ln x dx$$
   移项,得
   $$\int \sin\ln x dx = \frac{x}{2}\sin\ln x - \frac{x}{2}\cos\ln x + C.$$

   【温馨提示】解决本题的关键,是对等式左边进行转化,求解出 $f(x)$ 的表达式,然后代入待求的不定积分求解.

2. **知识点窍** 本题主要考查函数不定积分的计算,属于基本题型.
   解题过程 原式 $= \int xdF(x) = \int xd(x\ln x)$
   $$= x^2\ln x - \int x\ln x dx$$
   $$= x^2\ln x - \frac{x^2}{2}\ln x + \frac{1}{2}\int x dx$$
   $$= \frac{x^2}{2}\ln x + \frac{1}{4}x^2$$
   $$= x^2\left(\frac{1}{2}\ln x + \frac{1}{4}\right) + C.$$

   【温馨提示】在本题计算中,主要应用的是分部积分法,注意对此方法的掌握.

3. **知识点窍** 本题属于基本题型,主要考查含有抽象函数的不定积分的计算.
   解题过程 对等式两边求导数,解出 $f(x)$.
   $f(x) = 2x\cos x^2,$
   $f(\sqrt{3x^2-1})$
   $= 2\sqrt{3x^2-1}\cos(3x^2-1)$
   于是 $\int \frac{xf(\sqrt{3x^2-1})}{\sqrt{3x^2-1}}dx$
   $$= \int \frac{x \cdot 2\sqrt{3x^2-1}\cos(3x^2-1)}{\sqrt{3x^2-1}}dx$$
   $$= \int 2x\cos(3x^2-1)dx$$
   $$= \frac{1}{3}\sin(3x^2-1) + C$$
   所以选(B).

   【温馨提示】对于含有抽象函数的微分计算,首先需要通过对原式的转化,求解出未知函数的表达式.然后代入待求函数进行计算,计算过程中注意对函数式的化简.

4. **知识点窍** 本题主要考查抽象函数不定积分的计算.
   解题过程 由 $F(x) = xf(x) + x^2$ 两边求导得
   $F'(x) = f(x) + xf'(x) + 2x,$
   又 $F'(x) = f(x),$ 所以 $f'(x) = -2,$
   所以 $f(x) = \int -2dx = -2x + C,$
   又因为 $f(0) = 1,$ 所以 $C = 1, f(x) = -2x + 1.$

因此选(C).

> **【温馨提示】**解决本题的关键是对原函数等式两边求导,通过题设条件对原式进行化简,求解出待求函数式的导数,然后通过不定积分的计算求解出待求函数表达式.注意对此类题目解题方法与步骤的掌握.

5. **知识点窍** 本题主要考查原函数存在性问题.
   解题过程 先考查 $f(x)$ 的连续性.关于(A):
   $$\lim_{x\to 0}f(x) \xlongequal{t=x^2} \lim_{t\to 0^+}\frac{\ln(1+t)-t}{t^2} = \lim_{t\to 0^+}\frac{\frac{1}{1+t}-1}{2t}$$
   $$= -\frac{1}{2} = f(0),$$
   $f(x)$ 在 $[-2,3]$ 连续,存在原函数.
   (B) 中 $f(x)$ 如下图所示.

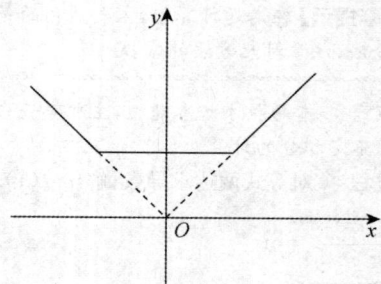

   显然处处连续,在 $[-2,3]$ 存在原函数.
   (D) 中 $g(x)$ 在 $[-2,3]$ 可积, $f(x)=\int_0^x g(t)dt$ 在 $[-2,3]$ 连续 $\Rightarrow f(x)$ 在 $[-2,3]$ 存在原函数.
   因此选(C).

> **【温馨提示】**判断原函数是否存在,应从定义出发,掌握原函数存在的条件,本题属于基本题型.

6. **知识点窍** 本题主要考查含抽象函数的不定积分计算.
   解题过程 由于 $F'(x) = g^2(x)$,故有
   $$f'(x) + \frac{f'(x)}{f^2(x)} = \left[f(x)+\frac{1}{f(x)}\right]^2,$$
   $$f'(x)\left[1+\frac{1}{f^2(x)}\right] = f^2(x)\left[1+\frac{1}{f^2(x)}\right]^2,$$
   $$f'(x) = f^2(x)\left(1+\frac{1}{f^2(x)}\right) = f^2(x)+1,$$
   $$\frac{df(x)}{dx} = f^2(x)+1, \frac{df(x)}{f^2(x)+1} = dx,$$
   从而 $\arctan f(x) = x+C, f(x) = \tan x + C$
   由 $f\left(\frac{\pi}{4}\right)=1$ 可知, $C=0$ 所以 $f(x) = \tan x$.

故选(A).

> **【温馨提示】**对于含抽象函数的不定积分,一般需通过对题设条件进行转化,求解出抽象函数的表达式,然后再根据具体问题进行求解.

二、填空题

7. **知识点窍** 本题主要考查函数不定积分的计算.
   解题过程 由于 $\int x(1-x^4)^{\frac{3}{2}}dx$
   $$= \frac{1}{2}\int (1-x^4)^{\frac{3}{2}}dx^2$$
   故可令 $x^2 = \sin t$,于是
   $$\int x(1-x^4)^{\frac{3}{2}}dx = \frac{1}{2}\int \cos^4 t\, dt = \frac{1}{8}\int(1+\cos 2t)^2 dt$$
   $$= \frac{1}{8}\int\left(1+2\cos 2t + \frac{1+\cos 4t}{2}\right)dt$$
   $$= \frac{1}{16}\left(3t + 2\sin 2t + \frac{1}{4}\sin 4t\right)+C$$
   $$= \frac{1}{16}[3t + 4\sin t\sqrt{1-\sin^2 t} + \sin t\sqrt{1-\sin^2 t}(1-2\sin^2 t)]+C$$
   $$= \frac{1}{16}[3\arcsin x^2 + 4x^2\sqrt{1-x^4} + x^2(1-2x^4)\sqrt{1-x^4}]+C$$
   $$= \frac{1}{16}(3\arcsin x^2 + 5x^2\sqrt{1-x^4} - 2x^6\sqrt{1-x^4})+C.$$

> **【温馨提示】**解决此类问题的关键是对原函数式进行三角代换,注意不定积分过程中,对三角函数代换法则的应用.

8. **知识点窍** 本题主要考查分式型不定积分的计算.
   解题过程 $\frac{x}{x^3-x^2+x-1} = \frac{x}{(x^2+1)(x-1)}$
   $$= \frac{A}{x-1}+\frac{Bx+C}{x^2+1}$$
   $A(x^2+1)+(Bx+C)(x-1) = x$
   $(A+B)x^2 + (C-B)x + A - C = x$
   $$\begin{cases} A+B = 0 \\ C-B = 1 \\ A-C = 0 \end{cases} \Rightarrow A = C = \frac{1}{2}, B = -\frac{1}{2}$$
   于是
   $$\int\frac{x}{x^3-x^2+x-1}dx = \int\frac{\frac{1}{2}}{x-1}dx + \int\frac{-\frac{1}{2}x+\frac{1}{2}}{x^2+1}dx$$
   $$= \frac{1}{2}\ln|x-1| - \frac{1}{2}\int\frac{x-1}{x^2+1}dx$$
   $$= \frac{1}{2}\ln|x-1| - \frac{1}{2}\int\frac{x}{x^2+1}dx + \frac{1}{2}\int\frac{1}{1+x^2}dx$$

$$= \frac{1}{2}\ln|x-1| - \frac{1}{4}\ln(1+x^2) + \frac{1}{2}\arctan x + C.$$

【温馨提示】分式型不定积分的计算,关键是对原函数式进行化简.通常采用的方法是因式分解和配方法.注意对此种方法进行分式化简的掌握.

9. **知识点窍** 本题主要考查复杂函数的不定积分计算.

   解题过程 记原积分为 J.

   方法一 作变量替换 $x = \tan t \left(-\frac{\pi}{2} < t < \frac{\pi}{2}\right)$,则

   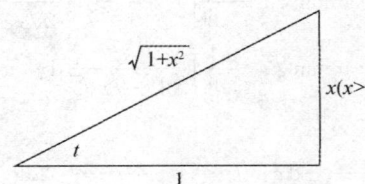

   $$J = \int \ln\left(\tan t + \frac{1}{\cos t}\right) \frac{\frac{1}{\cos^2 t}}{\frac{1}{\cos^3 t}} dt$$

   $$= \int \ln\left(\tan t + \frac{1}{\cos t}\right) d\sin t.$$

   再分部积分得

   $$J = \sin t \ln\left(\tan t + \frac{1}{\cos t}\right) - \int \frac{\sin t}{\tan t + \frac{1}{\cos t}} \left(\frac{1}{\cos^2 t} + \frac{\sin t}{\cos^2 t}\right) dt$$

   $$= \sin t \ln\left(\tan t + \frac{1}{\cos t}\right) - \int \frac{\sin t}{\cos t} dt$$

   $$= \sin t \ln\left(\tan t + \frac{1}{\cos t}\right) + \ln|\cos t| + C.$$

   变量还原得

   $$J = \frac{x}{\sqrt{1+x^2}} \ln(x + \sqrt{1+x^2}) - \frac{1}{2}\ln(1+x^2) + C.$$

   方法二 作分部积分.注意

   $$\int \frac{dx}{(1+x^2)^{3/2}} \xrightarrow{x=\tan t} \int \frac{\frac{1}{\cos^2 t}}{\frac{1}{\cos^3 t}} dt$$

   $$= \int \cos t\, dt = \sin t + C = \frac{x}{\sqrt{1+x^2}} + C,$$

   于是

   $$J = \int \ln(x + \sqrt{1+x^2}) d\left(\frac{x}{\sqrt{1+x^2}}\right)$$

   $$= \frac{x}{\sqrt{1+x^2}} \ln(x + \sqrt{1+x^2}) - \int \frac{x}{\sqrt{1+x^2}}$$

   $$\cdot \frac{dx}{\sqrt{1+x^2}}$$

   $$= \frac{x}{\sqrt{1+x^2}} \ln(x + \sqrt{1+x^2}) - \frac{1}{2}\ln(1+x^2) + C.$$

   【温馨提示】对于此类问题,关键是对原函数式进行分解与化简,注意对三角函数代换和分部积分方法的掌握.

10. **知识点窍** 本题主要考查含抽象函数式的不定积分的计算.

    解题过程 令 $\ln x = t$,则 $x = e^t$,

    $f(t) = \frac{\ln(1+e^t)}{e^t}$,即 $f(x) = e^{-x}\ln(1+e^x)$.

    于是

    $$\int f(x) dx = \int e^{-x} \ln(1+e^x) dx$$

    $$= -\int \ln(1+e^x) de^{-x}$$

    $$= -e^{-x}(1+e^x) + \int e^{-x} \cdot \frac{e^x}{1+e^x} dx$$

    $$= -e^{-x}\ln(1+e^x) + \int \frac{1}{1+e^x} dx$$

    $$= -e^{-x}\ln(1+e^x) + \int \frac{1+e^x - e^x}{1+e^x} dx$$

    $$= -e^{-x}\ln(1+e^x) + x - \ln(1+e^x) + C.$$

    【温馨提示】解决本题的关键是对原函数式进行换元、化简,求解出抽象函数表达式,然后代入待求函数项进行求解.

11. **知识点窍** 本题主要考查根据已知条件求解位置函数式.

    解题过程 设 $f'(x) = ax^2 + bx + c(a < 0)$.
    由 $f'(0) = 0 \Rightarrow c = 0$
    由 $f'(2) = 0 \Rightarrow 4a + 2b = 0 \Rightarrow b = -2a$
    $\therefore f'(x) = ax^2 - 2ax$
    令 $f'(x) = 0 \Rightarrow$ 驻点 $x_1 = 0, x_2 = 2$
    又 $f''(x) = 2ax - 2a$
    $\because f''(0) = -2a > 0 \therefore x = 0$ 为极小值点.
    $\therefore f(0) = 2$
    $\because f''(2) = 2a < 0 \therefore x = 2$ 为极大值点.
    $\therefore f(2) = 6$
    而 $f(x) = \int f'(x) dx = \int (ax^2 - 2ax) dx$
    $$= \frac{a}{3}x^3 - ax^2 + c_1$$
    由 $\begin{cases} \frac{a}{3} \cdot 8 - 4a + c_1 = 6 \\ c_1 = 3 \end{cases} \Rightarrow \begin{cases} a = -3 \\ c_1 = 2 \end{cases}$

$\therefore f(x) = -x^3 + 3x^2 + 2$.

【温馨提示】解决本题的关键是设出函数表达式,然后根据已有的题设条件求解函数式中的各个未知数,注意对此种类型题目解题思路和步骤的掌握.

12. **知识点窍** 本题主要考查含有抽象函数式的不定积分计算.

    解题过程 对 $\int xf(x)dx = \arcsin x + C$ 两边求导数,得 $f(x) = \dfrac{1}{x\sqrt{1-x^2}}$

    故 $\int \dfrac{dx}{f(x)} = \int x\sqrt{1-x^2}\,dx = -\dfrac{1}{3}(1-x^2)^{\frac{3}{2}} + C$.

    【温馨提示】如果原函数式中含有不定积分,基本都是通过对原等式求导解出抽象函数表达式,然后代入待求函数式进行计算.

三、解答题

13. **知识点窍** 本题主要考查含三角函数式的不定积分计算.

    解题过程 $\because \sin x \sin 3x = -\dfrac{1}{2}(\cos 4x - \cos 2x)$

    $\therefore \int \sin x \sin 2x \sin 3x\,dx$
    $= -\dfrac{1}{2}\int (\cos 4x - \cos 2x)\sin 2x\,dx$
    $= -\dfrac{1}{2}\int \cos 4x \sin 2x\,dx + \dfrac{1}{2}\int \cos 2x \sin 2x\,dx$
    $= -\dfrac{1}{2}\int (2\cos^2 2x - 1)\sin 2x\,dx + \dfrac{1}{4}\int \sin 4x\,dx$
    $= -\int \cos^2 2x \sin 2x\,dx + \dfrac{1}{2}\int \sin 2x\,dx + \dfrac{1}{4}\int \sin 4x\,dx$
    $= \dfrac{1}{2}\int \cos^2 2x\,d\cos 2x + \dfrac{1}{4}\int \sin 2x\,d2x + \dfrac{1}{16}\int \sin 4x\,d4x$
    $= \dfrac{1}{6}\cos^3 2x - \dfrac{1}{4}\cos 2x - \dfrac{1}{16}\cos 4x + C$.

    另一种解法是:

    $\int \sin x \sin 2x \sin 3x\,dx$
    $= -\dfrac{1}{2}\int (\cos 4x - \cos 2x)\sin 2x\,dx$
    $= -\dfrac{1}{2}\int \cos 4x \sin 2x\,dx + \dfrac{1}{2}\int \cos 2x \sin 2x\,dx$
    $= -\dfrac{1}{2}\int \dfrac{1}{2}(\sin 6x - \sin 2x)\,dx + \dfrac{1}{4}\int \sin 4x\,dx$
    $= \dfrac{1}{24}\cos 6x - \dfrac{1}{8}\cos 2x - \dfrac{1}{16}\cos 4x + C$.

14. **知识点窍** 本题主要考查三角函数式的不定积分计算.

    解题过程

    $\int x^2 \arctan\sqrt{x}\,dx = \dfrac{1}{3}\int \arctan\sqrt{x}\,dx^3$
    $= \dfrac{1}{3}x^3 \arctan\sqrt{x} - \dfrac{1}{3}\int x^3\,d(\arctan\sqrt{x})$
    $= \dfrac{1}{3}x^3 \arctan\sqrt{x} - \dfrac{1}{3}\int x^3 \cdot \dfrac{1}{1+x} \cdot \dfrac{1}{2\sqrt{x}}\,dx$
    $= \dfrac{1}{3}x^3 \arctan\sqrt{x} - \dfrac{1}{6}\int \dfrac{x^3}{(1+x)\sqrt{x}}\,dx$

    由于

    $\int \dfrac{x^3}{(1+x)\sqrt{x}}\,dx \xrightarrow{\sqrt{x}=t} \int \dfrac{t^6}{(1+t^2)t} \cdot 2t\,dt$
    $= 2\int \dfrac{t^6 + 1 - 1}{1+t^2}\,dt$
    $= 2\int \left(t^4 - t^2 + 1 - \dfrac{1}{1+t^2}\right)dt$
    $= 2\left(\dfrac{1}{5}t^5 - \dfrac{1}{3}t^3 + t - \arctan t\right) + C$
    $= \dfrac{2}{5}x^{\frac{5}{2}} - \dfrac{2}{3}x^{\frac{3}{2}} + 2x^{\frac{1}{2}} - 2\arctan\sqrt{x} + C$

    故

    原式 $= \dfrac{1}{3}x^3 \arctan\sqrt{x} - \dfrac{1}{15}x^{\frac{5}{2}} + \dfrac{1}{9}x^{\frac{3}{2}} - \dfrac{1}{3}x^{\frac{1}{2}}$
    $\quad + \dfrac{1}{3}\arctan\sqrt{x} + C$.

    【温馨提示】本题主要运用了分部积分和换元法.如果被积函数式是三角函数式与有理数乘积的形式,一般先通过分部积分对函数式进行化简计算,然后在运用其他的积分方法进行求解,注意对此解题方法与思路的掌握.

15. **知识点窍** 本题主要考查分数形式的不定积分计算.

    解题过程 令 $\dfrac{1}{(x^2+1)(x^2+x+1)}$
    $= \dfrac{Ax+B}{x^2+1} + \dfrac{Cx+D}{x^2+x+1}$

    等式右边通分后比较等式两边分子上 x 的同次幂项的系数得

    $A + C = 0,$
    $A + B + D = 0,$

$$A+B+C=0,$$
$$B+D=1,$$
解之得 $A=-1, B=0, C=D=1.$

$$\therefore \frac{1}{(x^2+1)(x^2+x+1)}=\frac{-x}{x^2+1}+\frac{x+1}{x^2+x+1}$$

$$\therefore \int \frac{\mathrm{d}x}{(x^2+1)(x^2+x+1)}$$

$$=-\int \frac{x}{x^2+1}\mathrm{d}x+\int \frac{x+1}{x^2+x+1}\mathrm{d}x$$

$$=-\frac{1}{2}\int \frac{\mathrm{d}x^2}{x^2+1}+\frac{1}{2}\int \frac{2x+2}{x^2+x+1}\mathrm{d}x$$

$$=-\frac{1}{2}\int \frac{\mathrm{d}x^2}{x^2+1}+\frac{1}{2}\int \frac{2x+1}{x^2+x+1}\mathrm{d}x$$

$$+\frac{1}{2}\int \frac{\mathrm{d}x}{x^2+x+1}$$

$$=-\frac{1}{2}\ln(x^2+1)+\frac{1}{2}\int \frac{\mathrm{d}(x^2+x+1)}{x^2+x+1}$$

$$+\frac{1}{2}\int \frac{\mathrm{d}x}{(x+\frac{1}{2})^2+\frac{3}{4}}$$

$$=-\frac{1}{2}\ln(x^2+1)+\frac{1}{2}\ln(x^2+x+1)$$

$$+\frac{1}{\sqrt{3}}\int \frac{\mathrm{d}(\frac{2x+1}{\sqrt{3}})}{(\frac{2x+1}{\sqrt{3}})^2+1}$$

$$=-\frac{1}{2}\ln(x^2+1)+\frac{1}{2}\ln(x^2+x+1)$$

$$+\frac{1}{\sqrt{3}}\arctan(\frac{2x+1}{\sqrt{3}})+C.$$

【温馨提示】对于此类题目,一般需要将被积函数分项后再积分,因此,如何分项成为此题的关键,通常采用待定系数法对原式进行化简,注意对此种解题方法和思路的掌握.

16. **知识点窍** 本题主要考查不定积分换元法的应用.

解题过程 令 $\sqrt{\frac{x+1}{x}}=t, x=\frac{1}{t^2-1},$

$$\mathrm{d}x=-\frac{2t}{(t^2-1)^2}\mathrm{d}t,$$

$$\int \frac{1}{x}\sqrt{\frac{x+1}{x}}\mathrm{d}x=\int t\cdot(t^2-1)\cdot\frac{-2t}{(t^2-1)^2}\mathrm{d}t$$

$$=-2\int \frac{t^2}{t^2-1}\mathrm{d}t=-2\int \frac{t^2-1+1}{t^2-1}\mathrm{d}t$$

$$=-2t-2\int \frac{1}{t^2-1}\mathrm{d}t=-2t-\ln\left|\frac{t-1}{t+1}\right|+C$$

$$=-2\sqrt{\frac{x+1}{x}}-\ln\left|\frac{\sqrt{\frac{x+1}{x}}-1}{\sqrt{\frac{x+1}{x}}+1}\right|+C$$

$$=-2\sqrt{\frac{x+1}{x}}-\ln\frac{\sqrt{x+1}-\sqrt{x}}{\sqrt{x+1}+\sqrt{x}}+C$$

$$=-2\sqrt{\frac{x+1}{x}}-2\ln(\sqrt{x+1}-\sqrt{x})+C.$$

【温馨提示】换元积分法是常用的求解不定积分的方法,注意对此方法的掌握.

17. **知识点窍** 本题主要考查含三角函数式的分式型积分.

解题过程 $\because \frac{1+\sin x}{(1+\cos x)\sin x}$

$$=\frac{1}{(1+\cos x)\sin x}+\frac{1}{1+\cos x}$$

$$\therefore \int \frac{1+\sin x}{(1+\cos x)\sin x}\mathrm{d}x$$

$$=\int \frac{1}{(1+\cos x)\sin x}\mathrm{d}x+\int \frac{1}{1+\cos x}\mathrm{d}x.$$

对于积分 $\int \frac{1}{(1+\cos x)\sin x}\mathrm{d}x,$

令 $t=\cos x, x\in(0,\pi),$

则 $\mathrm{d}x=-\frac{\mathrm{d}t}{\sqrt{1-t^2}}, \sin x=\sqrt{1-t^2},$

$$\therefore \int \frac{1}{(1+\cos x)\sin x}\mathrm{d}x=\int \frac{-\frac{\mathrm{d}t}{\sqrt{1-t^2}}}{(1+t)\sqrt{1-t^2}}$$

$$=\int \frac{\mathrm{d}t}{(1+t)(t^2-1)}=\int \frac{\mathrm{d}t}{(1+t)^2(t-1)}$$

令 $\frac{1}{(1+t)^2(t-1)}=\frac{A}{t-1}+\frac{B}{1+t}+\frac{C}{(1+t)^2}.$

等式右边通分后比较两边分子 t 的同次项的系数得

$$\begin{cases} A+B=0 \\ 2A+C=0 \\ A-B-C=1 \end{cases}$$

解之得 $\begin{cases} A=\frac{1}{4} \\ B=-\frac{1}{4} \\ C=-\frac{1}{2} \end{cases}$

$$\therefore \frac{1}{(1+t)^2(t-1)}$$

$$=\frac{1}{4}\cdot\frac{1}{t-1}-\frac{1}{4}\cdot\frac{1}{1+t}-\frac{1}{2}\cdot\frac{1}{(1+t)^2}$$

$$\therefore \int \frac{1}{(1+t)^2(t-1)}\mathrm{d}t$$

$$=\frac{1}{4}\int \frac{1}{t-1}\mathrm{d}t-\frac{1}{4}\int \frac{1}{1+t}\mathrm{d}t-\frac{1}{2}\int \frac{1}{(1+t)^2}\mathrm{d}t$$

$$=\frac{1}{4}\ln|t-1|-\frac{1}{4}\ln|t+1|+\frac{1}{2}\cdot\frac{1}{1+t}+C_1$$

$$\therefore \int \frac{1}{(1+\cos x)\sin x}dx$$
$$= \frac{1}{4}\ln|1-\cos x| - \frac{1}{4}\ln|1+\cos x| + \frac{1}{2} \cdot$$
$$\frac{1}{1+\cos x} + C_1.$$

对于积分 $\int \frac{1}{1+\cos x}dx$,

令 $t = \tan\frac{x}{2}$, $\cos x = \frac{1-t^2}{1+t^2}$, $dx = \frac{2dt}{1+t^2}$

$$\therefore \int \frac{1}{1+\cos x}dx = \int \frac{\frac{2dt}{1+t^2}}{1+\frac{1-t^2}{1+t^2}} = \int dt = t + C_2$$
$$= \tan\frac{x}{2} + C_2.$$

$$\therefore \int \frac{1+\sin x}{(1+\cos x)\sin x}dx$$
$$= \frac{1}{4}\ln|1-\cos x| - \frac{1}{4}\ln|1+\cos x| + \frac{1}{2} \cdot$$
$$\frac{1}{1+\cos x} + \tan\frac{x}{2} + C_3$$
$$= \frac{1}{2}\ln\left|\tan\frac{x}{2}\right| + \frac{1}{4}\tan^2\frac{x}{2} + \tan\frac{x}{2} + C_3.$$

【温馨提示】 解决本题的主要思路是对原函数式进行分项、化简,然后通过万能代换与换元法进行求解,注意对解题思路和方法的掌握.

18. **知识点窍** 本题主要考查不定积分相加、减.

解题过程 $F(x) + G(x) = \int \frac{\sin^2 x + \cos^2 x}{\sin x + \cos x}dx$

$$= \int \frac{1}{\sin x + \cos x}dx$$
$$= \int \frac{dx}{\sqrt{2}\cos\left|x - \frac{\pi}{4}\right|} = \frac{1}{\sqrt{2}}\int \frac{dx}{\sin\left|x + \frac{\pi}{4}\right|}$$
$$= \frac{1}{\sqrt{2}}\int \frac{\sin^2\left(\frac{x}{2}+\frac{\pi}{8}\right) + \cos^2\left(\frac{x}{2}+\frac{\pi}{8}\right)}{2\sin\left(\frac{x}{2}+\frac{\pi}{8}\right)\cos\left(\frac{x}{2}+\frac{\pi}{8}\right)}dx$$
$$= \frac{1}{\sqrt{2}}\int \left[\tan\left(\frac{x}{2}+\frac{\pi}{8}\right) + \cot\left(\frac{x}{2}+\frac{\pi}{8}\right)\right]d\left(\frac{x}{2}+\frac{\pi}{8}\right)$$
$$= \frac{1}{\sqrt{2}}\left[\ln\left|\sin\left(\frac{x}{2}+\frac{\pi}{8}\right)\right| - \ln\left|\cos\left(\frac{x}{2}+\frac{\pi}{8}\right)\right|\right] + C$$
$$= \frac{1}{\sqrt{2}}\ln\left|\tan\left(\frac{x}{2}+\frac{\pi}{8}\right)\right| + C \quad (1)$$

注意:可以直接用如下积分公式
$$\int \frac{1}{\sin x}dx = \ln\left|\tan\frac{x}{2}\right| + C = \ln|\csc x - \cot x| + C_1.$$

$$G(x) - F(x) = \int \frac{\cos^2 x - \sin^2 x}{\sin x + \cos x}dx$$

$$= \int (\cos x - \sin x)dx$$
$$= \sin x + \cos x + C \quad (2)$$

通过(1),(2)两式相减或相加,可以分别得到 $F(x)$ 和 $G(x)$.

$$F(x) = \frac{1}{2\sqrt{2}}\ln\left|\tan\left(\frac{x}{2}+\frac{\pi}{8}\right)\right| - \frac{1}{2}(\sin x + \cos x) + C.$$

$$G(x) = \frac{1}{2\sqrt{2}}\ln\left|\tan\left(\frac{x}{2}+\frac{\pi}{8}\right)\right| + \frac{1}{2}(\sin x + \cos x) + C.$$

【温馨提示】 解决此类题目,主要是在计算过程中对函数式进行化简,然后通过不定积分计算法则求解.

19. **知识点窍** 本题主要考查原函数定义及分部积分的方法.

解题过程 积分 $\int xf'(x)dx$ 中出现了 $f'(x)$,应马上知道积分应使用分部积分,条件告诉我们 $\frac{\sin x}{x}$ 是 $f(x)$ 的原函数,应该知道 $\int f(x)dx = \frac{\sin x}{x} + C$.

$$\because \int xf'(x)dx = \int xd(f(x)) = xf(x) - \int f(x)dx$$

又 $\because \int f(x)dx = \frac{\sin x}{x} + C$

$$\therefore f(x) = \frac{x\cos x - \sin x}{x^2}$$

$$\therefore xf(x) = \frac{x\cos x - \sin x}{x}$$

$$\therefore \int xf'(x)dx = \frac{x\cos x - \sin x}{x} - \frac{\sin x}{x} + C$$
$$= \cos x - \frac{2}{x}\sin x + C.$$

【温馨提示】 解决此类题目的关键是掌握原函数的定义,知道原函数的求解方法,然后通过分部积分进行求解.

20. **知识点窍** 本题主要考查有关不定积分的证明.

解题过程 要证明的目标表达式中出现了 $\frac{\cos x}{\sin^{n-1} x}$ 和 I_{n-2},提示我们要考虑如何在被积函数的表达式 $\frac{1}{\sin^n x}$ 中变出 $\frac{\cos x}{\sin^{n-1} x}$ 和 $\frac{1}{\sin^{n-2} x}$.

这里涉及到三角函数中1的变形应用,这里1可变为 $\sin^2 x + \cos^2 x$.

证明:$\because 1 = \sin^2 x + \cos^2 x$

$$\therefore I_n = \int \frac{dx}{\sin^n x} = \int \frac{\sin^2 x + \cos^2 x}{\sin^n x} dx$$

$$= \int \frac{\cos^2 x}{\sin^n x} dx + \int \frac{\sin^2 x}{\sin^n x} dx$$

$$= \int \frac{\cos^2 x}{\sin^n x} dx + \int \frac{1}{\sin^{n-2} x} dx$$

$$= \int \frac{\cos^2 x}{\sin^n x} dx + I_{n-2}$$

$$= \int \frac{\cos x}{\sin^n x} d\sin x + I_{n-2}$$

$$= \frac{\cos x}{\sin^n x} \sin x - \int \sin x \cdot \frac{-\sin x \cdot \sin^n x - n\sin^{n-1} x \cos^2 x}{\sin^{2n} x} dx + I_{n-2}$$

$$= \frac{\cos x}{\sin^{n-1} x} + I_{n-2} + n\int \frac{\cos^2 x}{\sin^n x} dx + I_{n-2}$$

$$= \frac{\cos x}{\sin^{n-1} x} + I_{n-2} + n\int \frac{1-\sin^2 x}{\sin^n x} dx + I_{n-2}$$

$$= \frac{\cos x}{\sin^{n-1} x} + I_{n-2} + nI_n - nI_{n-2} + I_{n-2}$$

$$= \frac{\cos x}{\sin^{n-1} x} + nI_n - (n-2)I_{n-2}$$

$$\therefore I_n = -\frac{1}{n-1} \cdot \frac{\cos x}{\sin^{n-1} x} + \frac{n-2}{x-1} I_{n-2}.$$

【温馨提示】解决本题的关键是将 1 进行转化,然后对原函数式进行分解.注意对此种解题方法的掌握与灵活应用.

第六章 定积分同步测试(A)卷解析

一、选择题

题号	1	2	3	4	5	6
答案	A	C	A	A	D	D

1. 知识点窍 本题主要考查定积分的大小比较.

解题过程 $\sin(\sin x), \cos(\cos x)$ 均在 $\left[0, \frac{\pi}{2}\right]$ 上连续,由 $\sin x \leqslant x \Rightarrow \sin(\sin x) \leqslant \sin x \left(x \in \left[0, \frac{\pi}{2}\right]\right)$,

$\int_0^{\frac{\pi}{2}} \sin(\sin x) dx < \int_0^{\frac{\pi}{2}} \sin x dx = 1$,即 $M < 1$.

又 $\int_0^{\frac{\pi}{2}} \cos(\cos x) dx \xrightarrow{x = \frac{\pi}{2} - t} \int_0^{\frac{\pi}{2}} \cos(\sin t) dt >$

$\int_0^{\frac{\pi}{2}} \cos t dt = 1$,即 $N > 1$,因此选(A).

【温馨提示】解决此类问题的关键,主要是比较两个定积分的积分上下限和被积函数的关系,如果积分上下限相同,则比较被积函数在积分区域内的关系,如果被积函数相同,则比较积分上下限的关系.

2. 知识点窍 本题主要考查定积分一阶导数、二阶导数存在及计算问题.

解题过程 根据假设条件对 $F(x)$ 求导:

$F'(x) = \int_0^x f(t) dt + xf(x)$,

由于 $f(x)$ 可导,故有

$F''(x) = f(x) + f(x) + xf'(x)$

$F''(0) = 2f(0).$

【方法点击】对于定积分求解其一阶导数、二阶导数,应从复合函数求导法则出发,逐步求导,注意对此类问题解题方法及步骤的掌握.

3. 知识点窍 本题主要考查对定积分具体意义的理解.

解题过程 双纽线的极坐标方程是:

$$r^4 = r^2(\cos^2 \theta - \sin^2 \theta)$$

即 $r^2 = \cos 2\theta$.

当 $\theta \in [-\pi, \pi]$ 时,

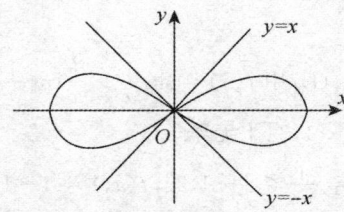

仅当 $|\theta| \leqslant \frac{\pi}{4}, |\theta| \geqslant \frac{3}{4}\pi$ 时才有 $r \geqslant 0$(见上图).

由于曲线关于极轴与 y 轴均对称,如上图所示,只需要考虑 $\theta \in \left[0, \frac{\pi}{4}\right]$ 部分.

由对称性及广义扇形面积计算公式得

$$S = 4 \cdot \int_0^{\frac{\pi}{4}} \frac{1}{2} r^2(\theta) d\theta = 2\int_0^{\frac{\pi}{4}} \cos 2\theta d\theta.$$

【温馨提示】解决此类问题的关键是掌握定积分的实际意义,即曲边梯形的面积.在解题过程中,注意对定积分的化简.

4. **知识点窍** 本题主要考查定积分正负的判断.

   解题过程 因为
   $$F'(x) = e^{\sin(x+2\pi)}\sin(x+2\pi) - e^{\sin x}\sin x = 0,$$
   所以 $F(x)$ 为常数,
   $$F(x) = F(-\pi) = \int_{-\pi}^{\pi} e^{\sin t}\sin t\,dt$$
   $$= \int_{0}^{\pi} e^{\sin t}\sin t\,dt + \int_{-\pi}^{0} e^{\sin t}\sin t\,dt.$$
   又 $\int_{-\pi}^{0} e^{\sin t}\sin t\,dt \xrightarrow{t=-u} \int_{\pi}^{0} e^{\sin(-u)}\sin(-u)\,d(-u)$
   $$= -\int_{0}^{\pi} e^{-\sin u}\sin u\,du.$$
   从而
   $$F(x) = \int_{0}^{\pi} e^{\sin t}\sin t\,dt - \int_{0}^{\pi} e^{-\sin t}\sin t\,dt$$
   $$= \int_{0}^{\pi} \sin t(e^{\sin t} - e^{-\sin t})\,dt.$$
   由于被积函数当 $t > 0$ 时,有 $\sin t(e^{\sin t} - e^{-\sin t}) > 0$,所以 $F(x)$ 为正常数.

   【温馨提示】 解决此类问题的关键,首先是判断定积分是否为常数,然后通过定积分法则对原式进行化简,最后通过被积函数在积分区间上的正负来判断定积分的正负.

5. **知识点窍** 本题主要考查定积分存在问题.

   分析一 显然,(A),(B),(C) 中的 $f(x)$ 在 $[-1,2]$ 均有界,至多有一个或两个间断点,因而 $f(x)$ 在 $[-1,2]$ 均可积,即 $\exists \int_{-1}^{2} f(x)\,dx$. 选 (D).

   分析二 (D) 中 $f(x) = \sin\dfrac{1}{x} - \dfrac{1}{x}\cos\dfrac{1}{x}\,(x \neq 0)$, $f(x)$ 在 $[-1,2]$ 上无界.

   因为 $x_n = \dfrac{1}{n\pi} \in [-1,2], f(x_n) = (-1)^{n+1}n\pi \to \infty\,(n \to \infty)$,

   因此 $f(x)$ 在 $[-1,2]$ 上不可积,选 (D).

   【温馨提示】 解决本题的关键是掌握函数可积的条件,属于基本题型,注意对解决此类问题的方法的掌握.

6. **知识点窍** 本题主要考查定积分无穷小的比较.

   解题过程 $F(x) = \int_{0}^{x}(\sin^2 x - \sin^2 t)f(t)\,dt$
   $$= \sin^2 x \int_{0}^{x} f(t)\,dt - \int_{0}^{x} \sin^2 t\, f(t)\,dt,$$

$$\lim_{x \to 0} \frac{\sin^2 x \int_{0}^{x} f(t)\,dt - \int_{0}^{x} \sin^2 t\, f(t)\,dt}{x^k}$$
$$= \lim_{x \to 0} \frac{2\sin x\cos x \int_{0}^{x} f(t)\,dt + \sin^2 x\, f(x) - \sin^2 x\, f(x)}{kx^{k-1}}$$
$$= \frac{2}{k}\lim_{x \to 0}\cos x \cdot \frac{\sin x}{x} \cdot \int_{0}^{x}\frac{f(t)\,dt}{x^{k-2}}$$
$$= \frac{2}{k}\lim_{x \to 0}\frac{\int_{0}^{x} f(t)\,dt}{x^{k-2}}\left(\frac{0}{0}\right)$$
$$= \frac{2}{k(k-2)}\lim_{x \to 0}\frac{f(x)}{x^{k-3}}\left(\text{应为}\frac{0}{0}\right)$$
$$= \frac{2}{k(k-2)(k-3)}\lim_{x \to 0}\frac{f'(x)}{x^{k-4}}.$$

因为 $\lim_{x \to 0} f'(x) = f'(0) \neq 0$,所以应有 $k = 4$.
选项为 (D).

【温馨提示】 无穷小的比较,主要是对两个函数的比值求极限,注意解题过程中,对定积分求导数的应用.

二、填空题

7. **知识点窍** 本题主要考查函数定积分的计算.

   解题过程 由于 $\min\left\{\dfrac{1}{2}, \cos x\right\}$ 为偶函数,在 $\left[0, \dfrac{\pi}{2}\right]$ 上的分界点为 $\dfrac{\pi}{3}$,所以
   $$\int_{-\frac{\pi}{2}}^{\frac{\pi}{2}}(x+1)\min\left\{\dfrac{1}{2}, \cos x\right\}dx$$
   $$= \int_{-\frac{\pi}{2}}^{\frac{\pi}{2}} x\min\left\{\dfrac{1}{2}, \cos x\right\}dx + 2\int_{0}^{\frac{\pi}{2}}\min\left\{\dfrac{1}{2}, \cos\right\}dx$$
   $$= 0 + 2\left(\int_{0}^{\frac{\pi}{3}}\dfrac{1}{2}dx + \int_{\frac{\pi}{3}}^{\frac{\pi}{2}}\cos x\,dx\right)$$
   $$= 2\left(\dfrac{1}{2}\cdot\dfrac{\pi}{3} + \sin x\Big|_{\frac{\pi}{3}}^{\frac{\pi}{2}}\right)$$
   $$= \dfrac{\pi}{3} + 2 - \sqrt{3}.$$

   【温馨提示】 解决此类题目的关键是将不定积分进行分段,然后分别求出积分区域内的定积分值.

8. **知识点窍** 本题主要考查含定积分的分式极限运算.

   解题过程 $\lim_{x \to 0}\dfrac{\int_{0}^{x^2} f(t)\,dt}{x^2\int_{0}^{x} f(t)\,dt}$

$$= \lim_{x\to 0} \frac{2xf(x^2)}{2x\int_0^x f(t)dt + x^2 f(x)}$$

$$= \lim_{x\to 0} \frac{2f(x^2)}{2\int_0^x f(t)dt + xf(x)}$$

$$\lim_{x\to 0} \frac{4xf'(x^2)}{2f(x) + f(x) + xf'(x)}$$

$$= \lim_{x\to 0} \frac{4f'(x^2)}{\frac{3f(x) - 3f(0)}{x} + f'(x)}$$

其中

$$\lim_{x\to 0}\left[\frac{3f(x)-3f(0)}{x}+f'(x)\right]=4f'(0)$$

所以　原式 $=1$.

【温馨提示】解决此类题目的关键是对分子和分母上的定积分进行化简,注意对定积分化简方法步骤及方法的掌握.

9. **知识点窍**　本题主要考查函数定积分的计算.
   解题过程

$$\sqrt{(x-a)(b-x)} = \sqrt{\left(\frac{b-a}{2}\right)^2 - \left(x-\frac{a+b}{2}\right)^2},$$

故作变换: $x - \frac{a+b}{2} = t$, 并记 $c = \frac{b-a}{2}$, 则

$$\int_a^b x^2 \sqrt{(x-a)(b-x)}dx$$

$$= \int_{-c}^c \left(t + \frac{a+b}{2}\right)^2 \sqrt{c^2 - t^2} dt$$

$$= \int_{-c}^c t^2 \sqrt{c^2 - t^2} dt + 2 \cdot \frac{a+b}{2} \cdot$$

$$\int_{-c}^c t \sqrt{c^2 - t^2} dt + \left(\frac{a+b}{2}\right)^2 \int_{-c}^c \sqrt{c^2 - t^2} dt$$

奇函数在对称区间上的积分性质
定积分的几何意义,半圆的面积

$$\int_{-c}^c t^2 \sqrt{c^2 - t^2} dt + 0 + \frac{(a+b)^2}{4} \cdot \frac{1}{2}\pi c^2$$

$$= \frac{\pi}{32}(b-a)^2\left[\frac{(b-a)^2}{4} + (a+b)^2\right]$$

其中

$$\int_{-c}^c t^2 \sqrt{c^2 - t^2} dt$$

$$\xrightarrow{t = c\sin\theta} \int_{-\frac{\pi}{2}}^{\frac{\pi}{2}} c^2\sin^2\theta \cdot c^2\cos^2\theta d\theta$$

$$= 2c^4 \int_0^{\frac{\pi}{2}} \sin^2\theta(1-\sin^2\theta)d\theta$$

$$= 2c^4\left(\frac{\pi}{4} - \frac{3\times 1}{4\times 2} \cdot \frac{\pi}{2}\right)$$

$$= \frac{\pi}{8}c^4.$$

【温馨提示】定积分的计算,通常需要对定积分进行适当的转化,然后求解. 本题就是利用定积分的几何意义进行求解,注意对此种方法的掌握.

10. **知识点窍**　本题主要考查反常积分的计算.
    解题过程

$$\int_{-\infty}^{+\infty} \frac{x}{\sqrt{2\pi}\sigma} e^{-\frac{(x-\mu)^2}{2\sigma^2}}dx = \int_{-\infty}^{+\infty} \frac{x-\mu+\mu}{\sqrt{2\pi}\sigma} e^{-\frac{(x-\mu)^2}{2\sigma^2}}dx$$

$$= \int_{-\infty}^{+\infty} \frac{x-\mu}{\sqrt{2\pi}\sigma} e^{-\frac{(x-\mu)^2}{2\sigma^2}}dx + \mu\int_{-\infty}^{+\infty} \frac{1}{\sqrt{2\pi}\sigma} e^{-\frac{(x-\mu)^2}{2\sigma^2}}dx$$

$$= \int_{-\infty}^{+\infty} \frac{\sqrt{2}\sigma}{\sqrt{\pi}} \cdot \frac{x-\mu}{\sqrt{2}\sigma} e^{-\left(\frac{x-\mu}{\sqrt{2}\sigma}\right)^2} d\frac{x-\mu}{\sqrt{2}\sigma} + \mu$$

$$\xrightarrow{\frac{x-\mu}{\sqrt{2}\sigma}=t} \int_{-\infty}^{+\infty} \sqrt{\frac{2}{\pi}} \sigma t e^{-t^2}dt + \mu$$

$$= \sqrt{\frac{2}{\pi}} \sigma \int_{-\infty}^{+\infty} \frac{1}{2}e^{-t^2}dt^2 + \mu$$

$$= \frac{\sigma}{\sqrt{2\pi}} e^{-t^2}\bigg|_{-\infty}^{+\infty} + \mu = \mu.$$

【温馨提示】解决此类问题的关键是对题设条件的运用,以及对定积分函数式的化简,注意对此种类型题目解题方法的掌握.

11. **知识点窍**　本题主要考查含分式的定积分的计算.
    解题过程
    方法一　作幂函数替换后再分部积分,则有

$$\int_1^{16} \arctan \sqrt{\sqrt{x}-1}\, dx \xrightarrow[x=t^2]{t=\sqrt{x}} \int_1^4 \arctan \sqrt{t-1}\, dt^2$$

$$= (t^2 \arctan\sqrt{t-1})\bigg|_1^4$$

$$\quad - \int_1^4 t^2 \cdot \frac{1}{1+(t-1)} \cdot \frac{1}{2} \cdot \frac{1}{\sqrt{t-1}} dt$$

$$= \frac{16}{3}\pi - \frac{1}{2} \int_1^4 \frac{t-1+1}{\sqrt{t-1}} dt$$

$$= \frac{16}{3}\pi - \frac{1}{2} \int_1^4 \left(\sqrt{t-1} + \frac{1}{\sqrt{t-1}}\right)dt$$

$$= \frac{16}{3}\pi - \left[\frac{1}{3}(t-1)^{\frac{3}{2}} + \sqrt{t-1}\right]\bigg|_1^4$$

$$= \frac{16}{3}\pi - 2\sqrt{3}.$$

方法二　作三角替换去根号后再分部积分.
令 $\sqrt{x} = \sec^2 t\left(0 \leqslant t < \frac{\pi}{2}\right)$,

即 $x=\sec^4 t$, $\sqrt{\sqrt{x}-1}=\sqrt{\sec^2 t-1}=\tan t$,

即 $t=\arctan\sqrt{\sqrt{x}-1}$.

当 $x=1$ 时 $t=0$,

当 $x=16$ 时 $t=\dfrac{\pi}{3}$,

当 $1\leqslant x\leqslant 16$ 时 $0\leqslant t\leqslant \dfrac{\pi}{3}$, 代入所求积分得

$$\int_1^{16}\arctan\sqrt{\sqrt{x}-1}\,\mathrm{d}x$$

$$=\int_0^{\frac{\pi}{3}}t\,\mathrm{d}\sec^4 t=t\sec^4 t\Big|_0^{\frac{\pi}{3}}-\int_0^{\frac{\pi}{3}}\sec^4 t\,\mathrm{d}t$$

$$=\dfrac{16}{3}\pi-\int_0^{\frac{\pi}{3}}(1+\tan^2 t)\,\mathrm{d}\tan t$$

$$=\dfrac{16}{3}\pi-\left(\tan t+\dfrac{1}{3}\tan^3 t\right)\Big|_0^{\frac{\pi}{3}}$$

$$=\dfrac{16}{3}\pi-2\sqrt{3}.$$

【温馨提示】 对于含分式的定积分的计算,首先需对原式进行化简,然后根据定积分计算法则求解.

12. **知识点窍** 本题主要考查定积分分部积分的应用.

解题过程

$$\int_e^{e^2}\dfrac{\ln x}{(x-1)^2}\,\mathrm{d}x=-\int_e^{e^2}\ln x\,\mathrm{d}\dfrac{1}{x-1}$$

$$=-\dfrac{\ln x}{x-1}\Big|_e^{e^2}+\int_e^{e^2}\dfrac{1}{x-1}\cdot\dfrac{1}{x}\,\mathrm{d}x$$

$$=-\dfrac{2}{e^2-1}+\dfrac{1}{e-1}+\int_e^{e^2}\left(\dfrac{1}{x-1}-\dfrac{1}{x}\right)\mathrm{d}x$$

$$=\dfrac{1}{e-1}-\dfrac{2}{e^2-1}+\ln(x-1)\Big|_e^{e^2}-\ln x\Big|_e^{e^2}$$

$$=\dfrac{1}{1+e}+\ln\dfrac{e^2-1}{e-1}-2+1$$

$$=\ln(e+1)-\dfrac{e}{1+e}.$$

【温馨提示】 本题属于基本题型,对于函数定积分的计算,注意对分部积分方法的掌握.

三、解答题

13. **知识点窍** 本题主要考查原函数存在问题.

解题过程 易求得

$$\lim_{x\to 0^+}f(x)=\lim_{x\to 0^+}\dfrac{\ln(1+x)-x}{x^2}+\dfrac{1}{2}$$

$$\xrightarrow{\text{洛必达法则}}\lim_{x\to 0^+}\dfrac{\dfrac{1}{1+x}-1}{2x}+\dfrac{1}{2}=0.$$

$$\lim_{x\to 0^-}f(x)=\lim_{x\to 0^-}\dfrac{x\cos x-\sin x}{x^2}$$

$$\xrightarrow{\text{洛必达法则}}\lim_{x\to 0^-}\dfrac{-x\sin x}{2x}=0.$$

仅当 $A=0$ 时 $f(x)$ 在 $x=0$ 处连续,于是 $f(x)$ 在 $(-\infty,+\infty)$ 连续,从而存在原函数. 当 $A\neq 0$ 时 $x=0$ 是 $f(x)$ 的第一类间断点,从而 $f(x)$ 在 $(-\infty,+\infty)$ 不存在原函数,因此求得 $A=0$, 下面求 $f(x)$ 的原函数.

分析一 被积函数是分段定义的连续函数,它存在原函数,也是分段定义的. 由于原函数必是连续的,我们先分段求出原函数,然后把它们连续地粘合在一起,就构成一个整体的原函数.

当 $x<0$ 时,

$$\int f(x)\,\mathrm{d}x=\int\dfrac{x\cos x-\sin x}{x^2}\,\mathrm{d}x$$

$$=\int\dfrac{1}{x}\,\mathrm{d}\sin x+\int\sin x\,\mathrm{d}\left(\dfrac{1}{x}\right)=\dfrac{\sin x}{x}+C_1;$$

当 $x>0$ 时,

$$\int f(x)\,\mathrm{d}x=\int\left[\dfrac{\ln(1+x)-x}{x^2}+\dfrac{1}{2}\right]\mathrm{d}x$$

$$=\int[\ln(1+x)-x]\,\mathrm{d}\left(-\dfrac{1}{x}\right)+\dfrac{1}{2}x$$

$$=\dfrac{1}{x}[x-\ln(1+x)]$$

$$\quad+\int\dfrac{1}{x}\left(\dfrac{1}{1+x}-1\right)\mathrm{d}x+\dfrac{1}{2}x$$

$$=1-\dfrac{\ln(1+x)}{x}-\ln(1+x)+\dfrac{1}{2}x+C_2.$$

取 $C_1=0$, 随之取 $C_2=1$,

于是当 $x\to 0^-$ 时与 $x\to 0^+$ 时 $\int f(x)\,\mathrm{d}x$ 的极限同为 1, 这样就得到 $f(x)$ 的原函数

$$F(x)=\begin{cases}\dfrac{\sin x}{x}, & x<0 \\ 1, & x=0 \\ 2-\dfrac{\ln(1+x)}{x}-\ln(1+x)+\dfrac{1}{2}x, & x>0\end{cases}$$

因此 $\int f(x)\,\mathrm{d}x=F(x)+C$, 其中 C 为 $\forall$ 常数.

分析二 由 $f(x)$ 是连续函数知, $f(x)$ 一定存在原函数, 并且 $\forall$ 常数 a 变上限定积分 $\int_a^x f(t)\,\mathrm{d}t$ 均为 $f(x)$ 的一个原函数.

由于 $x=0$ 是分段函数 $f(x)$ 的分界点,因此可取 $a=0$.

下面求 $\int_0^x f(x)\mathrm{d}t$:

当 $x<0$ 时,
$$\int_0^x f(t)\mathrm{d}t = \int_0^x \frac{t\cos t - \sin t}{t^2}\mathrm{d}t$$
$$= \int_0^x \mathrm{d}\left(\frac{\sin t}{t}\right) = \left.\frac{\sin t}{t}\right|_{0^-}^x$$
$$= \frac{\sin x}{x} - 1;$$

当 $x>0$ 时,
$$\int_0^x f(t)\mathrm{d}t = \int_0^x \left[\frac{\ln(1+t)-t}{t^2} + \frac{1}{2}\right]\mathrm{d}t$$
$$= \int_0^x [\ln(1+t)-t]\mathrm{d}\left(-\frac{1}{t}\right) + \frac{1}{2}x$$
$$= \frac{1}{t}[t-\ln(1+t)]\Big|_{0^+}^x + \int_0^x \frac{1}{t}\left(\frac{1}{1+t}-1\right)\mathrm{d}t$$
$$+ \frac{1}{2}x$$
$$= 1 - \frac{\ln(1+x)}{x} - \ln(1+t)\Big|_0^x + \frac{1}{2}x$$
$$= 1 - \frac{\ln(1+x)}{x} - \ln(1+x) + \frac{1}{2}x.$$

于是求得 $f(x)$ 的一个原函数

$$F(x) = \begin{cases} \dfrac{\sin x}{x} - 1, & x < 0 \\ 0, & x = 0. \\ 1 - \dfrac{\ln(1+x)}{x} - \ln(1+x) + \dfrac{1}{2}x, & x > 0 \end{cases}$$

因此 $\int f(x)\mathrm{d}x = F(x) + C$,其中 C 为 $\forall$ 常数.

【温馨提示】 本题主要考查原函数的求法,注意分段函数求解原函数的步骤及方法. 此类题目为基本题型,关键是抓住原函数求解方法,逐步求解.

14. **知识点窍** 本题属于基本题型,主要考查定积分的计算.

解题过程 令 $x = \sin t, \mathrm{d}x = \cos t\mathrm{d}t, t = \arcsin x$,
$$\int_0^{\frac{\sqrt{2}}{2}} \frac{\arcsin x}{\sqrt{(1-x^2)^3}}\mathrm{d}x = \int_0^{\frac{\pi}{4}} \frac{t}{\cos^3 t}\cos t\mathrm{d}t$$
$$= \int_0^{\frac{\pi}{4}} \frac{t}{\cos^2 t}\mathrm{d}t = \int_0^{\frac{\pi}{4}} t\mathrm{d}\tan t$$
$$= t\tan t\Big|_0^{\frac{\pi}{4}} - \int_0^{\frac{\pi}{4}} \tan t\mathrm{d}t$$
$$= \frac{\pi}{4} + \ln(\cos x)\Big|_0^{\frac{\pi}{4}}$$
$$= \frac{\pi}{4} - \frac{1}{2}\ln 2.$$

【温馨提示】 对于含根式的定积分的计算,一般需要通过代换对原式进行化简,注意对此种题目解题方法及步骤的掌握.

15. **知识点窍** 本题主要考查关于定积分的不等式证明.

解题过程 $J = \int_a^b f(x)\mathrm{d}x - f\left(\dfrac{a+b}{2}\right)(b-a)$
$$= \int_a^b \left[f(x) - f\left(\frac{a+b}{2}\right)\right]\mathrm{d}x$$
$$= \int_a^{\frac{a+b}{2}} \left[f(x) - f\left(\frac{a+b}{2}\right)\right]\mathrm{d}(x-a) +$$
$$\int_{\frac{a+b}{2}}^b \left[f(x) - f\left(\frac{a+b}{2}\right)\right]\mathrm{d}(x-b),$$

用分部积分法导出 J 与 $f''(x)$ 的有关积分的关系.

或由泰勒公式导出 $f\left(\dfrac{a+b}{2}\right), f(x), f'(x)$ 及其二阶导数的关系,然后再积分.

证明一 分部积分两次得
$$J = \int_a^{\frac{a+b}{2}} \left[f(x) - f\left(\frac{a+b}{2}\right)\right]\mathrm{d}(x-a)$$
$$+ \int_{\frac{a+b}{2}}^b \left[f(x) - f\left(\frac{a+b}{2}\right)\right]\mathrm{d}(x-b)$$
$$= -\int_a^{\frac{a+b}{2}} f'(x)(x-a)\mathrm{d}x - \int_{\frac{a+b}{2}}^b f'(x)(x-b)\mathrm{d}x$$
$$= -\frac{1}{2}\int_a^{\frac{a+b}{2}} f'(x)\mathrm{d}(x-a)^2 - \frac{1}{2}\int_{\frac{a+b}{2}}^b f'(x)\mathrm{d}(x-b)^2$$
$$= -\frac{1}{2}f'\left(\frac{a+b}{2}\right)\left(\frac{a+b}{2}-a\right)^2 + \frac{1}{2}\int_a^{\frac{a+b}{2}} f''(x)(x-a)^2\mathrm{d}x + \frac{1}{2}f'\left(\frac{a+b}{2}\right)\left(\frac{a+b}{2}-b\right)^2$$
$$+ \frac{1}{2}\int_{\frac{a+b}{2}}^b f''(x)(x-b)^2\mathrm{d}x$$
$$= \frac{1}{2}\int_a^{\frac{a+b}{2}} f''(x)(x-a)^2\mathrm{d}x + \frac{1}{2}\int_{\frac{a+b}{2}}^b f''(x)(x-b)^2\mathrm{d}x,$$

于是
$$|J| \leqslant \frac{M}{2}\left[\int_a^{\frac{a+b}{2}}(x-a)^2\mathrm{d}x + \int_{\frac{a+b}{2}}^b (x-b)^2\mathrm{d}x\right]$$
$$= \frac{M}{24}(b-a)^3.$$

证明二 在 $x_0 = c \xlongequal{\text{记}} \dfrac{a+b}{2}$ 处将 $f(x)$ 展成泰勒公式,

$$f(x) = f(c) + f'(c)(x-c) + \frac{1}{2}f''(\xi)(x-c)^2,$$

其中 ξ 在 x 与 c 之间. 将上式积分得
$$\int_a^b f(x)\mathrm{d}x$$

$$= (b-a)f\left(\frac{a+b}{2}\right) + f'(c)\int_a^b (x-c)\,dx$$
$$+ \frac{1}{2}\int_a^b f''(\xi)(x-c)^2\,dx.$$

注意
$$\int_a^b (x-c)\,dx = \frac{1}{2}(x-c)^2\Big|_a^b = 0$$

$$\left|\frac{1}{2}\int_a^b f''(\xi)(x-c)^2\,dx\right| \leqslant \frac{1}{2}M\int_a^b (x-c)^2\,dx$$
$$= \frac{1}{6}M(x-c)^3\Big|_a^b$$
$$= \frac{M}{24}(b-a)^3,$$

因此
$$\left|\int_a^b f(x)\,dx - (b-a)f\left(\frac{a+b}{2}\right)\right| \leqslant \frac{M}{24}(b-a)^3.$$

【温馨提示】关于此题的证明,主要采用了分部积分的方法,注意此方法在证明定积分不等式时的应用.

16. **知识点窍** 本题主要考查有关定积分的等式证明及其应用.

证 $\frac{1}{2}\int_a^b [f(x) + f(a+b-x)]\,dx$
$$= \frac{1}{2}\int_a^b f(x)\,dx + \frac{1}{2}\int_a^b f(a+b-x)\,dx$$

而
$$\frac{1}{2}\int_a^b f(a+b-x)\,dx \xrightarrow{a+b-x=t} \frac{1}{2}\int_b^a f(t)\,d(-t)$$
$$= \frac{1}{2}\int_a^b f(t)\,dt$$

所以
$$\frac{1}{2}\int_a^b [f(x) + f(a+b-x)]\,dx = \int_a^b f(x)\,dx.$$

(1) $\int_0^{\frac{\pi}{2}} \frac{\sin^3 x}{\sin x + \cos x}\,dx$
$$= \frac{1}{2}\int_0^{\frac{\pi}{2}} \left[\frac{\sin^3 x}{\sin x + \cos x}\right.$$
$$\left.+ \frac{\sin^3\left(\frac{\pi}{2}-x\right)}{\sin\left(\frac{\pi}{2}-x\right) + \cos\left(\frac{\pi}{2}-x\right)}\right]dx$$
$$= \frac{1}{2}\int_0^{\frac{\pi}{2}} \frac{\sin^3 x + \cos^3 x}{\sin x + \cos x}\,dx$$
$$= \frac{1}{2}\int_0^{\frac{\pi}{2}} (\sin^2 x - \sin x\cos x + \cos^2 x)\,dx$$
$$= \frac{1}{2}\int_0^{\frac{\pi}{2}} \left(1 - \frac{1}{2}\sin 2x\right)dx$$

$$= \frac{1}{2}\left(x + \frac{1}{4}\cos 2x\right)\Big|_0^{\frac{\pi}{2}}$$
$$= \frac{\pi}{4} + \frac{1}{8}(-1-1) = \frac{\pi-1}{4}.$$

(2) $\int_2^4 \frac{\ln(9-x)}{\ln(9-x) + \ln(3+x)}\,dx$
$$= \frac{1}{2}\int_2^4 \left[\frac{\ln(9-x)}{\ln(9-x) + \ln(3+x)} + \right.$$
$$\left.\frac{\ln[9-(6-x)]}{\ln[9-(6-x)] + \ln[3+(6-x)]}\right]dx$$
$$= \frac{1}{2}\int_2^4 \left[\frac{\ln(9-x)}{\ln(9-x) + \ln(3+x)} + \right.$$
$$\left.\frac{\ln(3+x)}{\ln(3+x) + \ln(9-x)}\right]dx$$
$$= \frac{1}{2}\int_2^4 dx = 1.$$

【温馨提示】对于定积分等式的证明,通常需要对原式进行代换,然后转化成上下限相同的积分模式. 注意对此种题目解题方法和步骤的掌握.

17. **知识点窍** 本题主要考查无穷积分的计算.

解题过程
$$J = \int_1^{+\infty}\left[\ln(1+x) - \ln x - \frac{1}{1+x}\right]dx, \text{而}$$
$$\int\left[\ln(1+x) - \ln x - \frac{1}{1+x}\right]dx$$
$$= \int[\ln(1+x) - \ln x]\,dx - \int \frac{dx}{1+x}$$
$$= x[\ln(1+x) - \ln x] - \int x\left(\frac{1}{1+x} - \frac{1}{x}\right)dx -$$
$$\int \frac{dx}{1+x} = x\ln\left(1 + \frac{1}{x}\right) + C,$$

因此
$$J = x\ln\left(1+\frac{1}{x}\right)\Big|_1^{+\infty} = 1 - \ln 2,$$

其中
$$\lim_{x\to+\infty} x\ln\left(1+\frac{1}{x}\right) \xrightarrow{t=\frac{1}{x}} \lim_{t\to 0^+} \frac{\ln(1+t)}{t} = 1.$$

【温馨提示】本题属于基本题型,关键是运用牛顿—莱布尼茨公式求解,注意此种方法在求解定积分时的应用.

18. **知识点窍** 本题主要考查含定积分的导数求解.

解题过程 $\int_0^y e^t\,dt + \int_0^x \cos t\,dt = e^t\Big|_0^y + \sin t\Big|_0^x$
$$= e^y - 1 + \sin x = 0.$$

由此得 $e^y = 1 - \sin x$

$e^y \dfrac{\mathrm{d}y}{\mathrm{d}x} = -\cos x$

$\dfrac{\mathrm{d}y}{\mathrm{d}x} = \dfrac{-\cos x}{e^y} = \dfrac{\cos x}{\sin x - 1}$.

【温馨提示】本题属于基本题型,关键是对原题设条件进行转化,然后求解,注意对此种题型的求解方法与步骤的掌握.

19. **知识点窍** 本题主要考查定积分的应用.
    解题过程 如下图所示

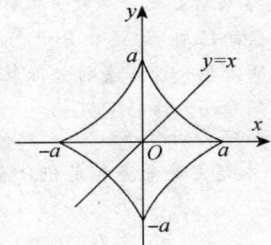

曲线关于 $y = \pm x$ 对称,只需考查 $t \in \left[\dfrac{\pi}{4}, \dfrac{3}{4}\pi\right]$ 一段曲线.

现在没有现成的公式可用,用微元法导出旋转面的面积公式,任取曲线的小微元,端点坐标为 $(x(t), y(t)) = (a\cos^3 t, a\sin^3 t)$,

它到直线 $y = x$ 的距离为 $l(t) = \dfrac{a\sin^3 t - a\cos^3 t}{\sqrt{2}}$,

曲线微元的弧长

$\mathrm{d}s = \sqrt{x'^2 + y'^2} \,\mathrm{d}t = 3a|\sin t \cos t|\,\mathrm{d}t$,

它绕 $y = x$ 旋转所得曲面微元的面积为

$\mathrm{d}F = 2\pi l(t)\mathrm{d}s$

$= 2\pi \dfrac{a\sin^3 t - a\cos^3 t}{\sqrt{2}} \cdot 3a|\sin t \cos t|\,\mathrm{d}t$

因此整个旋转面的面积为

$F = 2 \cdot \dfrac{6\pi a^2}{\sqrt{2}} \int_{\frac{\pi}{4}}^{\frac{3}{4}\pi} (\sin^3 t - \cos^3 t)|\sin t \cos t|\,\mathrm{d}t$

$= 6\sqrt{2}\pi a^2 \left[\int_{\frac{\pi}{4}}^{\frac{\pi}{2}} (\sin^3 t - \cos^3 t)\sin t \cos t\,\mathrm{d}t \right.$

$\left. - \int_{\frac{\pi}{2}}^{\frac{3}{4}\pi} (\sin^3 t - \cos^3 t)\sin t \cos t\,\mathrm{d}t\right]$

$= \dfrac{6\sqrt{2}\pi a^2}{5} \cdot$

$\left[(\sin^5 t + \cos^5 t)\Big|_{\frac{\pi}{4}}^{\frac{\pi}{2}} - (\sin^5 t + \cos^5 t)\Big|_{\frac{\pi}{2}}^{\frac{3}{4}\pi}\right]$

$= \dfrac{6\sqrt{2}\pi a^2}{5}\left(2 - \dfrac{\sqrt{2}}{4}\right) = \dfrac{3}{5}\pi a^2(4\sqrt{2} - 1)$.

【温馨提示】本题主要考查旋转曲面面积的计算,注意对定积分几何意义的掌握.此类题目为常考题型,注意对解题步骤及思路的掌握.

20. **知识点窍** 本题主要考查关于定积分的应用.
    解题过程 (1) $\Gamma: y^2 = (x-a)(b-x) = -x^2 + (a+b)x - ab$,

    两边对 x 求导得

    $2yy' = -2x + a + b,\ yy' = \dfrac{a+b}{2} - x$;

    $\Rightarrow y^2 y'^2 = \left(\dfrac{a+b}{2} - x\right)^2$

    $\Rightarrow y^2(1 + y'^2) = \left(\dfrac{a+b}{2} - x\right)^2 + y^2$

    $= x^2 + y^2 - (a+b)x + \left(\dfrac{a+b}{2}\right)^2$

    $= \dfrac{(a+b)^2}{4} - ab = \left(\dfrac{b-a}{2}\right)^2$

    $\Rightarrow \sqrt{1 + y'^2} = \dfrac{b-a}{2} \cdot \dfrac{1}{y}$

    $= \dfrac{b-a}{2}\dfrac{1}{\sqrt{(x-a)(b-x)}}$.

    因此,

    $l = \int_\alpha^\beta \sqrt{1+y'^2}\,\mathrm{d}x$

    $= \dfrac{b-a}{2}\int_\alpha^\beta \dfrac{\mathrm{d}x}{\sqrt{(x-a)(b-x)}}$

    (2) 曲线 $\Gamma: y = \sqrt{(x-a)(b-x)}$

    $= \sqrt{\left(\dfrac{b-a}{2}\right)^2 - \left(x - \dfrac{a+b}{2}\right)^2}$

    是以 $\left(\dfrac{a+b}{2}, 0\right)$ 为圆心,半径为 $\dfrac{b-a}{2}$ 的半圆周,

    由题(1) 知 $\alpha = a, \beta = \dfrac{a+b}{2}$,则对应的 Γ 长

    $l =$ 圆周长的 $\dfrac{1}{4}$ 倍 $= \dfrac{2}{4} \cdot \dfrac{b-a}{2}\pi$

    $\Rightarrow \dfrac{1}{4}(b-a)\pi = \dfrac{b-a}{2}\int_a^{\frac{a+b}{2}} \dfrac{\mathrm{d}x}{\sqrt{(x-a)(b-x)}}$

    $\Rightarrow J = \dfrac{\pi}{2}$.

【温馨提示】此题属于基本题型,注意对解题思路与方法的掌握.

第六章 定积分同步测试(B)卷解析

一、选择题

题号	1	2	3	4	5	6
答案	B	B	B	D	D	C

1. 知识点窍 本题主要考查原函数存在的性质.

解题过程 记 $F(x)=\int_a^x f(t)\mathrm{d}t$, a 为任意实数, $F'(x)=f(x)$.

且 $f(-x)=-f(x)$, 则

$$F(x)-F(-x)=\int_a^x f(t)\mathrm{d}t-\int_a^{-x} f(t)\mathrm{d}t$$

又

$$\int_a^{-x} f(t)\mathrm{d}t \xrightarrow{t=-u} \int_{-a}^{x} f(-u)\mathrm{d}(-u)$$

$$=\int_{-a}^{x} -f(u)(-\mathrm{d}u)$$

$$=\int_{-a}^{x} f(u)\mathrm{d}u=\int_{-a}^{x} f(t)\mathrm{d}t$$

所以

$$F(x)-F(-x)=\int_a^x f(t)\mathrm{d}t-\int_{-a}^{x} f(t)\mathrm{d}t$$

$$=\int_a^x f(t)\mathrm{d}t+\int_x^{-a} f(t)\mathrm{d}t$$

$$=\int_a^{-a} f(t)\mathrm{d}t=0.$$

即 $F(x)=F(-x)$.

其他几个选项可以用举反例的方法说明其不正确. 如 $f(x)=x^2$ 为偶函数,

$$F(x)=\int_a^x t^2\mathrm{d}t=\frac{1}{3}x^3-\frac{1}{3}a^3.$$

当 $a\neq 0$ 时, $F(x)$ 不是奇函数.

又如, $f(x)=\cos x+1$ 为偶数, 而 $F(x)=\sin x+x+C$ 不是奇函数.

$y=x$ 为单调增函数, 其原函数 $\frac{1}{2}x^2+C$ 不是单调函数了.

正确的选项为(B).

【温馨提示】 解决此类问题的关键是采用排除法, 找出每个选项存在的特殊例子. 原函数存在的一些性质是常考的考点, 注意对此的掌握.

2. 知识点窍 本题主要考查对积定符号的判断.

解题过程 由于被积函数连续且以 π 为周期(2π 也是周期),

故 $F(x)=F(0)=\int_0^{2\pi} f(t)\mathrm{d}t=2\int_0^{\pi} f(t)\mathrm{d}t$, 即 $F(x)$ 为常数.

由于被积函数是变号的, 为确定积分值的符号, 可通过分部积分转化为被积函数定号的情形, 即

$$2\int_0^{\pi} f(t)t\mathrm{d}t=\int_0^{\pi} e^{\sin^2 t}(1+\sin^2 t)\mathrm{d}(\sin 2t)$$

$$=\int_0^{\pi} -\sin^2 2t e^{\sin^2 t}(2+\sin^2 t)\mathrm{d}t<0,$$

故应选(B).

【温馨提示】 判断定积分函数值的符号, 首先观察被积函数的性质, 对定积分进行化简, 然后通过适当的定积分计算法则进行求解, 注意对解决此类问题的方法的掌握.

3. 知识点窍 本题主要考查和定积分有关的无穷小的比较.

解题过程

$$\lim_{x\to 0} \frac{f(x)}{g(x)}=\lim_{x\to 0} \frac{\int_0^{1-\cos x} \sin t^2\mathrm{d}t}{\frac{x^5}{5}+\frac{x^6}{6}}$$

$$=\lim_{x\to 0} \frac{\int_0^{1-\cos x} \sin t^2\mathrm{d}t}{\frac{1}{5}x^5+\frac{x^6}{6}}$$

$$\xrightarrow{\frac{0}{0}} \lim_{x\to 0} \frac{\sin(1-\cos x)^2\cdot \sin x}{x^4+x^5}$$

$$=\lim_{x\to 0} \frac{\sin x\cdot (1-\cos x)^2}{x^4+x^5}$$

$$=\lim_{x\to 0} \frac{x\cdot \left(\frac{1}{2}x^2\right)^2}{x^4+x^5}=0.$$

所以 $f(x)$ 是此 $g(x)$ 的高阶无穷小, 故选(B).

【温馨提示】 无穷小的比较, 应从定义出发, 求两个函数比值的极限. 在解决本题的过程中, 应掌握对定积分求导的计算方法.

4. 知识点窍 本题主要考查对定积分的化简与计算.

解题过程 $I=\int_0^{\frac{s}{t}} f(tx)\mathrm{d}x \xrightarrow{tx=u} \int_0^{s} f(u)\mathrm{d}u$, 选(D).

【温馨提示】 解决此类问题的关键是对定积分进行化简, 注意在化简过程中对换元法的掌握.

5. 知识点窍 本题主要考查对不定积分比较大小.

解题过程 三个积分区间是一样的,且为对称区间,因此尽可能利用函数的奇偶数,化简积分,然后再比较大小.

$$M = \int_{-\frac{\pi}{2}}^{\frac{\pi}{2}} \frac{\sin x}{1+x^2} \cos^4 x \, dx = 0 \quad \text{(奇函数)}.$$

$$N = \int_{-\frac{\pi}{2}}^{\frac{\pi}{2}} (\sin^3 x + \cos^4 x) \, dx = \int_{-\frac{\pi}{2}}^{\frac{\pi}{2}} \cos^4 x \, dx$$

$$= 2\int_0^{\frac{\pi}{2}} \cos^4 x \, dx > 0$$

$$P = \int_{-\frac{\pi}{2}}^{\frac{\pi}{2}} (x^2 \sin^3 x - \cos^4 x) \, dx = -2\int_0^{\frac{\pi}{2}} \cos^4 x \, dx < 0$$

所以
$P < M < N.$
正确选项为(D).

【温馨提示】对于定积分比较大小,通常需要对定积分进行化简,如果积分区间一致,则考查在此区间内,被积函数的大小;如果被积函数一致,则考查积分区间的关系. 此题型为常考题型,注意对此类问题解题方法的掌握.

6. 知识点窍 本题主要考查函数原函数存在的判断.

分析一 先考查 $f(x)$ 的连续性,关于(A):

$$\lim_{x \to 0} f(x) \xrightarrow{t=x^2} \lim_{t \to 0^+} \frac{\ln(1+t)-t}{t^2}$$

$$= \lim_{t \to 0^+} \frac{\frac{1}{1+t}-1}{2t}$$

$$= -\frac{1}{2} = f(0),$$

$f(x)$ 在 $[-2,3]$ 连续,存在原函数.

(B) 中 $f(x)$ 如下图所示,显然处处连续,在 $[-2,3]$ 存在原函数.

显然,(D) 中 $g(x)$ 在 $[-2,3]$ 可积,$f(x) = \int_0^x g(t) \, dt$ 在 $[-2,3]$ 连续 $\Rightarrow f(x)$ 在 $[-2,3]$ 存在原函数,选(C).

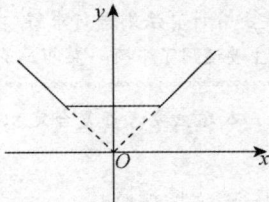

分析二 关于(C):由

$$\lim_{x \to 0^+} f(x) = \lim_{x \to 0^+} \frac{\ln(1+x)-x}{x^2} = -\frac{1}{2},$$

$$\lim_{x \to 0^-} f(x) = \lim_{x \to 0^-} \frac{\tan x (1-\cos x)}{x \cdot x^2} = \frac{1}{2},$$

可知 $x = 0$ 是 $f(x)$ 的第一类间断点.

$f(x)$ 在 $[-2,3]$ 不存在原函数,选(C).

【温馨提示】函数是否存在原函数,应从定义出发,逐个判断. 原函数存在问题是常考题型,注意对此类题目解题方法与步骤的掌握.

二、填空题

7. 知识点窍 本题主要考查函数 n 次幂的不定积分的计算.

解题过程 记此积分为 I_n,当 $n \geq 2$ 时,则有

$$I_n = \int_0^{\frac{\pi}{2}} \sin^n x \, dx$$

$$= -\int_0^{\frac{\pi}{2}} \sin^{n-1} x \, d\cos x$$

$$= -\sin^{n-1} x \cos x \Big|_0^{\frac{\pi}{2}} + (n-1) \int_0^{\frac{\pi}{2}} \sin^{n-2} x \cos^2 x \, dx$$

$$= (n-1) \int_0^{\frac{\pi}{2}} \sin^{n-2} x (1-\sin^2 x) \, dx$$

$$= (n-1) I_{n-2} - (n-1) I_n,$$

解出 I_n,于是得递推公式 $I_n = \frac{n-1}{n} I_{n-2}$.

由于 $I_0 = \frac{\pi}{2}, I_1 = 1$,应用这一递推公式,对于 n 为偶数时,则有

$$I_n = \frac{(n-1)!!}{n!!} I_0 = \frac{(n-1)!!}{n!!} \int_0^{\frac{\pi}{2}} dx$$

$$= \frac{(n-1)!!}{n!!} \cdot \frac{\pi}{2};$$

对于 n 为奇数时,则有

$$I_n = \frac{(n-1)!!}{n!!} I_1 = \frac{(n-1)!!}{n!!} \int_0^{\frac{\pi}{2}} \sin x \, dx$$

$$= \frac{(n-1)!!}{n!!}.$$

【温馨提示】解决此类题目的关键是从原式中推导出递推公式,然后进行求解. 注意对此类题目求解步骤的掌握.

8. 知识点窍 本题主要考查反常积分的计算.

解题过程

$$\int_0^1 \ln(1-x^2) \, dx = \int_0^1 [\ln(1+x) + \ln(1-x)] \, dx$$

右边第一个积分是常义积分,第二个积分是瑕积分.

$$\int_0^1 \ln(1+x) \, dx = x\ln(1+x) \Big|_0^1 - \int_0^1 \frac{x}{1+x} \, dx$$

$$= \ln 2 - \int_0^1 \frac{x+1-1}{1+x} \, dx$$

$$= \ln 2 - 1 + \ln(1+x)\Big|_0^1 = 2\ln 2 - 1$$

$$\int_0^1 \ln(1-x)dx = x\ln(1-x)\Big|_0^1 - \int_0^1 x d\ln(1-x)$$

$$= x\ln(1-x)\Big|_0^1 + \int_0^1 \frac{x-1+1}{1-x}dx$$

$$= x\ln(1-x)\Big|_0^1 - x\Big|_0^1 - \ln(1-x)\Big|_0^1$$

$$= (x-1)\ln(1-x)\Big|_0^1 - 1$$

由于

$$\lim_{x\to 1}(x-1)\ln(1-x) = \lim_{x\to 1}\frac{\ln(1-x)}{\frac{1}{x-1}}$$

$$\xlongequal{\frac{\infty}{\infty}} \lim_{x\to 1}\frac{\frac{-1}{1-x}}{\frac{-1}{(x-1)^2}} = \lim_{x\to 1}(x-1) = 0$$

所以　原式 $= 2\ln 2 - 2$.

【温馨提示】 此类属于基本题型,对于反常积分的计算,注意掌握其解题步骤和方法.

9. **知识点窍**　本题主要考查含分式积分的计算.
   解题过程　**方法一**　万能代换.

令 $t = \tan\frac{x}{2}$,

则 $x = 2\arctan t, \sin x = \frac{2t}{1+t^2}, \cos x = \frac{1-t^2}{1+t^2}$,

$dx = \frac{2dt}{1+t^2}$

故

$$\int_0^{\frac{\pi}{2}}\frac{\sin x dx}{1+\sin x+\cos x} = \int_0^1 \frac{\frac{2t}{1+t^2}}{1+\frac{2t}{1+t^2}+\frac{1-t^2}{1+t^2}} \cdot \frac{2dt}{1+t^2}$$

$$= \int_0^1 \frac{2t}{(1+t)(1+t^2)}dt$$

$$= \int_0^1 \left(\frac{1+t}{1+t^2} - \frac{1}{1+t}\right)dt$$

$$= \left[\arctan t + \frac{1}{2}\ln\frac{1+t^2}{(1+t)^2}\right]_0^1$$

$$= \frac{\pi}{4} - \frac{1}{2}\ln 2.$$

方法二　令 $x = \frac{\pi}{2} - t$,

则 $I = \int_0^{\frac{\pi}{2}}\frac{\sin x}{1+\sin x+\cos x}dx$

$$= \int_0^{\frac{\pi}{2}}\frac{\cos t}{1+\cos t+\sin t}dt.$$

于是

$$I = \frac{1}{2}\int_0^{\frac{\pi}{2}}\frac{\sin x+\cos x}{1+\sin x+\cos x}dx$$

$$= \frac{1}{2}\int_0^{\frac{\pi}{2}}\left(1 - \frac{1}{1+\sin x+\cos x}\right)dx$$

$$= \frac{\pi}{4} - \frac{1}{2}\int_0^{\frac{\pi}{2}}\frac{dx}{1+\sin x+\cos x}$$

由于 $\int_0^{\frac{\pi}{2}}\frac{dx}{1+\sin x+\cos x}$

$$= \int_0^{\frac{\pi}{2}}\frac{dx}{2\left(\sin\frac{x}{2}+\cos\frac{x}{2}\right)\cos\frac{x}{2}}$$

$$= \int_0^{\frac{\pi}{2}}\frac{d\left(\tan\frac{x}{2}\right)}{1+\tan\frac{x}{2}} = \ln\left(1+\tan\frac{x}{2}\right)\Big|_0^{\frac{\pi}{2}} = \ln 2,$$

因此 $I = \frac{\pi}{4} - \frac{1}{2}\ln 2.$

【温馨提示】 对于含分式的定积分的计算,主要是对积分式进行化简,然后逐步求解,注意对此解题方法与步骤的掌握.

10. **知识点窍**　本题主要考查含绝对值的定积分的计算.
    解题过程

$$\int_0^{\frac{\pi}{2}}|\sin x - \cos x|dx$$

$$= \int_0^{\frac{\pi}{4}}(\cos x - \sin x)dx + \int_{\frac{\pi}{4}}^{\frac{\pi}{2}}(\sin x - \cos x)dx$$

$$= (\sin x + \cos x)\Big|_0^{\frac{\pi}{4}} + (-\cos x - \sin x)\Big|_{\frac{\pi}{4}}^{\frac{\pi}{2}}$$

$$= \left(2\cdot\frac{\sqrt{2}}{2} - 1\right) - \left(1 - 2\cdot\frac{\sqrt{2}}{2}\right)$$

$$= 2\sqrt{2} - 2.$$

【温馨提示】 对于含绝对值的定积分的计算,首先需要将函数式进行化简,去掉绝对值符号,然后运用定积分计算法则进行求解. 在计算过程中,本题主要运用了牛顿－莱布尼茨公式.

11. **知识点窍**　本题主要考查复合定积分的计算.
    解题过程

$$\int_0^1 x^2 f(x)dx = \frac{1}{3}\int_0^1 f(x)dx^3$$

$$= \frac{1}{3}x^3 f(x)\Big|_0^1 - \frac{1}{3}\int_0^1 x^3 df(x)$$

$$= -\frac{1}{3}\int_0^1 x^3 e^{-x^2}dx$$

$$= \frac{1}{6}\int_0^1 x^2 de^{-x^2}$$

$$= \frac{1}{6} x^2 e^{-x^2} \Big|_0^1 - \frac{1}{6} \int_0^1 e^{-x^2} dx^2$$

$$= \frac{1}{6} e^{-1} + \frac{1}{6} e^{-x^2} \Big|_0^1$$

$$= \frac{1}{6} \left(\frac{2}{e} - 1 \right).$$

> 【温馨提示】求形如 $\int_a^b \left[f(x) \int_a^x g(y) dy \right] dx$ 的积分,它可看作区域 $D = \{(x,y) \mid a \leqslant x \leqslant b, a \leqslant y \leqslant x\}$ 上一个二重积分的累次积分,有时通过交换积分次序而求得它的值. 作为定积分,若 $f(x)$ 的原函数易求得 $F'(x) = f(x)$,则可由分部积分得
> $$\int_a^b \left[f(x) \int_a^x g(y) dy \right] dx = \int_a^b \left[\int_a^x g(y) \right] dF(x)$$
> $$= \left[F(x) \int_a^x g(x) dy \right] \Big|_a^b - \int_a^b F(x) g(x) dx$$
> 若右端易求,则可求得左端的值.

12. **知识点窍** 本题主要考查定积分计算中分部积分的应用.

   解题过程

   $$\int_1^{e^{\frac{\pi}{2}}} \frac{\sin(\ln x)}{x^2} dx = -\int_1^{e^{\frac{\pi}{2}}} \sin(\ln x) d\frac{1}{x}$$

   $$= -\frac{1}{x} \sin(\ln x) \Big|_1^{e^{\frac{\pi}{2}}} + \int_1^{e^{\frac{\pi}{2}}} \frac{1}{x} d\sin(\ln x)$$

   $$= -e^{-\frac{\pi}{2}} + \int_1^{e^{\frac{\pi}{2}}} \frac{1}{x^2} \cos(\ln x) dx$$

   $$= -e^{-\frac{\pi}{2}} - \int_1^{e^{\frac{\pi}{2}}} \cos(\ln x) d\frac{1}{x}$$

   $$= -e^{-\frac{\pi}{2}} - \frac{1}{x} \cos(\ln x) \Big|_1^{e^{\frac{\pi}{2}}} + \int_1^{e^{\frac{\pi}{2}}} \frac{1}{x} d\cos(\ln x)$$

   $$= -e^{-\frac{\pi}{2}} + 1 - \int_1^{e^{\frac{\pi}{2}}} \frac{1}{x^2} \sin(\ln x) dx.$$

   所以
   $$\int_1^{e^{\frac{\pi}{2}}} \frac{\sin(\ln x)}{x^2} dx = \frac{1}{2} (1 - e^{-\frac{\pi}{2}}).$$

> 【温馨提示】本题属于基本题型,对于定积分的计算,注意对分部积分计算方法的掌握.

三、解答题

13. **知识点窍** 本题主要考查积分的计算.

   解题过程 这是一个含根式的积分,首先应该通过变量替换去掉根式.

   分析一 令 $\sqrt{1-e^{2x}} = t$,
   则 $x = \frac{1}{2} \ln(1-t^2), dx = \frac{-t}{1-t^2} dt$,于是

   $$\int_0^{-\ln 2} \sqrt{1-e^{2x}} dx$$

   $$= \int_0^{\frac{\sqrt{3}}{2}} \frac{-t^2}{1-t^2} dt$$

   $$= \frac{\sqrt{3}}{2} - \int_0^{\frac{\sqrt{3}}{2}} \frac{1}{1-t^2} dt$$

   $$= \frac{\sqrt{3}}{2} - \frac{1}{2} \ln \frac{1+t}{1-t} \Big|_0^{\frac{\sqrt{3}}{2}}$$

   $$= \frac{\sqrt{3}}{2} - \ln(2 + \sqrt{3}).$$

   分析二 令 $e^x = \sin t$,
   则 $x = \ln \sin t, dx = \frac{\cos t}{\sin t} dt$. 于是

   $$\int_0^{-\ln 2} \sqrt{1-e^{2x}} dx$$

   $$= -\int_{\frac{\pi}{6}}^{\frac{\pi}{2}} \cos t \cdot \frac{\cos t}{\sin t} dt$$

   $$= \int_{\frac{\pi}{6}}^{\frac{\pi}{2}} \frac{\cos^2 t}{1-\cos^2 t} d\cos t$$

   $$= \int_{\frac{\pi}{6}}^{\frac{\pi}{2}} \left(-1 + \frac{1}{1-\cos^2 t} \right) d\cos t$$

   $$= \frac{\sqrt{3}}{2} + \frac{1}{2} \ln \frac{1+\cos t}{1-\cos t} \Big|_{\frac{\pi}{6}}^{\frac{\pi}{2}}$$

   $$= \frac{\sqrt{3}}{2} - \ln(2 + \sqrt{3}).$$

> 【温馨揭示】此题属于基本题型,对于含根式的定积分的计算,首先需要通过化简将根式去掉,然后进行求解. 注意对此题解题方法及步骤的掌握.

14. **知识点窍** 本题主要考查关于定积分的证明以及应用.

   解题过程 $\int_{-a}^a f(x) g(x) dx$

   $$= \int_{-a}^0 f(x) g(x) dx + \int_0^a f(x) g(x) dx$$

   因
   $$\int_{-a}^0 f(x) g(x) dx \xrightarrow{x=-t} \int_a^0 f(-t) g(-t) d(-t)$$

   $$= \int_0^a f(-t) g(t) dt$$

   故
   $$\int_{-a}^a f(x) g(x) dx$$

$$= \int_0^a f(-x)g(x)\mathrm{d}x + \int_0^a f(x)g(x)\mathrm{d}x$$

$$= \int_0^a [f(x)+f(-x)]g(x)\mathrm{d}x$$

$$= A\int_0^a g(x)\mathrm{d}x.$$

(1) 取 $g(x) = |\sin x|$,

而 $\arctan \mathrm{e}^x + \arctan \mathrm{e}^{-x} = \dfrac{\pi}{2}$.

故取 $f(x) = \arctan \mathrm{e}^x$,

且 $f(-x)+f(x) = \arctan \mathrm{e}^x + \arctan \mathrm{e}^{-x} = \dfrac{\pi}{2}$.

$$\int_{-\frac{\pi}{2}}^{\frac{\pi}{2}} |\sin x| \arctan \mathrm{e}^x \mathrm{d}x = \dfrac{\pi}{2}\int_0^{\frac{\pi}{2}} \sin x \mathrm{d}x = \dfrac{\pi}{2}.$$

(2) 由于 $\dfrac{1}{1+\mathrm{e}^{\frac{1}{x}}} + \dfrac{1}{1+\mathrm{e}^{-\frac{1}{x}}}$

$$= \dfrac{1}{1+\mathrm{e}^{\frac{1}{x}}} + \dfrac{\mathrm{e}^{\frac{1}{x}}}{1+\mathrm{e}^{\frac{1}{x}}} = 1.$$

故可取 $f(x) = \dfrac{1}{1+\mathrm{e}^{\frac{1}{x}}}, g(x) = x^2$,

由公式有

$$\int_{-1}^1 \dfrac{x^2}{1+\mathrm{e}^{\frac{1}{x}}} \mathrm{d}x = \int_0^1 x^2 \mathrm{d}x = \dfrac{1}{3}.$$

【温馨提示】 关于定积分等式的证明,通常是采取等价代换,将积分限和被积函数化为一致,注意对此种解题方法和步骤的掌握.

15. **知识点窍** 本题主要考查有关积分的应用.

解题过程 (1) 由

$$F'(x) = 2x\mathrm{e}^{-x^4} \begin{cases} <0, & x<0 \\ =0, & x=0 \\ >0, & x>0 \end{cases}$$

即知 $F(x)$ 在点 0 处取极小值 0,且无其他极值.

(2) $F''(x) = 2(1-4x^4)\mathrm{e}^{-x^4}$,

注意到仅当 $x = \pm\dfrac{\sqrt{2}}{2}$ 时 $F''(x)=0$,且在 $x = \pm\dfrac{\sqrt{2}}{2}$ 两侧 $F''(x)$ 变号,即知 $x = \pm\dfrac{\sqrt{2}}{2}$ 为曲线 $y = F(x)$ 的拐点的横坐标.

(3) 注意到 $x^2 F'(x)$ 为奇函数,因此

$$\int_{-2}^3 x^2 F'(x)\mathrm{d}x = \int_{-2}^2 x^2 F'(x)\mathrm{d}x + \int_2^3 x^2 F'(x)\mathrm{d}x$$

$$= 2\int_2^3 x^3 \mathrm{e}^{-x^4}\mathrm{d}x$$

$$= \dfrac{1}{2}\int_2^3 \mathrm{e}^{-x^4}\mathrm{d}x^4$$

$$= -\dfrac{1}{2}\mathrm{e}^{-x^4}\Big|_2^3$$

$$= \dfrac{1}{2}(\mathrm{e}^{-16}-\mathrm{e}^{-81}).$$

【温馨提示】 解决此类问题的关键是从定义出发,计算函数的极值、拐点. 注意在计算过程中对定积分导数的求解.

16. **知识点窍** 本题主要考查含抽象函数的定积分计算.

解题过程 $I = \int_0^2 \dfrac{f(x)}{f(x)+f(2-x)}x(2-x)\mathrm{d}x$

$\xrightarrow{2-x=t} \int_2^0 \dfrac{f(2-t)}{f(2-t)+f(t)}(2-t)t\mathrm{d}(-t)$

$$= \int_0^2 \dfrac{f(2-x)}{f(x)+f(2-x)}(2x-x^2)\mathrm{d}x$$

$$2I = \int_0^2 \dfrac{f(x)+f(2-x)}{f(x)+f(2-x)} \cdot (2x-x^2)\mathrm{d}x$$

$$= \int_0^2 (2x-x^2)\mathrm{d}x = \left(x^2-\dfrac{1}{3}x^3\right)\Big|_0^2 = \dfrac{4}{3}.$$

所以 $I = \dfrac{2}{3}$.

【温馨提示】 解决此类题目的关键是对积分式进行代换转化,然后进行求解,注意对此类题目解题方法和步骤的掌握.

17. **知识点窍** 本题主要考查求解原函数的方法.

解题过程 本题的被积函数是分段定义的连续函数,则 $f(x)$ 存在原函数,相应的原函数也应该分段定义,然而按照原函数的定义,$F'(x) = f(x)$,即 $F(x)$ 必须是可导的,而且导数是 $f(x)$. 这样,$F(x)$ 首先就应该连续,下面就是按照这一要求,把分段定义的原函数粘合在一起,构成一个整体的原函数.

分析一 当 $x<0$ 时,

$$F(x) = \int \sin 2x \mathrm{d}x = -\dfrac{1}{2}\cos 2x + C_1;$$

当 $x>0$ 时,

$$F(x) = \int \ln(2x+1)\mathrm{d}x = x\ln(2x+1) - \int \dfrac{2x}{2x+1}\mathrm{d}x$$

$$= x\ln(2x+1) - \int \mathrm{d}x + \int \dfrac{\mathrm{d}x}{2x+1}$$

$$= x\ln(2x+1) - x + \dfrac{1}{2}\ln(2x+1) + C_2,$$

为了保证 $F(x)$ 在 $x=0$ 点连续,必须满足

$$C_2 = -\dfrac{1}{2} + C_1 \quad (1)$$

若取 $C_1 = 0, C_2 = -\dfrac{1}{2}$,

即

$$F(x)=\begin{cases}-\dfrac{1}{2}\cos 2x, & x\leqslant 0,\\ x\ln(2x+1)-x+\dfrac{1}{2}\ln(2x+1)-\dfrac{1}{2}, & x>0.\end{cases}$$

就是 $f(x)$ 的一个原函数.

若 C_1 任意取值, C_2 满足(1),即

$\int f(x)\mathrm{d}x$

$=\begin{cases}-\dfrac{1}{2}\cos 2x+C_1, & x\leqslant 0,\\ x\ln(2x+1)-x+\dfrac{1}{2}\ln(2x+1)-\dfrac{1}{2}+C_1, & x>0,\end{cases}$

就是 $f(x)$ 的不定积分.

分析二 $f(x)$ 是连续的,一定存在原函数,且对任意常数 a, $\int_a^x f(t)\mathrm{d}t$ 均为一个原函数,这里 $x=0$ 是连接点,因此取 $a=0$ 计算上方便些. 求 $\int_0^x f(t)\mathrm{d}t$:

当 $x\leqslant 0$ 时,
$\Phi(x)=\int_0^x f(t)\mathrm{d}t=\int_0^x \sin 2t\mathrm{d}t=-\dfrac{1}{2}\cos 2x+\dfrac{1}{2}$;

当 $x>0$ 时,
$\Phi(x)=\int_0^x f(t)\mathrm{d}t$
$=\int_0^x \ln(2t+1)\mathrm{d}t=t\ln(2t+1)\Big|_0^x-\int_0^x \dfrac{2t}{2t+1}\mathrm{d}t$
$=x\ln(2x+1)-x+\dfrac{1}{2}\ln(2x+1)$

因此
$F(x)=\int f(x)\mathrm{d}x$
$=\begin{cases}-\dfrac{1}{2}\cos 2x+\dfrac{1}{2}+C, & x\leqslant 0,\\ x\ln(2x+1)-x+\dfrac{1}{2}\ln(2x+1)+C, & x>0.\end{cases}$

【温馨提示】本题为常考题型,分段函数求原函数时应该分段求,然后组合在一起. 注意对此种问题解题方法和技巧的掌握.

18. 知识点窍 本题主要考查含抽象函数式的定积分求解.

解题过程 对两个等式作定积分

$\int_0^2 f(x)\mathrm{d}x=3\int_0^2 x^2\mathrm{d}x+2\int_0^2 g(x)\mathrm{d}x$
$=8+2\int_0^2 g(x)\mathrm{d}x$ (1)

$\int_0^2 g(x)\mathrm{d}x=-\dfrac{1}{4}x^4\Big|_0^2+\int_0^2 3x^2\cdot\int_0^2 f(x)\mathrm{d}x$
$=-4+8\int_0^2 f(x)\mathrm{d}x$ (2)

将(2)式代入(1)式,得
$\int_0^2 f(x)\mathrm{d}x=8+2\left(-4+8\int_0^2 f(x)\mathrm{d}x\right)$
$=16\int_0^2 f(x)\mathrm{d}x$

由此可知, $\int_0^2 f(x)\mathrm{d}x=0, \int_0^2 g(x)\mathrm{d}x=-4$.

所以有
$f(x)=3x^2-4, g(x)=-x^3$.

【温馨提示】解决本题的关键是对原式进行化简,然后联立求解. 注意对解题思想的掌握.

19. 知识点窍 本题主要考查旋转体体积的计算.

解题过程 (1) 对该平面图形,我们可作垂直分割也可作水平分割.

分析一 作水平分割.

该平面图形如下图,上半圆方程写成
$x=1-\sqrt{1-y^2}\;(0\leqslant y\leqslant 1)$.

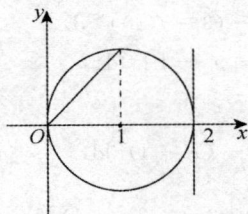

任取 y 轴上 $[0,1]$ 区间内的小区间 $[y,y+\mathrm{d}y]$,相应的微元绕 $x=2$ 旋转而成的立体体积为
$\mathrm{d}V=\{\pi[2-(1-\sqrt{1-y^2})]^2-\pi(2-y)^2\}\mathrm{d}y$,

于是
$V=\pi\int_0^1 [2-(1-\sqrt{1-y^2})]^2\mathrm{d}y-\pi\int_0^1(2-y)^2\mathrm{d}y$
$=\pi\int_0^1(2-y^2+2\sqrt{1-y^2})\mathrm{d}y-\pi\int_1^2 t^2\mathrm{d}t$
$\xrightarrow{\int_0^1\sqrt{1-y^2}\mathrm{d}y=\frac{\pi}{4}}_{\frac{1}{4}\text{单位圆面积}}\dfrac{5}{3}\pi+\dfrac{1}{2}\pi^2-\dfrac{7}{3}\pi$
$=\dfrac{1}{2}\pi^2-\dfrac{2}{3}\pi$

分析二 作垂直分割.

任取 x 轴上 $[0,1]$ 区间内的小区间 $[x,x+\mathrm{d}x]$,相应的小竖条绕 $x=2$ 旋转而成的立体的体积为
$\mathrm{d}V=2\pi(2-x)(\sqrt{2x-x^2}-x)\mathrm{d}x$,

于是
$V=2\pi\int_0^1(2-x)(\sqrt{2x-x^2}-x)\mathrm{d}x$
$=2\pi\left[\int_0^1(1-x)\sqrt{1-(1-x)^2}\mathrm{d}x\right.$

$$+ \int_0^1 \sqrt{1-(1-x)^2}\,dx - \int_0^1 (2-x)x\,dx \Big]$$

$$= 2\pi \Big[\frac{1}{3}(1-(1-x)^2)^{\frac{3}{2}}\Big|_0^1$$

$$+ \frac{\pi}{4} - 1 + \frac{1}{3}\Big] = \frac{\pi^2}{2} - \frac{2}{3}\pi,$$

其中 $\int_0^1 \sqrt{1-(1-x)^2}\,dx = \frac{\pi}{4}$ 是 $\frac{1}{4}$ 单位圆面积.

(2) 曲线 $y = 3 - |x^2 - 1|$ 与 x 轴的交点是 $(-2, 0), (2, 0)$. 曲线 $y = f(x) = 3 - |x^2 - 1|$ 与 x 轴围成的平面图形如下图所示.

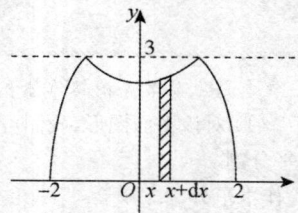

显然作垂直分割方便,任取 $[x, x+dx] \subset [-2, 2]$,相应的小竖条绕 $y = 3$ 旋转而成的立体体积为

$$dV = \pi[3^2 - (3-f(x))^2]dx$$
$$= \pi(9 - |x^2-1|^2)dx,$$

于是

$$V = \pi \int_{-2}^{2} [9 - (x^2-1)^2]dx$$
$$= 2\pi \int_0^2 [9 - (x^4 - 2x^2 + 1)]dx$$
$$= 2\pi \Big[18 - \Big(\frac{1}{5}\times 2^5 - \frac{2}{3}\times 2^3 + 2\Big)\Big] = \frac{448}{15}\pi.$$

【温馨提示】此题属于基本题型,主要考查旋转体的体积计算,注意对解题方法及步骤的掌握.

20. **知识点窍** 本题属于定积分的应用型题目.

解题过程 (1) **方法一** 以球心为原点,x 轴垂直向上,建立坐标系(如下图所示).

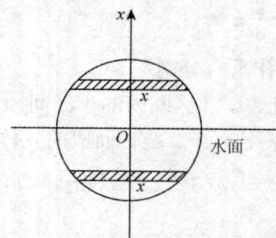

∀ 取下半球中的微元薄片,即 ∀ 取小区间 $[x, x+dx] \subset [-1, 0]$,相应的球体小薄片重量(即体积)为 $\pi(1-x^2)dx$,在水中浮力与重力相符,当球从水中移出时,此薄片移动距离为 $(1+x)$,故需做功 $dw_1 = (1+x)\pi(1-x^2)dx$. 因此,对下半球做的功

$$w_1 = \int_{-1}^{0} \pi(1+x)(1-x^2)dx.$$

∀ 取上半球中的微元薄片,即 ∀ 取小区间 $[x, x+dx] \subset [0, 1]$,相应的小薄片重量为 $\pi(1-x^2)dx$,当球从水中移出时,此薄片移动距离为 1,所受力为重力,故需做功 $dw_2 = \pi(1-x^2)dx$. 因此,对上半球做的功 $w_2 = \int_0^1 \pi(1-x^2)dx.$

于是,对整个球做的功为

$$w = w_1 + w_2$$
$$= \int_{-1}^{0} \pi(1+x)(1-x^2)dx + \int_0^1 \pi(1-x^2)dx$$
$$= \int_{-1}^{1} \pi(1-x^2)dx + \int_{-1}^{0} \pi x(1-x^2)dx$$
$$= 2\pi\Big(1 - \frac{1}{3}\Big) + \pi\Big(\frac{1}{2}x^2 - \frac{1}{4}x^4\Big)\Big|_{-1}^{0}$$
$$= \frac{4}{3}\pi - \frac{1}{4}\pi = \frac{13}{12}\pi.$$

方法二 把球的质量 $\frac{4}{3}\pi$ 集中于球心,球从水中取出做的功问题可以看成质量为 $\frac{4}{3}\pi$ 的质点向上移动距离为 1 时变力的做功.

问题归结为求变力 F(重力与浮力的合力),

球受的重力 = 球的体积,

球受的浮力 = 沉在水中的球的体积,

它们的合力 = 球露出水面部分的体积,

当球心向上移距离 $h(0 \leqslant h \leqslant 1)$ 时,球露出水面部分的体积:

$$\frac{2}{3}\pi + \int_0^h \pi(1-z^2)dz = \frac{2}{3}\pi + \pi\Big(h - \frac{h^3}{3}\Big)$$

因此,取出球时需做功

$$w = \int_0^1 \Big[\frac{2}{3}\pi + \pi\Big(h - \frac{h^3}{3}\Big)\Big]dh$$
$$= \frac{2}{3}\pi + \pi\Big(\frac{h^2}{2} - \frac{h^4}{12}\Big)\Big|_0^1$$
$$= \frac{2}{3}\pi + \pi\Big(\frac{1}{2} - \frac{1}{12}\Big) = \frac{13}{12}\pi.$$

(2) 建立坐标系如下图所示,取 x 为积分变量,$x \in [0, R]$. ∀ $[x, x+dx]$ 相应的水薄层,看成圆柱体,其体积为

$\pi(R^2 - x^2)dx,$

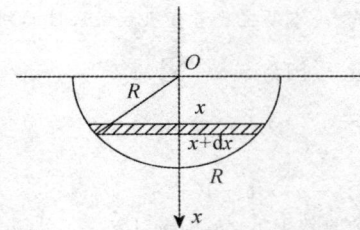

又比重 $\rho=1$，于是把这层水抽出需做功 $dw = \pi x(R^2-x^2)dx$. 因此，所求的功

$$w = \int_0^R \pi x(R^2-x^2)dx = \pi\left(R^2\cdot\frac{R^2}{2}-\frac{R^4}{4}\right) = \frac{R^4}{4}\pi.$$

【温馨提示】本题属于定积分的灵活应用，求功，关键是搞清楚做功的各个步骤及计算公式，注意对此种类型题目求解方法和步骤的掌握.

第七章 无穷级数同步测试(A)卷解析

一、单项选择题

题号	1	2	3	4	5	6
答案	C	C	A	B	D	D

1. 知识点窍 本题主要考查级数敛散性的判断.

解题过程 由于

$$\left|(-1)^n \frac{\ln n!}{n^\alpha}\right| = \frac{\ln 1 + \ln 2 + \cdots + \ln n}{n^\alpha} \leq \frac{n\ln n}{n^\alpha} = \frac{\ln n}{n^{\alpha-1}},$$

设常数 p 满足 $1 < p < \alpha - 1$，则有

$$\lim_{n\to\infty}\left(\frac{\ln n}{n^{\alpha-1}}\bigg/\frac{1}{n^p}\right) = \lim_{n\to\infty} n^p\cdot\frac{\ln n}{n^{\alpha-1}} = \lim_{n\to\infty}\frac{\ln n}{n^{\alpha-1-p}} = 0$$

由正项级数比较判别法的极限形式知，级数 $\sum_{n=1}^\infty \frac{\ln n}{n^{\alpha-1}}$ 收敛，进而知当 $\alpha > 2$ 时 $\sum_{n=1}^\infty (-1)^n \frac{\ln n!}{n^\alpha}$ 绝对收敛，即(C)正确.

【温馨提示】本题属于基本题型，判断级数敛散性，应从定义出发进行判断.注意对此方法及步骤的掌握.

2. 知识点窍 本题主要考查复合函数敛散性的判断.

解题过程 例如，$u_n = \frac{1}{n}, v_n = -\frac{1}{n}$，级数 $\sum_{n=1}^\infty u_n$ 与 $\sum_{n=1}^\infty v_n$ 都发散.但 $\sum_{n=1}^\infty (u_n+v_n) = \sum_{n=1}^\infty 0 = 0$，收敛，因此，(A)，(B)皆不正确.

若 $\sum_{n=1}^\infty u_n$ 收敛，$\sum_{n=1}^\infty v_n$ 发散，则 $\sum_{n=1}^\infty (u_n+v_n)$ 必发散(用反证法易证)，故(D)不正确.

因两个收敛级数的和或差仍收敛，故(C)正确.

【温馨提示】解决本题的关键是针对每个选项举出特例.注意对本题结论的掌握和应用.

3. 知识点窍 本题主要考查抽象函数敛散性的判断.

解题过程 分析一 (A)正确.

$|2u_nv_n| \leq u_n^2 + v_n^2 \Rightarrow \sum_{n=1}^\infty 2u_nv_n$ 收敛

$\Rightarrow \sum_{n=1}^\infty (u_n+v_n)^2 = \sum_{n=1}^\infty (u_n^2+v_n^2+2u_nv_n)$ 收敛

分析二

(B) 不正确.

如 $u_n = \frac{1}{\sqrt{n}}, v_n = \frac{1}{n}$，

$\sum_{n=1}^\infty |u_nv_n| = \sum_{n=1}^\infty \frac{1}{n^{\frac{3}{2}}}$ 收敛，

但 $\sum_{n=1}^\infty \frac{1}{n} = \sum_{n=1}^\infty u_n^2$ 发散.

(C) 不正确.

如 $\sum_{n=2}^\infty \frac{1}{n\ln n}$ 发散，但

$u_n = \frac{1}{n\ln n} < \frac{1}{n}(n=3,4,5,\cdots)$.

(D) 不正确.

如 $u_n = \frac{1}{n^2}, v_n = -\frac{1}{n}, u_n \geq -\frac{1}{n}, \sum_{n=1}^\infty u_n$ 收敛，但 $\sum_{n=1}^\infty v_n$ 发散.

【温馨提示】解决此类题目的关键是逐一排除，针对每个选项举出特例.注意对本题结论的掌握与应用.

4. 知识点窍 本题主要考查级数敛散性的判断.

解题过程 由比值判别法易证(A)与(D)中级数

收敛；由

$$S_n = \sum_{k=1}^{n}(\sqrt{k+2} - 2\sqrt{k+1} + \sqrt{k})$$

$$= \sum_{k=1}^{n}\left(\frac{1}{\sqrt{k+2}+\sqrt{k+1}} - \frac{1}{\sqrt{k+1}+\sqrt{k}}\right)$$

$$= \frac{1}{\sqrt{n+2}+\sqrt{n+1}} - \frac{1}{\sqrt{2}+1} \to -\frac{1}{\sqrt{2}+1}(n\to\infty)$$

可知(C)中级数收敛.

令 $u_n = \ln\left(1+\frac{1}{n}\right), v_n = \frac{1}{n}$,

由比较判别法易证级数

$\sum_{n=1}^{\infty}\ln\left(1+\frac{1}{n}\right)$ 发散.

故应选(B).

【温馨提示】注意对级数敛散性判断方法的掌握.

5. **知识点窍** 本题主要是考查级数收敛半径和收敛域的计算.

解题过程 $\forall$ 幂级数 $\sum_{n=0}^{\infty}a_n x^n$ 必 $\exists$ 收敛半径,

或 $R=+\infty$,或 $0<R<+\infty$,或 $R=0$,三种情形必有一种成立,因而(B)不正确.

但 $\forall$ 幂级数,不一定有 $\lim_{n\to\infty}\left|\frac{a_{n+1}}{a_n}\right|\exists$（如缺项幂级数

$\sum_{n=0}^{\infty}a_n x^n = \sum_{n=0}^{\infty}2^n x^{2n}$,收敛半径 $R=\frac{1}{\sqrt{2}}$.

这里 $a_{2n}=2^n, a_{2n+1}=0$,于是 $\lim_{n\to\infty}\left|\frac{a_{n+1}}{a_n}\right|$ 不 $\exists$),因而(A)也不正确.

(C)也是不正确的.

如 $\sum_{n=0}^{\infty}a_n x^n = \sum_{n=1}^{\infty}\frac{x^n}{n\sqrt{n}}$ 收敛域为 $[-1,1]$,但

$\sum_{n=1}^{\infty}n a_n x^{n-1} = \sum_{n=1}^{\infty}\frac{x^{n-1}}{\sqrt{n}}$ 的收敛域为 $[-1,1)$.

因此只有(D)正确.

事实上,若取 $\sum_{n=0}^{\infty}a_n x^n = \sum_{n=0}^{\infty}(-1)^n x^{2n}$ 的收敛域为 $(-1,1)$,

而

$\sum_{n=0}^{\infty}\frac{a_n}{n+1}x^{n+1} = \sum_{n=0}^{\infty}\frac{(-1)^n}{2n+1}x^{2n+1}$ 的收敛域为 $[-1,1]$.

【温馨提示】注意对级数收敛半径和收敛域求解方法的掌握及应用,此类型的题目为常考题型.

6. **知识点窍** 本题主要考查级数敛散性的判断.

解题过程 因为 $S_n = \sum_{n=1}^{\infty}(a^{1/(2n+1)} - a^{1/(2n-1)})$

$= (a^{1/3} - a^{1/1}) + (a^{1/5} - a^{1/3}) + \cdots + (a^{1/(2n+1)} - a^{1/(2n-1)})$

$= a^{1/(2n+1)} - a \to 1 - a(n\to\infty)$

故该级数收敛于 $1-a$,应选(D).

【温馨提示】判断级数敛散性以及收敛于何值为常考题型,注意对此种类型题目解题方法和步骤的掌握.

二、填空题

7. **知识点窍** 本题主要考查级数收敛域的计算.

解题过程 注意 $\lim_{n\to\infty}\sqrt[n]{|u_n(x)|}$

$= \lim_{n\to\infty}\frac{(-1)^{\frac{n-1}{n}}}{\sqrt[n]{2n-1}}\left|\frac{1-x}{1+x}\right| = \left|\frac{1-x}{1+x}\right|$

当 $\left|\frac{1-x}{1+x}\right|<1$,即 $x>0$ 时,

原级数 $\sum_{n=1}^{\infty}\frac{(-1)^{n-1}}{2n-1}\left(\frac{1-x}{1+x}\right)^n$ 绝对收敛;

当 $\left|\frac{1-x}{1+x}\right|>1$,即 $x<0$ 时,原级数发散($x=-1$ 除外),因为一般项不是无穷小量;

当 $x=0$ 时,

原级数 $\sum_{n=1}^{\infty}\frac{(-1)^{n-1}}{2n-1}\left(\frac{1-x}{1+x}\right)^n$ 为收敛的交错级数.

因此,级数 $\sum_{n=1}^{\infty}\frac{(-1)^{n-1}}{2n-1}\left(\frac{1-x}{1+x}\right)^n$ 的收敛域为 $[0,+\infty)$.

【温馨提示】求级数的收敛域为常考题型,注意对几种求级数收敛域的方法的掌握.

8. **知识点窍** 本题主要考查幂级数收敛域的计算.

解题过程 $a>b$ 时,有

$\frac{a_{n+1}}{a_n} = \frac{a^n + b^n}{a^{n+1} + b^{n+1}}$

$= \frac{1}{a} \cdot \frac{1+\left(\frac{b}{a}\right)^n}{1+\left(\frac{b}{a}\right)^{n+1}} \sim \frac{1}{a}(n\to\infty)$

$a<b$ 时,有

$\frac{a_{n+1}}{a_n} = \frac{a^n + b^n}{a^{n+1} + b^{n+1}}$

$= \frac{1}{b} \cdot \frac{1+\left(\frac{a}{b}\right)^n}{1+\left(\frac{a}{b}\right)^{n+1}} \sim \frac{1}{b}(n\to\infty)$

因此,该幂级数的收敛半径为 $R = \max\{a,b\}$.

当 $x=\pm R$ 时,该幂级数化为 $\sum_{n=0}^{\infty}\frac{(\pm R)^n}{a^n+b^n}$,因 $u_n=(\pm 1)^n\frac{R^n}{a^n+b^n}\sim 0(n\to\infty)$

所以,该级数发散.

总之,幂级数 $\sum_{n=0}^{\infty}\frac{x^n}{a^n+b^n}$ 的收敛区间为 $(-R,R)$.

【温馨提示】求级数的收敛域为常考题型,注意对不同类型级数求解收敛域的方法的掌握.

9. **知识点窍** 本题主要考查级数敛散性的判断.

解题过程 采用比较判别法的极限形式.先改写 $\frac{1}{n}-\ln\frac{n+1}{n}=\frac{1}{n}-\ln\left(1+\frac{1}{n}\right)$

方法一 用泰勒公式确定 $\frac{1}{n}-\ln\left(1+\frac{1}{n}\right)$ 关于 $\frac{1}{n}$ 的阶.由于

$\frac{1}{n}-\ln\left(1+\frac{1}{n}\right)=\frac{1}{n}-\left[\frac{1}{n}-\frac{1}{2n^2}+o\left(\frac{1}{n^2}\right)\right]$
$=\frac{1}{2n^2}+o\left(\frac{1}{n^2}\right)\sim\frac{1}{2n^2}(n\to\infty)$,

所以 $\sum_{n=1}^{\infty}\left(\frac{1}{n}-\ln\frac{n+1}{n}\right)$ 收敛.

方法二 转化为考查无穷小量 $x-\ln(1+x)$ 当 $x\to 0$ 时关于 x 的阶.由

$\lim_{x\to 0}\frac{x-\ln(1+x)}{x^{\alpha}}=\lim_{x\to 0}\frac{1-\frac{1}{1+x}}{\alpha x^{\alpha-1}}$
$=\lim_{x\to 0}\frac{x}{\alpha x^{\alpha-1}(1+x)}\stackrel{\alpha=2}{=}\frac{1}{2}$

$\Rightarrow x-\ln(1+x)\sim\frac{1}{2}x^2$

$\Rightarrow \frac{1}{n}-\ln\left(1+\frac{1}{n}\right)\sim\frac{1}{2n^2}$. 因此原级数收敛.

【温馨提示】判断级数敛散性为常考题型,注意对几种常用的判断级数敛散性方法的掌握.

10. **知识点窍** 本题主要考查级数收敛域及和函数的计算.

解题过程 由于

$\left|\frac{a_{n+1}}{a_n}\right|=\frac{n}{n+1}x(n\to\infty)$

所以,该幂级数收敛半径 $R=1$.

$x=-1$ 时,级数 $\sum_{n=1}^{\infty}\frac{(-1)^n}{n}$ 收敛;

$x=1$ 时,级数 $\sum_{n=1}^{\infty}\frac{1}{n}$ 发散.

因此,该幂级数收敛域为 $[-1,1)$

由于

$\frac{1}{1-x}=\sum_{n=0}^{\infty}x^n,x\in(-1,1)$

及幂级数在收敛区间内的逐项可积性,可得

$\int_0^x\frac{1}{1-x}dx=\sum_{n=0}^{\infty}\left(\int_0^x x^n dx\right)$
$=\sum_{n=0}^{\infty}\frac{1}{n+1}x^{n+1}=\sum_{n=1}^{\infty}\frac{1}{n}x^n,x\in(-1,1)$

因此,原幂级数的和函数为

$\sum_{n=1}^{\infty}\frac{1}{n}x^n=S(x)=\int_0^x\frac{1}{1-x}dx=\ln(1-x),x\in(-1,1)$.

另外,由连续性可知,$x=-1$ 时,有

$\sum_{n=1}^{\infty}\frac{1}{n}(-1)^n=S(-1)=-\ln 2$.

【温馨提示】本题属于基本题型,注意级数收敛域及和函数的求解方法.

11. **知识点窍** 本题主要考查函数在制定点处的泰勒展开式.

解题过程 **方法一** $f(0)=0,f'(x)=\frac{1}{\cos^2 x}$,

$f'(0)=1,f''(x)=\frac{2\sin x}{\cos^3 x}$,

$f''(0)=0,f'''(x)=\frac{6\sin^2 x}{\cos^4 x}+\frac{2}{\cos^2 x},f'''(0)=2$,

$\Rightarrow f(x)=f(0)+f'(0)x+\frac{1}{2}f''(0)x^2$
$\qquad+\frac{1}{3!}f'''(0)x^3+o(x^3)$,

即 $\tan x=x+\frac{1}{3}x^3+o(x^3)$.

方法二 设 $\tan x=A_0+A_1x+A_2x^2+A_3x^3$
$\qquad +o(x^3)$
$\qquad =A_1x+A_3x^3+o(x^3)$

($\tan x$ 为奇函数,$A_0=0,A_2=0$),

又 $\tan x=\frac{\sin x}{\cos x}=\frac{x-\frac{1}{6}x^3+o(x^3)}{1-\frac{1}{2}x^2+o(x^3)}$,则

$[A_1x+A_3x^3+o(x^3)]\left[1-\frac{1}{2}x^2+o(x^3)\right]$
$=x-\frac{1}{6}x^3+o(x^3)$,

即 $A_1x+\left(A_3-\frac{1}{2}A_1\right)x^3+o(x^3)$
$=x-\frac{1}{6}x^3+o(x^3)$.

比较系数可得 $A_1 = 1$,

$A_3 - \frac{1}{2}A_1 = -\frac{1}{6} \Rightarrow A_1 = 1, A_3 = \frac{1}{3}$.

因此, $\tan x = x + \frac{1}{3}x^3 + o(x^3)$.

【温馨提示】 级数在某点处的泰勒展开式为常考题型,注意对解题步骤和方法的掌握.

12. **知识点窍** 本题主要考查函数的幂级数展开式及收敛域的求解.

    解题过程 已知 $(1+x)^\alpha$

    $= 1 + \sum_{n=1}^{\infty} \frac{\alpha \cdot (\alpha-1) \cdots (\alpha-n+1)}{n!} x^n, x \in (-1, 1)$

    在上式中令 $\alpha = -\frac{1}{2}$,则有

    $\frac{1}{\sqrt{1-x^2}} = [1 + (-x^2)]^{-\frac{1}{2}} = 1 + \sum_{n=1}^{\infty} \frac{1}{n!} \cdot$

    $\left[\left(-\frac{1}{2}\right)\left(-\frac{1}{2}-1\right) \cdots \left(-\frac{1}{2}-n+1\right)\right] x^{2n}$

    $= 1 + \sum_{n=1}^{\infty} \frac{(-1)^n [1 \cdot 3 \cdot 5 \cdots (2n-1)]}{n! 2^n} x^{2n}$,

    $(-x^2) \in (-1, 1)$

    所以

    $f(x) = \frac{x^2}{\sqrt{1-x^2}}$

    $= x^2 + \sum_{n=1}^{\infty} \frac{(-1)^n [1 \cdot 3 \cdot 5 \cdots (2n-1)]}{n! 2^n} x^{2n+2}$,

    $x \in (-1, 1)$

    收敛域为 $(-1, 1)$.

    【温馨提示】 本题属于基本题型,注意对函数展开成幂级数的方法的掌握.

三、解答题

13. **知识点窍** 本题属于基本题型,主要考查级数敛散性的判断.

    解题过程 (1) 由于 $\left|\frac{\sin \frac{n\pi}{3}}{n^2}\right| \leq \frac{1}{n^2}$,

    而级数 $\sum \frac{1}{n^2}$ 收敛,

    利用比较判别法即知 $\sum_{n=1}^{\infty} \left|\frac{\sin \frac{n\pi}{3}}{n^2}\right|$ 收敛,所以原级数绝对收敛.

    (2) 由于 n 充分大时, $0 < \frac{x}{n} < \frac{\pi}{2}, \sin \frac{x}{n} > 0$,

    所以此级数为交错级数,且满足莱布尼兹判别法

的两个条件,这说明原级数 $\sum_{n=1}^{\infty} (-1)^{n-1} \sin \frac{x}{n}$ 收敛,又由于 $\left|\sin \frac{x}{n}\right| \sim \frac{|x|}{n} (n \to \infty)$,

所以,级数 $\sum_{n=1}^{\infty} \left|(-1)^{n-1} \sin \frac{x}{n}\right| = \sum_{n=1}^{\infty} \left|\sin \frac{x}{n}\right|$ 发散. 原级数 $\sum_{n=1}^{\infty} (-1)^{n-1} \sin \frac{x}{n}$ 条件收敛.

(3) 注意到 $\sum_{n=1}^{\infty} (-1)^{n-1} \frac{\sin \frac{1}{n} + 1}{n}$

$= \sum_{n=1}^{\infty} \left[(-1)^{n-1} \frac{\sin \frac{1}{n}}{n} + (-1)^{n-1} \frac{1}{n}\right]$,

而前一级数 $\sum_{n=1}^{\infty} (-1)^{n-1} \frac{\sin \frac{1}{n}}{n}$ 绝对收敛.

(因为 $\left|\frac{(-1)^{n-1} \sin \frac{1}{n}}{n}\right| = \frac{\sin \frac{1}{n}}{n} \sim \frac{1}{n^2}$),

后一级数 $\sum_{n=1}^{\infty} (-1)^{n-1} \frac{1}{n}$ 条件收敛,

故原级数条件收敛.

【温馨提示】 级数敛散性的判断属于基本题型,注意对各种级数敛散性判断方法的掌握,同时应掌握复合级数敛散性判断方法.

14. **知识点窍** 本题主要考查级数敛散性的判断.

    解题过程 因为

    $\frac{u_{n+1}}{u_n} = \frac{(n+1)! x^{n+1}}{(n+1)^{n+1}} \cdot \frac{n^n}{n! x^n}$

    $= \left(\frac{n}{n+1}\right)^n x \to \frac{x}{e} (n \to \infty)$

    所以,由比值判别法可知:

    $\frac{x}{e} < 1$,即 $0 < x < e$ 时,级数 $\sum_{n=1}^{\infty} \frac{n!}{n^n} x^n$ 收敛;

    $\frac{x}{e} > 1$,即 $x > e$ 时,级数 $\sum_{n=1}^{\infty} \frac{n!}{n^n} x^n$ 发散.

    另外, $x = e$ 时,原级数化为

    $\sum_{n=1}^{\infty} \frac{n!}{n^n} e^n = \sum_{n=1}^{\infty} \left(\frac{e}{n}\right)^n \cdot n!$

    因为

    $\frac{u_{n+1}}{u_n} = \left(\frac{e}{n+1}\right)^{n+1} (n+1)! \cdot \frac{1}{\left(\frac{e}{n}\right)^n n!}$

    $= \frac{e}{\left(1 + \frac{1}{n}\right)^n}$

    而 $\left(1 + \frac{1}{n}\right)^n < 3$

故有

$$\frac{u_{n+1}}{u_n} > \frac{e}{3} \Rightarrow 3u_{n+1} - eu_n > 0$$

设 $\lim\limits_{n\to\infty} u_n = A$,则对上式两边取极限,有

$$3A - eA = (3-e)A > 0$$

由此得 $\lim\limits_{n\to\infty} u_n = A > 0 (u_n \neq 0)$.

因此,$x = e$ 时,级数 $\sum\limits_{n=1}^{\infty} \frac{n!}{n^n} e^n$ 发散.

综上所述,级数 $\sum\limits_{n=1}^{\infty} \frac{n!}{n^n} x^n (x > 0)$,

当 $0 < x < e$ 时,收敛;

当 $x \geq e$ 时,发散.

【温馨提示】 本题主要运用了比值求解法来判断级数的敛散性.

15. **知识点窍** 本题主要考查交错级数的收敛性的判断.

解题过程 对于交错级数先要讨论其是否绝对收敛. 这里 $u_n \geq u_{n+1}$ 不总是成立的,也就是说不满足莱布尼茨判别法的条件,当其不是绝对收敛时,莱布尼茨判别法就不能使用,可考虑直接用定义讨论其收敛性或利用收敛级数的性质.

为判断其是否绝对收敛,采用极限形式的比较判别法,由于

$$\lim_{n\to\infty} \left| \frac{(-1)^n}{[n+(-1)^n]^p} \right| \bigg/ \frac{1}{n^p} = \lim_{n\to\infty} \frac{1}{[1+(-1)^n/n]^p} = 1,$$

所以,当 $p > 1$ 时,级数 $\sum\limits_{n=2}^{\infty} \frac{(-1)^n}{[n+(-1)^n]^p}$ 绝对收敛;而当 $p \leq 1$ 时,该级数不绝对收敛.

下面介绍三种方法讨论 $0 < p \leq 1$ 时,是否条件收敛.

方法一 考查部分和 S_n 的极限是否存在.

先考虑部分和数列的偶数项,即

$$S_{2n} = \frac{1}{3^p} - \frac{1}{2^p} + \frac{1}{5^p} - \frac{1}{4^p} + \cdots + \frac{1}{(2n+1)^p} - \frac{1}{(2n)^p}$$

$$= -\left[\left(\frac{1}{2^p} - \frac{1}{3^p}\right) + \left(\frac{1}{4^p} - \frac{1}{5^p}\right)\right.$$

$$\left. + \cdots + \left(\frac{1}{(2n)^p} - \frac{1}{(2n+1)^p}\right)\right].$$

注意到等式右端的每一项 $\frac{1}{2^p} - \frac{1}{3^p}, \frac{1}{4^p} - \frac{1}{5^p}, \cdots,$ $\frac{1}{(2n)^p} - \frac{1}{(2n+1)^p}$ 都是正的,

所以 $S_{2n} < 0$,而且单调递减,又由于

$$-S_{2n} = \left(\frac{1}{2^p} - \frac{1}{3^p}\right) + \left(\frac{1}{4^p} - \frac{1}{5^p}\right) + \cdots$$

$$+ \left[\frac{1}{(2n)^p} - \frac{1}{(2n+1)^p}\right]$$

$$< \left(\frac{1}{2^p} - \frac{1}{4^p}\right) + \left(\frac{1}{4^p} - \frac{1}{6^p}\right) + \cdots$$

$$+ \left[\frac{1}{(2n)^p} - \frac{1}{(2n+2)^p}\right]$$

$$= \frac{1}{2^p} - \frac{1}{(2n+2)^p} < \frac{1}{2^p},$$

亦即 $S_{2n} > -\frac{1}{2^p}$,

这就说明 $\{S_{2n}\}$ 是单调递减有下界的,所以其极限存在,设 $\lim\limits_{n\to\infty} S_{2n} = S$.

又由于

$$\lim_{n\to\infty} u_n = \lim_{n\to\infty} \frac{(-1)^n}{[n+(-1)^n]^p} = 0,$$

因此 $\lim\limits_{n\to\infty} S_{2n+1} = \lim\limits_{n\to\infty}(S_{2n} + u_{2n+1}) = S$,

即 $\lim\limits_{n\to\infty} S_n = S$.

亦即级数 $\sum\limits_{n=2}^{\infty} \frac{(-1)^n}{[n+(-1)^n]^p}$ 的部分和数列收敛,所以该级数收敛.

这说明 $0 < p \leq 1$ 时,该级数条件收敛.

方法二 考查两两添加括号后的级数

$$\left(\frac{1}{3^p} - \frac{1}{2^p}\right) + \left(\frac{1}{5^p} - \frac{1}{4^p}\right) + \cdots +$$

$$\left[\frac{1}{(2n+1)^p} - \frac{1}{(2n)^p}\right],$$

它的一般项

$$v_n = \frac{1}{(2n+1)^p} - \frac{1}{(2n)^p}$$

$$= -\frac{1}{(2n)^p} \cdot \frac{\left(1+\frac{1}{2n}\right)^p - 1}{\left(1+\frac{1}{2n}\right)^p} \sim -\frac{1}{2^p n^p} \cdot \frac{p}{2n}$$

$$= -\frac{p}{2^{p+1}} \cdot \frac{1}{n^{p+1}},$$

因 $\sum\limits_{n=1}^{\infty} \frac{p}{2^{p+1}} \cdot \frac{1}{n^{p+1}}$ 收敛 $\Rightarrow \sum\limits_{n=1}^{\infty}(-v_n)$ 收敛 $\Rightarrow \sum\limits_{n=1}^{\infty} v_n$ 收敛,又因

$$\lim_{n\to\infty} u_n = \lim_{n\to\infty} \frac{(-1)^n}{[n+(-1)^n]^p} = 0,$$

所以原级数收敛.

因此 $0 < p \leq 1$ 时该级数条件收敛.

方法三 原级数 $= \frac{1}{3^p} - \frac{1}{2^p} + \frac{1}{5^p} - \frac{1}{4^p} + \cdots +$ $\frac{1}{(2n+1)^p} - \frac{1}{(2n)^p}$

注意,奇偶项互换后的新级数是

$$-\frac{1}{2^p} + \frac{1}{3^p} - \frac{1}{4^p} + \frac{1}{5^p} - \cdots - \frac{1}{(2n)^p} + \frac{1}{(2n+1)^p}$$

$$= -\sum_{n=1}^{\infty} (-1)^{n-1} u_n$$

显然，一般项 u_n 是单调下降趋于零的.

于是，由莱布尼茨判别法知，新级数收敛.

因为 $\dfrac{(-1)^n}{[n+(-1)^n]^p} \to 0 (n \to \infty)$，所以原级数收敛.

【温馨提示】关于交错级数敛散性，首先需用莱布尼茨公式去判断，如果不满足条件，应尝试从定义出发去证明，注意对不同判断方法的掌握.

16. **知识点窍** 本题主要考查级数的收敛域及和函数的计算方法.

解题过程 由于 $\dfrac{a_{n+1}}{a_n} = \dfrac{n(n+1)}{(n+1)(n+2)}$

$$= \dfrac{n}{n+2} \sim 1 (n \to \infty)$$

所以，该幂级数收敛半径 $R = 1$.

$x = -1$ 或 1 时，

得级数 $\sum_{n=1}^{\infty} \dfrac{(-1)^n}{n(n+1)}$ 或 $\sum_{n=1}^{\infty} \dfrac{1}{n(n+1)}$，显然，这两个级数都收敛.

因此，该幂级数收敛域为 $[-1, 1]$.

设 $S(x) = \sum_{n=1}^{\infty} \dfrac{x^n}{n(n+1)}$，则

$$S(x) = \sum_{n=1}^{\infty} \left(\dfrac{1}{n} - \dfrac{1}{n+1}\right) x^n$$

$$= \sum_{n=1}^{\infty} \dfrac{1}{n} x^n - \dfrac{1}{x} \sum_{n=1}^{\infty} \dfrac{1}{n+1} x^{n+1} (x \neq 0)$$

其中

$$\sum_{n=1}^{\infty} \dfrac{1}{n} x^n = -\ln(1-x)$$

$$\sum_{n=1}^{\infty} \dfrac{1}{n+1} x^{n+1} = \sum_{n=1}^{\infty} \dfrac{1}{n} x^n - x = -\ln(1-x) - x$$

所以，该级数的和函数为：

$$S(x) = \sum_{n=1}^{\infty} \dfrac{x^n}{n(n+1)}$$

$$= -\ln(1-x) - \dfrac{1}{x}[-\ln(1-x) - x]$$

$$= 1 + \left(\dfrac{1}{x} - 1\right)\ln(1-x)$$

$$= 1 + \dfrac{1-x}{x}\ln(1-x), x \in (-1, 0) \cup (0, 1).$$

最后，显然有

$S(0) = 0$

$S(1) = \lim\limits_{x \to 1} S(x) = 1$

$S(-1) = \lim\limits_{x \to (-1)} S(x) = 1 - 2\ln 2$

综上所述，得

$$S(x) = \begin{cases} 1 + \dfrac{1-x}{x}\ln(1-x), x \in (-1, 0) \cup (0, 1) \\ 0, x = 0 \\ 1, x = 1 \\ 1 - 2\ln 2, x = -1. \end{cases}$$

【温馨提示】本题属于基本题型，求级数的收敛域，首先求级数的收敛半径，然后求解.注意对解题步骤及方法的掌握.

17. **知识点窍** 本题主要考查幂级数展开式及 n 阶导数的计算.

解题过程 这两个小题除了作级数展开之外还涉及分析运算，其中一个含有求导，一个含有积分.像这样的题目，到底是应该先展开，后做分析运算，还是应该先做分析运算，后展开呢？一般说应该先展开，因为展开后的分析运算就是逐项求导、逐项积分，特别简便，而且对某些题目也必须先展开，比如：(2) 小题就是如此.

(1) 因 $\dfrac{e^x - 1}{x} = \dfrac{1}{x} \sum_{n=1}^{\infty} \dfrac{x^n}{n!}$

$$= \sum_{n=1}^{\infty} \dfrac{x^{n-1}}{n!}, -\infty < x < +\infty, x \neq 0.$$

又 $\left(\sum_{n=1}^{\infty} \dfrac{x^{n-1}}{n!}\right)\bigg|_{x=0} = 1$

故

$$g(x) = \sum_{n=1}^{\infty} \dfrac{x^{n-1}}{n!} (-\infty < x < +\infty).$$

$$f(x) = \dfrac{d}{dx} g(x) = \sum_{n=2}^{\infty} \dfrac{n-1}{n!} x^{n-2}$$

$$= \sum_{n=0}^{\infty} \dfrac{n+1}{(n+2)!} x^n, 其中 -\infty < x < +\infty.$$

$$f^{(n)}(0) = \dfrac{n+1}{(n+2)!} n! = \dfrac{1}{n+2} (n=1, 2, 3, \cdots).$$

(2) 由 $\dfrac{\sin x}{x} = \sum_{n=0}^{\infty} (-1)^n \dfrac{x^{2n}}{(2n+1)!} (-\infty < x < +\infty)$ 逐项积分得

$$f(x) = \int_0^x \dfrac{\sin t}{t} dt = \sum_{n=0}^{\infty} (-1)^n \int_0^x \dfrac{t^{2n}}{(2n+1)!} dt$$

$$= \sum_{n=0}^{\infty} \dfrac{(-1)^n x^{2n+1}}{(2n+1)!(2n+1)} (-\infty < x < +\infty)$$

由此又得

$f^{(2n)}(0) = 0 (n = 1, 2, 3, \cdots)$,

$$f^{(2n+1)}(0) = \dfrac{(-1)^n}{(2n+1)!(2n+1)} \cdot (2n+1)!$$

$$= \dfrac{(-1)^n}{2n+1} (n = 0, 1, 2, \cdots)$$

【温馨提示】解决本题的关键是对原式进行分析,采用先展开,后逐项求导、求积分运算.注意对解题步骤和方法的掌握.

18. **知识点窍** 本题主要考查级数收敛域及部分和的计算.

    解题过程 因为
    $$\left|\frac{u_{n+1}}{u_n}\right| = \frac{2n+1}{2^{n+1}}|x|^{2n} \cdot \frac{2^n}{(2n-1)|x|^{2n-2}}$$
    $$= \frac{1}{2} \cdot \frac{2n+1}{2n-1} \cdot |x|^2 \to \frac{1}{2}x^2 \ (n \to \infty)$$

    所以,$|x| < \sqrt{2}$ 时,该级数收敛.

    $|x| = \sqrt{2}$ 时,得级数 $\sum_{n=1}^{\infty} \frac{2n-1}{2}$,显然发散.

    因此,该级数的收敛域为 $(-\sqrt{2}, \sqrt{2})$.

    设 $S(x) = \sum_{n=1}^{\infty} \frac{2n-1}{2^n} x^{2n-2}$,则
    $$\int_0^x S(t)dt = \sum_{n=1}^{\infty} \frac{2n-1}{2^n} \int_0^x t^{2n-2} dt$$
    $$= \sum_{n=1}^{\infty} \frac{1}{2^n} x^{2n-1}, \ |x| < \sqrt{2}$$

    上式两边同乘以 x,得
    $$x\int_0^x S(t)dt = \sum_{n=1}^{\infty} \frac{1}{2^n} x^{2n}$$
    $$= \sum_{n=1}^{\infty} \left(\frac{x^2}{2}\right)^n$$
    $$= \sum_{n=0}^{\infty} \left(\frac{x^2}{2}\right)^n - 1$$
    $$= \frac{1}{1-\frac{x^2}{2}} - 1 = \frac{x^2}{2-x^2}, \ |x| < \sqrt{2}$$

    由此得
    $$\int_0^x S(t)dt = \frac{x}{2-x^2}, \ |x| < \sqrt{2}$$
    $$S(x) = \left(\frac{x}{2-x^2}\right)' = \frac{2+x^2}{(2-x^2)^2}, \ |x| < \sqrt{2}$$

    由于 $x = 1 \in (-\sqrt{2}, \sqrt{2})$,故得
    $$S(1) = \sum_{n=1}^{\infty} \frac{2n-1}{2^n} = \frac{2+1^2}{(2-1)^2} = 3.$$

    【温馨提示】解决本题的关键是在计算过程中对原式进行合理的转化,注意对解题思想及方法的掌握.

19. **知识点窍** 本题主要考查有关级数收敛的证明.

    解题过程 **分析一** 分析泰勒公式

    首先由 $\lim_{x \to 0} \frac{f(x)}{x} = 0$ 可知:$\lim_{x \to 0} f(x) = f(0) = 0$,

    而且 $\lim_{x \to 0} \frac{f(x)}{x} = \lim_{x \to 0} \frac{f(x) - f(0)}{x} = f'(0) = 0$

    这样,利用函数 $f(x)$ 的一阶泰勒公式,就有
    $$f(x) = f(0) + f'(0)x + \frac{f''(\theta x)}{2!}x^2$$
    $$= \frac{1}{2} f''(\theta x) x^2, 0 < \theta < 1$$

    而且,因为 $f(x)$ 在 $x = 0$ 的某一领域内有连续的二阶导数,因此存在正数 M,使 $|f''(x)| \leq M$ 在此领域内成立,并且当 n 充分大时
    $$\left|f\left(\frac{1}{n}\right)\right| = \frac{1}{2}\left|f''\left(\frac{\theta}{n}\right)\right|\frac{1}{n^2} \leq \frac{M}{2}\frac{1}{n^2}$$

    注意到级数 $\sum_{n=1}^{\infty} \frac{1}{n^2}$ 收敛,

    由比较判别法即知 $\sum_{n=1}^{\infty} f\left(\frac{1}{n}\right)$ 绝对收敛.

    分析二 利用洛必达法则

    上面已经说明 $f'(0) = 0$,再根据二阶导数连续性的假设,即知
    $$\lim_{x \to 0} f'(x) = f'(0) = 0,$$

    而且可以利用洛必达法则计算极限:
    $$\lim_{x \to 0} \frac{f(x)}{x^2} = \lim_{x \to 0} \frac{f'(x)}{2x} = \lim_{x \to 0} \frac{f''(x)}{2} = \frac{1}{2}f''(0).$$

    这就说明:在 $x = 0$ 的某一领域内 $\frac{f(x)}{x^2}$ 有界,

    从而当 n 充分大时,$\left|f\left(\frac{1}{n}\right)\right| \leq k\frac{1}{n^2}$,其中 k 为某一正常数.

    再利用比较判别法,即知级数 $\sum_{n=1}^{\infty} f\left(\frac{1}{n}\right)$ 绝对收敛.

    【温馨提示】解决本题的关键是对泰勒公式和洛必达法则的应用,注意对不同证明方法的掌握.

20. **知识点窍** 本题主要考查含积分的级数的运算.

    解题过程 **分析一** 先求 a_n
    $$a_n \xlongequal{\text{分部积分}} \int_0^1 \frac{1}{n+1} x^2 d(1-x)^{n+1}$$
    $$= \frac{2}{n+1} \int_0^1 x(1-x)^{n+1} dx$$
    $$\xlongequal{\text{分解}} \frac{2}{n+1}\left[\int_0^1 (x-1)(1-x)^{n+1}dx + \int_0^1 (1-x)^{n+1}dx\right]$$
    $$= \frac{2}{n+1}\left[\frac{1}{n+3}(1-x)^{n+3}\Big|_0^1 - \frac{1}{n+2}(1-x)^{n+2}\Big|_0^1\right]$$
    $$= \frac{2}{n+1}\left(\frac{1}{n+2} - \frac{1}{n+3}\right)$$
    $$= 2\left(\frac{1}{n+1} - \frac{1}{n+2}\right) - \left(\frac{1}{n+1} - \frac{1}{n+3}\right)$$

$$= \frac{1}{n+1} - \frac{2}{n+2} + \frac{1}{n+3}$$

再求

$$\sum_{k=1}^{n} a_k = \sum_{k=1}^{n}\left(\frac{1}{k+1} - \frac{1}{k+2}\right) - \sum_{k=1}^{n}\left(\frac{1}{k+2} - \frac{1}{k+3}\right)$$

$$= \left(\frac{1}{2} - \frac{1}{n+2}\right) - \left(\frac{1}{3} - \frac{1}{n+3}\right) \xrightarrow{n \to \infty} \frac{1}{2} - \frac{1}{3}$$

$$= \frac{1}{6}$$

分析二 先求 a_n

$$a_n = -\frac{1}{n+1}\int_0^1 x^2 \mathrm{d}(1-x)^{n+1}$$

$$= \frac{2}{n+1}\int_0^1 x(1-x)^{n+1}\mathrm{d}x$$

$$= -\frac{2}{(n+1)(n+2)}\int_0^1 x\mathrm{d}(1-x)^{n+2}$$

$$= \frac{2}{(n+1)(n+2)}\int_0^1 (1-x)^{n+2}\mathrm{d}x$$

$$= \frac{2}{(n+1)(n+2)(n+3)}.$$

考查 $S(x) = \sum_{n=1}^{\infty}\frac{x^{n+3}}{(n+1)(n+2)(n+3)}$，收敛域为 $[-1,1]$，

$$S^{(3)}(x) = \sum_{n=1}^{\infty} x^n = \frac{x}{1-x}, x \in (-1,1),$$

$$S^{(0)} = S'(0) = S''(0) = 0,$$

$$S''(x) = \int_0^x \frac{t}{1-t}\mathrm{d}t = \int_0^x \left(-1 + \frac{1}{1-t}\right)\mathrm{d}t$$

$$= -x - \ln(1-x),$$

$$S'(x) = -\int_0^x \ln(1-t)\mathrm{d}t - \frac{1}{2}x^2$$

$$= -x\ln(1-x) - \int_0^x \frac{t}{1-t}\mathrm{d}t - \frac{1}{2}x^2$$

$$= -x\ln(1-x) + \ln(1-x) + x - \frac{1}{2}x^2$$

$$= (1-x)\ln(1-x) + x - \frac{1}{2}x^2$$

$$S(x) = \int_0^x (1-t)\ln(1-t)\mathrm{d}t + \frac{1}{2}x^2 - \frac{1}{6}x^3.$$

注意：$x = 1$ 处也成立.

$$\sum_{n=1}^{\infty} a_n = 2S(1) = 2\int_0^1 (1-t)\ln(1-t)\mathrm{d}t + 1 - \frac{1}{3}$$

$$= -\int_0^1 \ln(1-t)\mathrm{d}(1-t)^2 + \frac{2}{3}$$

$$= -\int_0^1 (1-t)\mathrm{d}t + \frac{2}{3}$$

$$= \frac{1}{2}(1-t)^2 \Big|_0^1 + \frac{2}{3}$$

$$= \frac{2}{3} - \frac{1}{2} = \frac{1}{6}.$$

> **【温馨提示】** 解决本题的关键是求出 a_n 的表达式，然后再进行求解，注意对解题方法和步骤的掌握.

第七章　无穷级数同步测试(B)卷解析

一、单项选择题

题号	1	2	3	4	5	6
答案	B	C	C	D	B	C

1. 知识点窍 本题主要考查级数敛散性的判断.

解题过程 用分解法.分解级数的一般项

$$u_n \xlongequal{\text{记}} \frac{(-1)^n n^{n-1}}{n^n + a^n n} = \frac{(-1)^n}{n\left[1 + \left(\frac{a}{n}\right)^n n\right]}$$

$$= \frac{(-1)^n\left[1 + \left(\frac{a}{n}\right)^n n - \left(\frac{a}{n}\right)^n n\right]}{n\left[1 + \left(\frac{a}{n}\right)^n n\right]}$$

$$= \frac{(-1)^n}{n} + \frac{(-1)^{n+1}\left(\frac{a}{n}\right)^n}{1 + \left(\frac{a}{n}\right)^n n}$$

$$\xlongequal{\text{记}} v_n + w_n,$$

因

$$|w_n| = \frac{\left(\frac{a}{n}\right)^n}{1 + \left(\frac{a}{n}\right)^n n} < \left(\frac{a}{n}\right)^n < \left(\frac{1}{2}\right)^n (n > N)$$

$$\left(\lim_{n\to\infty}\frac{a}{n} = 0, \exists N, n > N \text{时}\frac{a}{n} < \frac{1}{2}\right), \sum_{n=1}^{\infty}\left(\frac{1}{2}\right)^n \text{收}$$

敛 $\Rightarrow \sum_{n=1}^{\infty} w_n$ 绝对收敛，

又 $\sum_{n=1}^{\infty} v_n = \sum_{n=1}^{\infty}\frac{(-1)^n}{n}$ 条件收敛，

因此 $\sum_{n=1}^{\infty} u_n = \sum_{n=1}^{\infty}(v_n + w_n)$ 条件收敛.

选(B).

> **【温馨提示】** 本题属于基本题型，解决本题的关键是对原式进行分解，分别判断其敛散性，然后判断其整体的敛散性.注意对此种题目解题方法和步骤的掌握.

2. **知识点窍** 本题主要考查抽象函数敛散性的判断.

   解题过程 因为 $S_n = \sum_{k=1}^{n}(a_k - a_{k+1})$

   $= (a_1 + \cdots + a_n) - (a_2 + \cdots + a_n + a_{n+1})$

   $= a_1 - a_{n+1} \to a_1 - a \ (n \to \infty)$

   所以,级数 $\sum_{n=1}^{\infty}(a_n - a_{n+1})$ 收敛且其和为 $a_1 - a$,故选(C).

   【温馨提示】解决本题的关键是写出函数的表达式,然后通过化简进行计算.注意对此种题目解题方法和步骤的掌握.

3. **知识点窍** 本题主要考查抽象函数的敛散性.

   解题过程 由已知条件 $\Rightarrow$

   $\sum_{n=1}^{\infty}(-1)^{n-1}a_n$

   $= a_1 - a_2 + a_3 - a_4 + \cdots + a_{2n-1} - a_{2n} + \cdots$

   $= \sum_{n=1}^{\infty}(a_{2n-1} - a_{2n})$(收敛级数的结合律)(1)

   由 $\sum_{n=1}^{\infty}(-1)^{n-1}a_n$ 条件收敛 $\Rightarrow \sum_{n=1}^{\infty}a_n$ 发散

   $\Rightarrow \sum_{n=1}^{\infty}a_{2n-1}$ 与 $\sum_{n=1}^{\infty}a_{2n}$ 均发散.

   (若其中之一收敛,由(1) $\Rightarrow$ 另一也收敛 $\Rightarrow \sum_{n=1}^{\infty}a_n$ 收敛,得矛盾.)

   因为

   $\sum_{n=1}^{\infty}b_n = \sum_{n=1}^{\infty}[a_{2n-1} + (a_{2n-1} - a_{2n})]$,

   而 $\sum_{n=1}^{\infty}a_{2n-1}$ 发散,$\sum_{n=1}^{\infty}(a_{2n-1} - a_{2n})$ 收敛,

   故由级数性质知 $\sum_{n=1}^{\infty}b_n$ 发散,选(C).

   【温馨提示】解决本题的关键是将原式分解,然后分别判断其敛散性,结合收敛级数的结合律进行判断.注意对此种问题解题方法和步骤的掌握.

4. **知识点窍** 本题主要考查级数收敛半径的计算.

   解题过程 因为

   $\left|\dfrac{u_{n+1}}{u_n}\right| = \left|\dfrac{a_{n+1}}{a_n}\right| |x|^b \to a \cdot |x|^b \ (x \to \infty)$

   所以,$a \cdot |x|^b < 1$,即 $|x| < \left(\dfrac{1}{a}\right)^{1/b}$ 时,级数收敛,

   收敛半径为 $R = \left(\dfrac{1}{a}\right)^{1/b}$.

   故应选(D).

   【温馨提示】此题属于基本题型,注意掌握级数收敛半径的计算方法.

5. **知识点窍** 本题主要考查级数敛散性的判断.

   解题过程

   $\left|(-1)^n \dfrac{n+a}{n+1} \cdot \dfrac{1}{\sqrt{n}}\right| \sim \dfrac{1}{\sqrt{n}} \Rightarrow$

   $\sum_{n=1}^{\infty}\left|(-1)^n \dfrac{n+a}{n+1} \cdot \dfrac{1}{\sqrt{n}}\right|$ 发散.

   又 $\dfrac{(-1)^n(n+a)}{n+1} \cdot \dfrac{1}{\sqrt{n}}$

   $= (-1)^n \dfrac{n+1+(a-1)}{n+1} \cdot \dfrac{1}{\sqrt{n}}$

   $= \dfrac{(-1)^n}{\sqrt{n}} + (a-1)\dfrac{(-1)^n}{(n+1)\sqrt{n}}$,

   由莱布尼茨法则,$\dfrac{(-1)^n}{\sqrt{n}}$,$\dfrac{(-1)^n}{(n+1)\sqrt{n}}$ 均收敛 $\Rightarrow$ 原级数收敛.

   因此是条件收敛,选(B).

   【温馨提示】判断级数的敛散性为常考题型,应注意对判断级数敛散性方法的掌握及灵活应用.

6. **知识点窍** 本题主要考查级数收敛的充分必要条件.

   解题过程 (A) 是级数收敛的必要条件,而不是充分条件.

   (B) 既不是必要条件也不是充分条件.

   (D) 是充分条件而不是必要条件.

   因而只有(C) 是充分必要条件.

   【温馨提示】注意对本题结论的掌握.

二、填空题

7. **知识点窍** 本题主要考查级数收敛域的计算.

   解题过程 使用比值判别法,则有

   $\lim_{n \to \infty}\left|\dfrac{u_{n+1}(x)}{u_n(x)}\right| = \lim_{n \to \infty}\left|\dfrac{\frac{1}{1+x^{n+1}}}{\frac{1}{1+x^n}}\right| = \lim_{n \to \infty}\left|\dfrac{1+x^n}{1+x^{n+1}}\right|$

   $= \begin{cases} 1, & \text{若 } |x| \leq 1, x \neq -1, \\ \left|\dfrac{1}{x}\right| & \text{若 } |x| > 1. \end{cases}$

   这就说明:当 $|x| > 1$,级数 $\sum_{n=1}^{\infty}\dfrac{1}{1+x^n}$ 收敛,而且绝对收敛;

   然而,当 $|x| \leq 1$ 且 $x \neq -1$ 时,比值判别法失效.

但是，当 $|x|<1$ 时，$\lim u_n(x)=\lim\dfrac{1}{1+x^n}=1$；

当 $x=1$ 时，$u_n(x)=\dfrac{1}{2}(n=1,2,\cdots)$，

都不满足级数收敛的必要条件，

所以，级数 $\sum\limits_{n=1}^{\infty}\dfrac{1}{1+x^n}$ 的收敛域为 $|x|>1$.

【温馨提示】 本题采用比值判别法来求级数的收敛域，注意对此方法的掌握和应用.

8. **知识点窍** 本题主要考查幂级数收敛域的求解.
   解题过程 令 $t=x+1$，则
   原幂级数 $=\sum\limits_{n=1}^{\infty}\dfrac{3^n+(-2)^n}{n}\cdot t^n$
   由于
   $\left|\dfrac{a_{n+1}}{a_n}\right|=\dfrac{3^{n+1}+(-2)^{n+1}}{n+1}\cdot\dfrac{n}{3^n+(-2)^n}$
   $=\dfrac{n}{n+1}\cdot\dfrac{3-2\cdot\left(-\dfrac{2}{3}\right)^n}{1+\left(-\dfrac{2}{3}\right)^n}\sim 3(n\to\infty)$

   所以，新幂级数收敛半径 $R=\dfrac{1}{3}$.

   $t=-\dfrac{1}{3}$ 时，
   新幂级数 $=\sum\limits_{n=1}^{\infty}\dfrac{3^n+(-2)^n}{n}\cdot\left(-\dfrac{1}{3}\right)^n$
   $=\sum\limits_{n=1}^{\infty}\left[\dfrac{(-1)^n}{n}+\dfrac{1}{n}\cdot\left(\dfrac{2}{3}\right)^n\right]$
   其中，级数 $\sum\limits_{n=1}^{\infty}\dfrac{(-1)^n}{n}$（满足莱布尼茨条件）和
   $\sum\limits_{n=1}^{\infty}\dfrac{1}{n}\cdot\left(\dfrac{2}{3}\right)^n\left(\dfrac{1}{n}\cdot\left(\dfrac{2}{3}\right)^n\leqslant\left(\dfrac{2}{3}\right)^n\right)$ 均收敛，
   所以，级数 $\sum\limits_{n=1}^{\infty}\dfrac{3^n+(-2)^n}{n}\cdot\left(-\dfrac{1}{3}\right)^n$ 收敛.

   $t=\dfrac{1}{3}$ 时，
   新幂级数 $=\sum\limits_{n=1}^{\infty}\left[\dfrac{1}{n}+\dfrac{(-1)^n}{n}\cdot\left(\dfrac{2}{3}\right)^n\right]$
   其中，级数 $\sum\limits_{n=1}^{\infty}\dfrac{1}{n}$ 发散，而级数 $\sum\limits_{n=1}^{\infty}\dfrac{(-1)^n}{n}\cdot\left(\dfrac{2}{3}\right)^n$
   收敛. 于是，用反证法可证，级数
   $\sum\limits_{n=1}^{\infty}\dfrac{3^n+(-2)^n}{n}\cdot\left(\dfrac{1}{3}\right)^n$ 发散.

   总之，新幂级数的收敛域为 $\left[-\dfrac{1}{3},\dfrac{1}{3}\right)$. 从而，由 $x=t-1$ 可知，原幂级数 $\sum\limits_{n=1}^{\infty}\dfrac{3^n+(-2)^n}{n}(x+1)^n$
   的收敛域为 $\left[-\dfrac{4}{3},-\dfrac{2}{3}\right)$.

【温馨提示】 解决此题的关键是对原式进行整体代换，求出收敛域后再反代入求解，注意对此解题方法和步骤的掌握.

9. **知识点窍** 本题主要考查级数敛散性的判断.
   解题过程 **方法一** 因为函数 $f(x)=e^{-\sqrt{x}}$ 单调递减，所以
   $0<u_n=\int_n^{n+1}e^{-\sqrt{x}}dx\leqslant\int_n^{n+1}e^{-\sqrt{n}}dx=e^{-\sqrt{n}}$.

   再采用极限形式的比较判别法，即将 $\sum\limits_{n=1}^{\infty}e^{-\sqrt{n}}$ 与收敛

   级数 $\sum\limits_{n=1}^{\infty}\dfrac{1}{n^2}$ 相对较. 由于 $\lim\limits_{n\to\infty}\dfrac{e^{-\sqrt{n}}}{\dfrac{1}{n^2}}=\lim\limits_{n\to\infty}\dfrac{n^2}{e^{\sqrt{n}}}=0$，

   所以，级数 $\sum\limits_{n=1}^{\infty}e^{-\sqrt{n}}$ 收敛.

   再依据上面导出的不等式 $0<u_n\leqslant e^{-\sqrt{n}}$，可知原级数也收敛.

   方法二 这个级数也可直接利用定义判别其收敛性. 这是因为
   $S_n=\sum\limits_{k=1}^{n}\int_k^{k+1}e^{-\sqrt{x}}dx=\int_1^{n+1}e^{-\sqrt{x}}dx$，
   而 $\lim\limits_{n\to\infty}S_n=\lim\limits_{n\to\infty}\int_1^{n+1}e^{-\sqrt{x}}dx=\int_1^{+\infty}e^{-\sqrt{x}}dx$
   $\xrightarrow{t=\sqrt{x}}\int_1^{+\infty}2te^{-t}dt=-2\int_1^{+\infty}tde^{-t}$
   $=-2te^{-t}\Big|_1^{+\infty}+2\int_1^{+\infty}e^{-t}dt$
   $=2e^{-1}+2e^{-1}=4e^{-1}$，
   所以原级数收敛，且其和为 $4e^{-1}$.

【温馨提示】 判断级数敛散性属常考题型，注意对判断级数敛散性不同方法的掌握.

10. **知识点窍** 本题主要考查级数收敛域及和函数的计算.
    解题过程 由于
    $\left|\dfrac{a_{n+1}}{a_n}\right|=\dfrac{(n+1)^2}{n^2}\sim 1(n\to\infty)$
    所以，该幂级数收敛半径 $R=1$.
    $x=\pm 1$ 时，得级数 $\sum\limits_{n=0}^{\infty}(\pm 1)^{n-1}n^2$，显然发散 $(u_n\not\to 0)$.
    因此，该幂级数收敛区间为 $(-1,1)$.
    设 $S(x)=\sum\limits_{n=0}^{\infty}n^2x^{n-1},x\in(-1,1)$，则
    $\int_0^x S(x)dx=\sum\limits_{n=0}^{\infty}n^2\int_0^x x^{n-1}dx=\sum\limits_{n=0}^{\infty}nx^n$

$$= x \cdot \left(\sum_{n=1}^{\infty} n x^{n-1}\right) = x \cdot \sum_{n=0}^{\infty} (n+1) x^n$$

$$= \frac{x}{(1-x)^2}, x \in (-1,1).$$

于是，

$$S(x) = \left(\frac{x}{(1-x)^2}\right)' = \frac{1+x}{(1-x)^3}, x \in (-1,1).$$

即 $\sum_{n=0}^{\infty} n^2 x^{n-1} = \frac{1+x}{(1-x)^3}, x \in (-1,1).$

【温馨提示】求级数的收敛域，先求级数的收敛半径，然后求解收敛域，最后求解和函数.注意对解此种类型题目方法和步骤的掌握及灵活应用.

11. **知识点窍** 本题主要考查函数的幂级数展开式.
    解题过程
    $$f(x) = \frac{1}{x^2 + 3x + 2} = \frac{1}{(x+1)(x+2)}$$
    $$= \frac{1}{x+1} - \frac{1}{x+2}$$
    其中 $\frac{1}{x+1} = \frac{1}{2+(x-1)}$
    $$= \frac{1}{2\left(1 + \frac{x-1}{2}\right)}$$
    $$= \frac{1}{2} \sum_{n=0}^{\infty} (-1)^n \left(\frac{x-1}{2}\right)^n, -1 < x < 3.$$
    又 $\frac{1}{x+2} = \frac{1}{3+(x-1)} = \frac{1}{3\left(1 + \frac{x-1}{3}\right)}$
    $$= \frac{1}{3} \sum_{n=0}^{\infty} (-1)^n \left(\frac{x-1}{3}\right)^n, -2 < x < 4,$$
    所以 $f(x) = \frac{1}{x+1} - \frac{1}{x+2}$
    $$= \sum_{n=0}^{\infty} (-1)^n \left(\frac{1}{2^{n+1}} - \frac{1}{3^{n+1}}\right)(x-1)^n, -1 < x < 3.$$

【温馨提示】本题为基本题型，注意对求函数的幂级数展开式步骤和方法的掌握.

12. **知识点窍** 本题主要考查函数的幂级数展开式及收敛域的求解方法.
    解题过程 因为
    $$\frac{1}{x^2 - 3x + 2} = \frac{1}{(1-x)(2-x)} = \frac{1}{1-x} - \frac{1}{2-x}$$
    $$= \frac{1}{1-x} - \frac{1}{2} \cdot \frac{1}{1 - \frac{x}{2}}$$
    其中
    $$\frac{1}{1-x} = \sum_{n=0}^{\infty} x^n, x \in (-1,1)$$

$$\frac{1}{1 - \frac{x}{2}} = \sum_{n=0}^{\infty} \left(\frac{x}{2}\right)^n, x \in (-2,2)$$

所以 $\frac{1}{x^2 - 3x + 2} = \sum_{n=0}^{\infty} x^n - \frac{1}{2} \sum_{n=0}^{\infty} \frac{1}{2^n} x^n$

$$= \sum_{n=0}^{\infty} \left(1 - \frac{1}{2^{n+1}}\right) x^n, x \in (-1,1)$$

收敛域为 $(-1,1)$.

【温馨提示】对于分式函数求解幂级数展开式，通常先将分式拆分化简，然后根据常用的幂级数展开式求解，注意对此解题步骤及方法的掌握.

三、解答题

13. **知识点窍** 本题主要考查有关级数的证明及敛散性的判断.
    解题过程 (1) 将 a_n^2 改写成
    $$a_n^2 = \frac{1 \cdot 3}{2^2} \cdot \frac{3 \cdot 5}{4^2} \cdot \frac{5 \cdot 7}{6^2} \cdots$$
    $$\cdot \frac{(2n-3)(2n-1)}{(2n-2)^2} \cdot \frac{(2n-1)(2n+1)}{(2n)^2} \cdot \frac{1}{2n+1}$$
    由于 $\frac{(2n-1)(2n+1)}{(2n)^2} = \frac{(2n)^2 - 1}{(2n)^2} < 1$
    $(n = 1,2,3,\cdots)$
    $\Rightarrow a_n^2 < \frac{1}{2n+1} (n = 1,2,3,\cdots)$

    再将 a_n^2 改写成
    $$a_n^2 = \frac{1}{2} \cdot \frac{3^2}{2 \cdot 4} \cdot \frac{5^2}{4 \cdot 6} \cdot \frac{7^2}{6 \cdot 8} \cdots \cdot$$
    $$\frac{(2n-3)^2}{(2n-4)(2n-2)} \cdot \frac{(2n-1)^2}{(2n-2)2n} \cdot \frac{1}{2n}$$
    由于 $\frac{(2n-1)^2}{(2n-2)2n} = \frac{4n^2 - 4n + 1}{4n^2 - 4n} > 1 (n = 2,3,4,\cdots)$
    $\Rightarrow a_n^2 > \frac{1}{4n} (n = 2,3,4,\cdots).$

    (2) 容易验证比值判别法对该级数失效，要考虑用适当放大缩小法与比较原理. 题(1)给出了适当放大缩小的方法与结论.
    $$\left(\frac{1}{4n}\right)^{\frac{1}{2}} < a_n < \left(\frac{1}{2n+1}\right)^{\frac{1}{2}}$$
    $$\Rightarrow \left(\frac{1}{4n}\right)^{\frac{p}{2}} < a_n^p < \left(\frac{1}{2n+1}\right)^{\frac{p}{2}}$$
    当 $p > 2$ 即 $\frac{p}{2} > 1$ 时 $\sum_{n=1}^{\infty} \left(\frac{1}{2n+1}\right)^{\frac{p}{2}}$ 收敛，
    当 $p \leqslant 2$ 即 $\frac{p}{2} \leqslant 1$ 时 $\sum_{n=1}^{\infty} \left(\frac{1}{4n}\right)^{\frac{p}{2}}$ 发散.
    因此级数 $\sum_{n=1}^{\infty} a_n^p$ 当 $p > 2$ 时收敛，当 $p \leqslant 2$ 时发散.

【温馨提示】解决本题的关键是将原函数分解成不同的表达式,然后根据放大缩小原理进行求解,注意对此类证明题目所采用的解题思想的掌握.

14. **知识点窍** 本题主要考查级数的敛散性.
    解题过程 因为
    $$u_{n+1} = \frac{1}{\ln(e^{n+1}+e^{-(n+1)})}$$
    $$= \frac{1}{1+\ln(e^n+e^{-n-2})}$$
    $$< \frac{1}{\ln(e^n+e^{-n})} = u_n (n=1,2,\cdots)$$
    且 $\lim\limits_{n\to\infty}u_n = \lim\limits_{n\to\infty}\frac{1}{\ln(e^n+e^{-n})} = 0$
    所以,由莱布尼茨判别法知,级数
    $\sum\limits_{n=1}^{\infty}\frac{(-1)^{n-1}}{\ln(e^n+e^{-n})}$ 收敛.
    另一方面,因为
    $\ln(e^n+e^{-n}) = \ln[e^n(1+e^{-2n})]$
    $= n+\ln(1+e^{-2n}) < n+2$
    故 $|u_n| = \frac{1}{\ln(e^n+e^{-n})} > \frac{1}{n+2}$
    而调和级数 $\sum\limits_{n=1}^{\infty}\frac{1}{n+2}$ 发散,故级数
    $\sum\limits_{n=1}^{\infty}\frac{1}{\ln(e^n+e^{-n})}$ 发散.
    综上所述,级数 $\sum\limits_{n=1}^{\infty}\frac{(-1)^{n-1}}{\ln(e^n+e^{-n})}$ 条件收敛.

【温馨提示】解决本题的关键是掌握级数绝对收敛、条件收敛和发散的判别方法,注意对解题步骤和方法的掌握.

15. **知识点窍** 本题主要考查幂级数收敛域及和函数的计算.
    解题过程 (1)求和函数,先进行代数运算,通过逐项求导与逐项积分等手段变成几何级数求和.设
    $$S(x) = \sum_{n=0}^{\infty}\frac{(n-1)^2}{n+1}x^n = \sum_{n=0}^{\infty}\frac{(n+1-2)^2}{n+1}x^n$$
    $$= \sum_{n=0}^{\infty}(n+1)x^n - 4\sum_{n=0}^{\infty}x^n + 4\sum_{n=0}^{\infty}\frac{1}{n+1}x^n,$$
    并令 $S_1(x) = \sum\limits_{n=0}^{\infty}(n+1)x^n$,
    $S_2(x) = 4\sum\limits_{n=0}^{\infty}x^n$,
    $S_3(x) = 4\sum\limits_{n=0}^{\infty}\frac{1}{n+1}x^n$,则

$S_1(x) = \left(\sum\limits_{n=0}^{\infty}x^{n+1}\right)' = \left(\frac{x}{1-x}\right)'$
$= \left(\frac{1}{1-x}-1\right)' = \frac{1}{(1-x)^2}, |x|<1,$
$S_2(x) = \frac{4}{1-x}, |x|<1,$
$xS_3(x) = 4\sum\limits_{n=0}^{\infty}\frac{1}{n+1}x^{n+1}$
$= -4\sum\limits_{n=1}^{\infty}\frac{(-1)^{n-1}(-x)^n}{n}$
$= -4\ln(1-x), (-1 \leqslant x < 1)$
(利用 $\ln(1+t)$ 的展开式)
所以 $S(x) = S_1(x) - S_2(x) + S_3(x)$
$= \frac{1}{(1-x)^2} - \frac{4}{1-x} - \frac{4}{x}\ln(1-x)$
$= \frac{4x-3}{(1-x)^2} - \frac{4}{x}\ln(1-x),$
$x \in (-1,1), x \neq 0.$
当 $x=0$ 时,上面的运算不能进行,
然而从原级数看,$S(0) = a_0 = 1$,同时,也容易看出
$\lim\limits_{x\to 0}S(x) = \lim\limits_{x\to 0}\left[\frac{4x-3}{(1-x)^2} - 4\frac{\ln(1-x)}{x}\right] = 1$
这就说明 $S(x)$ 在 $x=0$ 处还是连续的,这一点也正是幂级数的和函数所应具备的性质.

(2) 令 $S(x) = \sum\limits_{n=1}^{\infty}n(n+1)x^n$
$= x\sum\limits_{n=1}^{\infty}n(n+1)x^{n-1} = x\varphi(x)$,而
$\varphi(x) = \sum\limits_{n=1}^{\infty}n(n+1)x^{n-1}$
$= \sum\limits_{n=1}^{\infty}(x^{n+1})'' = \left(\sum\limits_{n=1}^{\infty}x^{n+1}\right)''$
$= \left(x^2\sum\limits_{n=1}^{\infty}x^n\right)'' = \left(\frac{x^2}{1-x}\right)''$
$= \frac{2}{(1-x)^3}, x \in (-1,1).$
于是 $S(x) = x\varphi(x) = \frac{2x}{(1-x)^3}, x \in (-1,1).$

【温馨提示】求幂函数的收敛域及和函数属于基本题型,注意对解题方法和步骤的掌握.

16. **知识点窍** 本题主要考查抽象函数的幂级数展开式及收敛域的求解.
    解题过程 设
    $f(x) = \sum\limits_{n=0}^{\infty}a_n x^n$
    则 $\int_x^{2x}f(t)dt = \sum\limits_{n=0}^{\infty}a_n\int_x^{2x}t^n dt$

$$= \sum_{n=0}^{\infty} \frac{a_n}{n+1} \left[(2x)^{n+1} - x^{n+1} \right]$$

$$= \sum_{n=0}^{\infty} \frac{(2^{n+1}-1)a_n}{n+1} x^{n+1}$$

另一方面,由假设有

$$\int_x^{2x} f(t) dt = e^x - 1 = \sum_{n=0}^{\infty} \frac{1}{n!} x^n - 1 = \sum_{n=1}^{\infty} \frac{1}{n!} x^n$$

$$= \sum_{n=0}^{\infty} \frac{1}{(n+1)!} x^{n+1}, x \in (-\infty, +\infty)$$

于是,比较上面二式右端得此幂级数的系数,

$$\frac{(2^{n+1}-1)a_n}{n+1} = \frac{1}{(n+1)!}, n = 0,1,2,\cdots$$

由此得 $a_n = \frac{1}{(2^{n+1}-1)n!}, n = 0,1,2,\cdots$

因此,$f(x)$ 的幂级数展开式为

$$f(x) = \sum_{n=0}^{\infty} \frac{1}{(2^{n+1}-1)n!} x^n, x \in (-\infty, +\infty).$$

收敛域为 $(-\infty, +\infty)$.

【温馨提示】解决本题的关键是对原式进行化简求解,然后根据幂级数的展开式求解.

17. **知识点窍** 本题主要考查级数求和运算.

解题过程 (1) $S = \sum_{n=0}^{\infty} (-1)^n \frac{n^2-n+1}{2^n}$

$$= \sum_{n=0}^{\infty} (-1)^n \frac{n(n-1)}{2^n} + \sum_{n=0}^{\infty} (-1)^n \frac{1}{2^n}$$

$$= S_1 + S_2$$

S_2 为几何级数,其和为 $2/3$.

S_1 可看作幂级数 $\sum_{n=0}^{\infty} (-1)^n n(n-1) x^n$ 在 $x = 1/2$ 处的值.记

$$S(x) = \sum_{n=0}^{\infty} (-1)^n n(n-1) x^n$$

$$= x^2 \sum_{n=2}^{\infty} (-1)^n n(n-1) x^{n-2}$$

$$= x^2 \left[\sum_{n=0}^{\infty} (-1)^n x^n \right]''$$

$$= x^2 \left(\frac{1}{1+x} \right)'' = \frac{2x^2}{(1+x)^3},$$

从而

$$S_1 = S\left(\frac{1}{2}\right) = \frac{4}{27},$$

$$S = S_1 + S_2 = \frac{4}{27} + \frac{2}{3} = \frac{22}{27}$$

(2) 令 $S = \sum_{n=2}^{\infty} \frac{1}{(n^2-1)2^n}$,先分解成

$$S = \frac{1}{2} \sum_{n=2}^{\infty} \left(\frac{1}{n-1} - \frac{1}{n+1} \right) \frac{1}{2^n}$$

$$= \frac{1}{4} \sum_{n=2}^{\infty} \frac{1}{n-1} \cdot \frac{1}{2^{n-1}} - \sum_{n=3}^{\infty} \frac{1}{n} \cdot \frac{1}{2^n}.$$

直接利用 $\ln(1+x)$ 的展开式得

$$S = \frac{-1}{4} \sum_{n=1}^{\infty} \frac{(-1)^{n-1}}{n} \left(-\frac{1}{2}\right)^n + \sum_{n=1}^{\infty} \frac{(-1)^{n-1}}{n} \left(-\frac{1}{2}\right)^n$$

$$- \sum_{n=1}^{2} \frac{(-1)^{n-1}}{n} \left(-\frac{1}{2}\right)^n$$

$$= -\frac{1}{4} \ln\left(1-\frac{1}{2}\right) + \ln\left(1-\frac{1}{2}\right) + \frac{1}{2} + \frac{1}{8}$$

$$= \frac{5}{8} - \frac{3}{4} \ln 2.$$

【温馨提示】此种题目为常考题型,注意对解题方法和步骤的掌握及运用.

18. **知识点窍** 本题主要考查级数收敛域及常数项求和.

解题过程 因为

$$\frac{a_{n+1}}{a_n} = \frac{(n+1)(n+2)}{n(n+1)} = \frac{n+2}{n} \sim 1 (n \to \infty)$$

所以,该幂级数收敛半径 $R = 1$.
显然,$x = \pm 1$ 时,该级数发散.
所以,该幂级数收敛域为 $(-1, 1)$.

令 $S(x) = \sum_{n=1}^{\infty} n(n+1) x^n$,则

$$\int_0^x S(t) dt = \sum_{n=1}^{\infty} n(n+1) \int_0^x t^n dt = \sum_{n=1}^{\infty} n x^{n+1}$$

$$= x^2 \left(\sum_{n=1}^{\infty} n x^{n-1} \right) = x^2 \left(\sum_{n=1}^{\infty} x^n \right)'$$

$$= x^2 \left(\frac{x}{1-x} \right)' = \frac{x^2}{(1-x)^2}, x \in (-1, 1)$$

所以

$$S(x) = \left[\frac{x^2}{(1-x)^2} \right]' = \frac{2x}{(1-x)^3}, x \in (-1, 1).$$

因为,$x = \frac{1}{2} \in (-1, 1)$,所以

$$\sum_{n=1}^{\infty} \frac{n(n+1)}{2^n} = S\left(\frac{1}{2}\right) = \frac{2 \times \frac{1}{2}}{\left(1-\frac{1}{2}\right)^3} = 8.$$

【温馨提示】求级数的收敛域,首先需求级数的收敛半径,然后进行求解.求和,通常是将原函数求积分,然后求导得出答案.注意对解题方法和步骤的掌握.

19. **知识点窍** 本题主要考查幂级数的收敛域及和函数的求解.

解题过程

(1) 求收敛域:原幂级数记为 $\sum_{n=0}^{\infty} a_n x^n$,则由

$$\lim_{n\to\infty}\left|\frac{a_{n+1}}{a_n}\right| = \lim_{n\to\infty}\left[\frac{(n+1)^2}{(n+2)!} \cdot \frac{(n+1)!}{n^2}\right]$$
$$= \lim_{n\to\infty}\left[\frac{(n+1)^2}{n^2} \cdot \frac{1}{n+2}\right] = 0$$
$\Rightarrow$ 收敛域为 $(-\infty, +\infty)$.

(2) 求和函数.

方法一 分解法.

为了用 $e^x = \sum_{n=0}^{\infty} \frac{x^n}{n!}$ $\left(e^{-x} = \sum_{n=0}^{\infty} \frac{(-1)^n x^n}{n!}\right)$

对原级数进行分解,记原级数的和为 $S(x)$,则

$$S(x) = \sum_{n=1}^{\infty} \frac{(-1)^n (n^2-1+1)}{(n+1)!} x^n$$
$$= \sum_{n=1}^{\infty} \frac{(-1)^n (n-1)}{n!} x^n + \sum_{n=1}^{\infty} \frac{(-1)^n x^n}{(n+1)!}$$
$$= \sum_{n=1}^{\infty} \frac{(-1)^n}{(n-1)!} x^n - \sum_{n=1}^{\infty} \frac{(-1)^n}{n!} x^n + \sum_{n=1}^{\infty} \frac{(-1)^n x^n}{(n+1)!}$$
$$\xlongequal{\text{记}} S_1(x) - S_2(x) + S_3(x),$$

其中

$$S_1(x) = \sum_{m=0}^{\infty} \frac{(-1)^{m+1}}{m!} x^{m+1}$$
$$= -x \sum_{m=0}^{\infty} \frac{(-1)^m}{m!} x^m = -x e^{-x},$$

$$S_2(x) = \sum_{n=1}^{\infty} \frac{(-1)^n}{n!} x^n = e^{-x} - 1,$$

$$S_3(x) = \sum_{m=2}^{\infty} \frac{(-1)^{m-1}}{m!} x^{m-1}$$
$$= -\frac{1}{x}\left[\sum_{m=0}^{\infty} \frac{(-1)^m}{m!} x^m - 1 + x\right]$$
$$= \frac{1}{x}(1 - x - e^{-x})(x \neq 0).$$

因此 $S(x) = -xe^{-x} - e^{-x} + 1 + \frac{1}{x}(1 - x - e^{-x})$
$$= -e^{-x}(x+1) + \frac{1}{x}(1 - e^{-x})(x \neq 0)$$

$(S(0) = 0).$

方法二 逐项积分与逐项求导法.

我们也是为了利用 e^{-x} 的展开式,作如下变形:

$$xS(x) = \sum_{n=1}^{\infty} \frac{(-1)^n n^2}{(n+1)!} x^{n+1}$$

$$[xS(x)]' = \sum_{n=1}^{\infty} \frac{(-1)^n n}{(n-1)!} x^n = x\sum_{n=1}^{\infty} \left[\frac{(-1)^n x^n}{(n-1)!}\right]'$$

$$g(x) = \sum_{n=1}^{\infty} \frac{(-1)^n x^n}{(n-1)!} = x\sum_{n=1}^{\infty} \frac{(-1)^n x^{n-1}}{(n-1)!}$$

$$= x\sum_{m=0}^{\infty} \frac{(-1)^{m+1} x^m}{m!} = -xe^{-x}.$$

$$\Rightarrow [xS(x)]' = xg'(x) = x(x-1)e^{-x},$$

$$xS(x) = \int_0^x (t^2 - t)e^{-t}dt = -\int_0^x (t^2 - t)de^{-t}$$
$$= (x - x^2)e^{-x} + \int_0^x (2t - 1)e^{-t}dt$$

$$= 1 - e^{-x}(1 + x + x^2)$$

$$S(x) = \begin{cases} -(x+1)e^{-x} + \frac{1}{x}(1 - e^{-x}), & x \neq 0, \\ 0, & x = 0. \end{cases}$$

【温馨提示】注意掌握本题中和函数的两种求解方法,一种是分解法,另一种是逐项求导和积分法.

20. **知识点窍** 本题主要考查有关级数收敛的证明.

解题过程 (1) 考查 $\sum_{n=1}^{\infty} u_n$ 的部分和 $S_n = \sum_{k=1}^{n} u_k$.

由 $\sum_{n=1}^{\infty} (u_{2n-1} + u_{2n})$ 收敛

$\Rightarrow$ 该级数的部分和 $S_{2n} = \sum_{k=1}^{n}(u_{2k-1} + u_{2k})$ 收敛,

$\lim_{n\to\infty} S_{2n} = S$.

又 $\lim_{n\to\infty} S_{2n-1} = \lim(S_{2n} - u_{2n}) = S - 0 = S$,

因此 $\lim_{n\to\infty} S_n = S$, $\sum_{n=1}^{\infty} u_n$ 收敛和为 S.

(2) 显然 $\lim_{n\to\infty} u_{2n-1} = 0$, $\lim_{n\to\infty} u_{2n} = \lim_{n\to\infty}\ln\left(1 + \frac{1}{n}\right) = 0$

$\Rightarrow \lim_{n\to\infty} u_n = 0.$

方法一 考查

$$\sum_{n=1}^{\infty} (-1)^{n-1} u_n = u_1 - u_2 + u_3 - u_4 + \cdots + u_{n-1} - u_n,$$

两两添加括号后的级数

$$\sum_{n=1}^{\infty} (u_{2n-1} - u_{2n}) = \sum_{n=1}^{\infty}\left[\frac{1}{n} - \ln\left(1 + \frac{1}{n}\right)\right], \text{其中}$$

$$\frac{1}{n} - \ln\left(1 + \frac{1}{n}\right) = \frac{1}{n} - \left[\frac{1}{n} - \frac{1}{2n^2} + o\left(\frac{1}{n^2}\right)\right]$$
$$= \frac{1}{2n^2} - o\left(\frac{1}{n^2}\right) \sim \frac{1}{2n^2} (n \to \infty)$$

$\Rightarrow \sum_{n=1}^{\infty}(u_{2n-1} - u_{2n})$ 收敛. 因此原级数收敛.

方法二 这是交错级数, 已知 $\lim_{n\to\infty} u_n = 0$.

为证 $\{u_n\}$ 单调下降, 只需证

$u_{2n-1} > u_{2n} > u_{2n+1}(n = 1, 2, 3, \cdots)$

即 $\frac{1}{n} > \int_n^{n+1} \frac{dx}{x} = \ln\left(1 + \frac{1}{n}\right) > \frac{1}{n+1}.$

显然有 $\frac{1}{n+1} = \int_n^{n+1} \frac{dx}{n+1} < \int_n^{n+1} \frac{dx}{x} < \int_n^{n+1} \frac{dx}{n} = \frac{1}{n}$

$\Rightarrow \{u_n\}$ 单调下降

因此原级数收敛.

【温馨提示】证明级数收敛为常考题型,注意对证明方法的掌握及灵活应用.

第八章 多元函数同步测试(A)卷解析

一、单项选择题

题号	1	2	3	4	5	6
答案	C	B	C	C	B	D

1. **知识点窍** 本题主要考查二元函数的连续性.

    解题过程 **分析一** 注意
    $$\left|\frac{x}{\sqrt{x^2+y^2}}\right|\leqslant 1,\left|\frac{y}{\sqrt{x^2+y^2}}\right|\leqslant 1.$$
    在(A)(B)中分别有
    $$|f(x,y)|\leqslant |x|,$$
    $$|f(x,y)|\leqslant \left|\frac{x^3}{x^2+y^2}\right|+\left|\frac{y^3}{x^2+y^2}\right|\leqslant |x|+|y|,$$
    $$\Rightarrow \lim_{(x,y)\to(0,0)} f(x,y)=0=f(0,0), f(x,y)\text{ 在}(0,0)$$
    连续.

    在(D)中 $\sin\frac{1}{x^2+y^2}$ 有界 $\Rightarrow$
    $$\lim_{(x,y)\to(0,0)} f(x,y)=\lim_{(x,y)\to(0,0)}\sqrt{x^2+y^2}\sin\frac{1}{x^2+y^2}$$
    $$=0=f(0,0)$$
    $\Rightarrow f(x,y)$ 在 $(0,0)$ 连续.
    因此选(C).

    分析二 直接证(C)中 $f(x,y)$ 在 $(0,0)$ 不连续.
    当 (x,y) 沿直线 $y=x$ 趋于 $(0,0)$ 时,
    $$f(x,y)=\frac{x^2}{\sqrt{x^4+x^4}}=\frac{1}{\sqrt{2}}\neq f(0,0)=0,$$
    因此 $f(x,y)$ 在 $(0,0)$ 不连续.
    故选(C).

    【温馨提示】 本题属于基本题型,组要考查二元分段函数连续性的判断,注意对解题方法和步骤的掌握.

2. **知识点窍** 本题主要考查函数偏导数、连续与可微之间的关系.

    解题过程 关于二元函数连续、偏导数存在与可微三者的相互关系.
    ① 若 $f(x,y)$ 在点 (x_0,y_0) 处可微,则 $f(x,y)$ 在点 (x_0,y_0) 处连续,且可偏导,但反之未必成立.
    ② 若 $f(x,y)$ 的两个偏导数 $f'_x(x,y),f'_y(x,y)$ 都在点 (x_0,y_0) 处连续,则 $f(x,y)$ 在点 (x_0,y_0) 处可微,且 $df|_{(x_0,y_0)}=f'_x(x_0,y_0)dx+f'_y(x_0,y_0)dy,$ 但反之未必成立.
    ③ $f(x,y)$ 在 (x_0,y_0) 连续与可偏导(即 $f'_x(x_0,y_0)$ 与 $f'_y(x_0,y_0)$ 都存在)是互为既不充分又不必要的条件.

    以上三点要求读者务必掌握,由 ② 可知,偏导数存在且连续是可微的充分条件,但不是必要条件.
    故选(B).

    【温馨提示】 对于偏导数存在、连续、可微成立的条件及性质,要牢固掌握,对于本题的结论也应熟练掌握及灵活应用.

3. **知识点窍** 本题主要考查函数极值与二阶偏导数之间的关系.

    解题过程 偏导数实质是一元函数的导数,把二元函数的极值转化为一元函数的极值,由一元函数的极大值的必要条件可得相应结论
    令 $f(x)=u(x,y_0)\Rightarrow x=x_0$ 是 $f(x)$ 的极大值点
    $$\Rightarrow f''(x_0)=\frac{d^2}{dx^2}u(x,y_0)\Big|_{x=x_0}=\frac{\partial^2 u(M_0)}{\partial x^2}\leqslant 0$$
    (若 >0,则 $x=x_0$ 是 $f(x)$ 的极小值点,于是得矛盾)
    同理,令 $g(y)=u(x_0,y)\Rightarrow y=y_0$ 是 $g(y)$ 的极大值点
    $$\Rightarrow g''(y_0)=\frac{d^2}{dy^2}u(x_0,y)\Big|_{y=y_0}=\frac{\partial^2 u(M_0)}{\partial y^2}\leqslant 0.$$
    因此,选(C).

    【温馨提示】 解决本题的关键是掌握判断函数极值的方法,注意对判断方法的掌握.

4. **知识点窍** 本题主要考查多元函数极值点的判断.

    解题过程 ① 由极值存在的必要条件
    $$\begin{cases} \frac{\partial z}{\partial x}=-(1+e^y)\sin x=0 & ① \\ \frac{\partial z}{\partial y}=e^y\cos x-e^y-ye^y=e^y(\cos x-1-y)=0 & ② \end{cases}$$
    由 ① 式得 $x=n\pi$.
    将 $x=2n\pi$ 代入 ② 式,
    求出 $y=0$,得驻点 $(2n\pi,0)$.
    当 $x=(2n+1)\pi$ 时,
    由 ② 可得 $y=-2$,得驻点 $((2n+1)\pi,-2)$
    所以驻点为 $(2n\pi,0),((2n+1)\pi,-2),n$ 为整数.
    $$\frac{\partial^2 z}{\partial x^2}=-(1+e^y)\cos x,$$
    $$\frac{\partial^2 z}{\partial x\partial y}=-e^y\sin x,$$
    $$\frac{\partial^2 z}{\partial y^2}=(\cos x-2-y)e^y$$
    (1) $A|_{(2n\pi,0)}=-2<0, B|_{(2n\pi,0)}=0, C|_{(2n\pi,0)}=-1,$
    $B^2-AC<0$,所以 $(2n\pi,0)$ 为极大值点.
    (2) $A|_{((2n+1)\pi,-2)}=1+e^{-2}>0, B|_{((2n+1)\pi,-2)}=0,$

$C|_{((2n+1)\pi,-2)} = -e^{-2}$

$B^2 - AC > 0$，故点$((2n+1)\pi, 0)$不是极值点，该函数有无穷多个极大值点，

故选(C)．

【温馨提示】判断二元函数的极值情况，首先需先求出驻点，然后求出二阶偏导数，根据公式判断极值情况．注意对解题方法和步骤的掌握．

5. **知识点窍** 本题主要考查有关二元积分的计算．

解题过程 直接指出其中某命题不正确．

因为改变有限个点的函数值不改变函数的可积性及相应的积分值，因此命题(B)不正确．

设(x_0, y_0)是D中某点，

令$f(x,y) = \begin{cases} 0, & (x,y) \neq (x_0, y_0) \\ 1, & (x,y) = (x_0, y_0) \end{cases}$

则在区域D上$f(x,y) \geq 0$且不恒等于0，

但$\iint\limits_D f(x,y)\mathrm{d}\sigma = 0$．

因此选(B)．

或直接证明其中三个是正确的．

命题(A)是正确的．

用反证法、连续函数的性质及二重积分的不等式性质可得证，若$f(x,y)$在D不恒为零

$\Rightarrow \exists (x_0, y_0) \in D, f(x_0, y_0) \neq 0$，

不妨设$f(x_0, y_0) > 0$，

由连续$\Rightarrow$有界闭区域$D_0 \subset D$，且当$(x,y) \in D_0$时

$f(x,y) > 0 \Rightarrow \iint\limits_{D_0} f(x,y)\mathrm{d}\sigma > 0$，与已知条件矛盾．

因此，$f(x,y) \equiv 0 (\forall(x,y) \in D)$．

命题(C)是正确的．

若$f(x,y) \not\equiv 0 \Rightarrow$在$(x,y) \in D$上$f^2(x,y) \geq 0$且不恒等于0．

由假设$f^2(x,y)$在D连续$\Rightarrow \iint\limits_D f^2(x,y)\mathrm{d}\sigma > 0$，与已知条件矛盾．

于是$f(x,y) \equiv 0$在D上成立．

命题(D)是正确的．

利用有界闭区域上连续函数达到最小值及重积分的不等式性质可得证．

这是因为$f(x,y) \geq \min f(x,y) = f(x_0, y_0) > 0$，其中$(x_0, y_0)$是$D$中某点．于是由二重积分的不等式性质得

$\iint\limits_D (x,y)\mathrm{d}\sigma \geq f(x_0, y_0)\sigma > 0$，其中$\sigma$是$D$的面积．

因此选(B)．

【温馨提示】解决本题的关键是掌握二重积分的实际意义，以及连续函数的性质、二重积分的不等式性质．注意对解题思路与方法的掌握．

6. **知识点窍** 本题主要考查在特定积分区域内，二重积分大小的比较．

解题过程 当$x \in (-3, -1), y \in (0, 1)$时，

有$x^3 < 0, y^2 < y^{\frac{1}{2}}$，故

$x^3 y^{\frac{1}{2}} < x^3 y < x^3 y^2$．

所以$\iint\limits_D x^3 y^{\frac{1}{2}} \mathrm{d}\sigma < \iint\limits_D x^3 y \mathrm{d}\sigma < \iint\limits_D x^3 y^2 \mathrm{d}\sigma$．

即$I_3 < I_1 < I_2$．

正确选项为(D)．

【温馨提示】对于给定的特定积分区域，需要比较被在积分区域内被积函数的大小，然后判断二重积分的大小．注意对此种类型题目解题方法和步骤的掌握．

二、填空题

7. **知识点窍** 本题主要考查具体函数在某点处的二阶偏导数的计算．

解题过程

分析一

$\dfrac{\partial u}{\partial x} = -\mathrm{e}^{-x}\sin\dfrac{x}{y} + \left(\mathrm{e}^{-x}\cos\dfrac{x}{y}\right)\dfrac{1}{y}$

$= \mathrm{e}^{-x}\left(\dfrac{1}{y}\cos\dfrac{x}{y} - \sin\dfrac{x}{y}\right)$（对$x$求导时$y$为常量）

将上式对y求导，得（对y求导时x为常量）

$\dfrac{\partial^2 u}{\partial x \partial y} = \mathrm{e}^{-x}\left[-\dfrac{1}{y^2}\cos\dfrac{x}{y} - \dfrac{1}{y}\sin\dfrac{x}{y} \cdot \left(-\dfrac{x}{y^2}\right)\right.$

$\left. - \left(-\dfrac{x}{y^2}\right)\cos\dfrac{x}{y}\right]$．

把$x = 2, y = \dfrac{1}{\pi}$代入上式，得

$\dfrac{\partial^2 u}{\partial x \partial y}\bigg|_{(2,\frac{1}{\pi})} = \mathrm{e}^{-2}(-\pi^2\cos 2\pi + 2\pi^3\sin 2\pi + 2\pi^2\cos 2\pi)$

$= \left(\dfrac{\pi}{\mathrm{e}}\right)^2$

分析二

$\dfrac{\partial u}{\partial y} = \left(\mathrm{e}^{-x}\cos\dfrac{x}{y}\right)\left(-\dfrac{x}{y^2}\right)$

$\dfrac{\partial^2 u}{\partial y \partial x}\bigg|_{(2,\frac{1}{\pi})} = \dfrac{\mathrm{d}}{\mathrm{d}x}(-\pi^2 x\mathrm{e}^{-x}\cos\pi x)\bigg|_{x=2}$

$\left(\dfrac{\partial^2 u}{\partial y \partial x}\right)\bigg|_{(2,\frac{1}{\pi})} = \dfrac{\mathrm{d}}{\mathrm{d}x}\left(\dfrac{\partial u(x,\frac{1}{\pi})}{\partial y}\right)\bigg|_{x=2}$

$= -\pi^2[\mathrm{e}^{-x}(1-x)\cos\pi x - x\mathrm{e}^{-x}\pi\sin\pi x]|_{x=2}$

$$= \left(\frac{\pi}{e}\right)^2.$$

$$\left.\frac{\partial^2 u}{\partial x \partial y}\right|_{(2,\frac{1}{\pi})} = \left.\frac{\partial^2 u}{\partial y \partial x}\right|_{(2,\frac{1}{\pi})} = \left(\frac{\pi}{e}\right)^2$$

【温馨提示】本题属于基本题型,第一种方法为基本方法,先求出二阶偏导数表达式,然后将坐标值代入求解;第二种方法是求出一阶偏导数的表达式后,将一个坐标值代入,然后求二阶偏导数.注意对两种方法的掌握.

8. **知识点窍** 本题主要考查函数在某点处的偏导数的计算.
   解题过程

$$z'_x = \arctan\frac{y}{x} + x \cdot \frac{1}{1+\left(\frac{y}{x}\right)^2}\left(-\frac{y}{x^2}\right)$$

$$= \arctan\frac{y}{x} - \frac{xy}{x^2+y^2}$$

$$z'_y = x \cdot \frac{1}{1+\left(\frac{y}{x}\right)^2} \cdot \frac{1}{x} = \frac{x^2}{x^2+y^2}$$

$$z'_x(1,-1) = -\frac{\pi}{4} + \frac{1}{2}$$

$$z'_y(1,-1) = \frac{1}{2}$$

或 $z(x,-1) = x\arctan\left(\frac{-1}{x}\right)$,

$$z'_x(x,-1) = \arctan\left(\frac{-1}{x}\right) + x \frac{1}{1+\frac{1}{x^2}} \cdot \frac{1}{x^2}$$

$$z'_x(1,-1) = -\frac{\pi}{4} + \frac{1}{2}$$

$z(1,y) = \arctan y$, $z'_y = \frac{1}{1+y^2}$

$$z'_y(1,-1) = \frac{1}{2}.$$

【温馨提示】计算函数的偏导数,为基本题型,注意对上题中两种解题方法与步骤的掌握.

9. **知识点窍** 本题主要考查二重积分的计算.
   解题过程 **分析一** 先对 x 积分.区域 D 如下图所示.

$$D = \left\{(x,y) \mid 0 \leqslant y \leqslant b, 0 \leqslant x \leqslant a\left(1-\sqrt{\frac{y}{b}}\right)^2\right\}$$

$$I = \int_0^b dy \cdot \int_0^{a(1-\sqrt{\frac{y}{b}})^2} y dx$$

$$= \int_0^b a\left(1-\sqrt{\frac{y}{b}}\right)^2 y dy$$

$$= \frac{ab^2}{30}$$

分析二 先对 y 积分.

$$D = \left\{(x,y) \mid 0 \leqslant x \leqslant a, 0 \leqslant y \leqslant b\left(1-\sqrt{\frac{x}{a}}\right)^2\right\},$$

$$I = \int_0^a dx \cdot \int_0^{b(1-\sqrt{\frac{x}{a}})^2} y dy$$

$$= \frac{1}{2}\int_0^a b^2\left(1-\sqrt{\frac{x}{a}}\right)^4 dx,$$

令 $t = 1 - \sqrt{\frac{x}{a}}$,

则 $x = a(1-t)^2$, $dx = 2a(t-1)dt$.

于是 $I = \frac{b^2}{2}\int_0^1 t^4(1-t) 2a dt = \frac{ab^2}{30}$.

【温馨提示】二重积分的计算,首先需要画出积分区域,然后逐步积分求解,注意对此种类型题目解题方法和步骤的掌握.

10. **知识点窍** 本题主要考查有关复合函数偏导数的求解.
    解题过程

$$\frac{\partial z}{\partial x} = \frac{\partial z}{\partial u} \cdot \frac{\partial u}{\partial x} + \frac{\partial z}{\partial v} \cdot \frac{\partial v}{\partial x}$$

$$= 2u\ln v \cdot \left(-\frac{y}{x^2}\right) + \frac{u^2}{v} \cdot 2x$$

$$= -\frac{2y^2}{x^3}\ln(x^2+y^2) + \frac{2y^2}{(x^2+y^2)x}$$

$$= \frac{2y^2}{x^3}\left[\frac{x^2}{x^2+y^2} - \ln(x^2+y^2)\right]$$

$$\frac{\partial z}{\partial y} = \frac{\partial z}{\partial u}\frac{\partial u}{\partial y} + \frac{\partial z}{\partial v}\frac{\partial v}{\partial y}$$

$$= 2u\ln v \cdot \frac{1}{x} + \frac{u^2}{v} \cdot 2y$$

$$= \frac{2y}{x^2}\ln(x^2+y^2) + \frac{2y^3}{x^2(x^2+y^2)}$$

$$= \frac{2y}{x^2}\left[\frac{y^2}{x^2+y^2} + \ln(x^2+y^2)\right].$$

【温馨提示】复合函数求解偏导数,关键是分清函数复合的关系,逐步进行求偏导.

11. **知识点窍** 本题主要考查积分顺序的变换.
    解题过程 将累次积分表示为 $\iint\limits_D f(x,y) d\sigma$,
    累次积分的表示式表明:积分区域 D 由两部分构成,当 $0 \leqslant x \leqslant 1$ 时,

区域 D 的下侧边界为 $y=-\sqrt{x}$, 上侧边界为 $y=\sqrt{x}$;

当 $1 \leqslant x \leqslant 4$ 时,

D 的下侧边界为 $y=x-2$, 上侧边界为 $y=\sqrt{x}$.

由此可见

$D = \{(x,y) \mid 0 \leqslant x \leqslant 1, -\sqrt{x} \leqslant y \leqslant \sqrt{x}\}$
$\cup \{(x,y) \mid 1 \leqslant x \leqslant 4, x-2 \leqslant y \leqslant \sqrt{x}\}$

其图形如下图所示.

改变积分顺序,先对 x 求积分,就是把区域 D 的边界表成 y 的函数,即 D 的左侧边界为 $x=y^2$, 右端边界为 $x=y+2$,

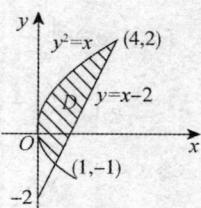

最后再求出 $x=y^2$ 与 $x=y+2$ 的两个交点,即可将新的累计积分写出.

先对 x 积分,就是从区域 D 的左侧边界 $x=y^2$ 到右侧边界 $x=y+2$ 积分.

两边界限的交点为 $(1,-1)$ 与 $(4,2)$, 于是

$$I = \iint\limits_{D} f(x,y) \mathrm{d}x\mathrm{d}y = \int_{-1}^{2} \mathrm{d}y \int_{y^2}^{y+2} f(x,y) \mathrm{d}x$$

【温馨提示】解决本题的关键是根据原积分式表达出积分区域,然后进行积分次序的交换.

12. **知识点窍** 本题主要考查隐函数全微分的求解.

解题过程 设 $F(x,y,z) = y^2 z - \arctan(xz^2)$, 则

$$\frac{\partial z}{\partial x} = -\frac{F'_x}{F'_z} = -\frac{-\dfrac{1}{1+x^2z^4} \cdot z^2}{y^2 - \dfrac{1}{1+x^2z^4} \cdot 2xz}$$

$$= \frac{z^2}{y^2(1+x^2z^4) - 2xz}$$

$$\frac{\partial z}{\partial y} = -\frac{F'_y}{F'_z} = -\frac{2yz}{y^2 - \dfrac{1}{1+x^2z^4} \cdot 2xz}$$

$$= -\frac{2yz(1+x^2z^4)}{y^2(1+x^2z^4) - 2xz}$$

所以

$$\mathrm{d}z = \frac{1}{y^2(1+x^2z^4) - 2xz}[z^2 \mathrm{d}x - 2yz(1+x^2z^4)\mathrm{d}y].$$

【温馨提示】隐函数求解全微分,主要是根据全微分的求解公式,注意对公式及解题方法的掌握.

三、解答题

13. **知识点窍** 本题主要考查由方程组确定的隐函数求解偏导数.

解题过程 对于原方程组:

$$\begin{cases} y^2 + yz - zt^2 = 0 \\ te^z + z\sin t = 0 \end{cases} \quad ①$$

注意 $z=z(y), t=t(y)$, 于是

$$\begin{cases} \dfrac{\partial u}{\partial x} = \dfrac{\partial f}{\partial x} \\ \dfrac{\partial u}{\partial y} = \dfrac{\partial f}{\partial y} + \dfrac{\partial f}{\partial z}\dfrac{\mathrm{d}z}{\mathrm{d}y} + \dfrac{\partial f}{\partial t}\dfrac{\mathrm{d}t}{\mathrm{d}y} \end{cases} \quad ②$$

因此,我们还要求 $\dfrac{\mathrm{d}z}{\mathrm{d}y}$ 与 $\dfrac{\mathrm{d}t}{\mathrm{d}y}$, 将方程组①两边对 y 求导得

$$\begin{cases} 2y + z + y\dfrac{\mathrm{d}z}{\mathrm{d}y} - t^2\dfrac{\mathrm{d}z}{\mathrm{d}y} - 2zt\dfrac{\mathrm{d}t}{\mathrm{d}y} = 0 \\ te^z\dfrac{\mathrm{d}z}{\mathrm{d}y} + e^z\dfrac{\mathrm{d}t}{\mathrm{d}y} + \sin t\dfrac{\mathrm{d}z}{\mathrm{d}y} + z\cos t\dfrac{\mathrm{d}t}{\mathrm{d}y} = 0 \end{cases}$$

$$\Rightarrow (y-t^2)\dfrac{\mathrm{d}z}{\mathrm{d}y} - 2zt\dfrac{\mathrm{d}t}{\mathrm{d}y} = -(2y+z)$$

$$(te^z + \sin t)\dfrac{\mathrm{d}z}{\mathrm{d}y} + (e^z + z\cos t)\dfrac{\mathrm{d}t}{\mathrm{d}y} = 0.$$

记系数行列式为 $W = (y-t^2)(e^z + z\cos t) + 2zt(te^z + \sin t)$, 则

$$\dfrac{\mathrm{d}z}{\mathrm{d}y} = \begin{vmatrix} -(2y+z) & -2zt \\ 0 & e^z + z\cos t \end{vmatrix} \Big/ W$$

$$= \dfrac{-(2y+z)(e^z + z\cos t)}{W},$$

$$\dfrac{\mathrm{d}t}{\mathrm{d}y} = \begin{vmatrix} y-t^2 & -(2y+z) \\ te^z + \sin t & 0 \end{vmatrix} \Big/ W$$

$$= \dfrac{(2y+z)(te^z + z\sin t)}{W},$$

代入②得

$$\dfrac{\partial u}{\partial y} = \dfrac{\partial f}{\partial y} + \dfrac{2y+z}{W} \cdot \left[\dfrac{\partial f}{\partial t}(te^z + \sin t) - \dfrac{\partial f}{\partial z}(e^z + z\cos t)\right].$$

【温馨提示】由方程组确定的隐函数求偏导数,关键是弄清楚复合结构,然后对等式分别求偏导数进行求解,注意对解题方法和步骤的掌握.

14. **知识点窍** 本题主要考查有关函数极值的判断.

解题过程 (1) 由极值存在的必要条件

$$\begin{cases} f'_x = 3x^2 + 3y^2 - 15 = 0 \\ f'_y = 6xy - 12 = 0 \end{cases}$$

解得驻点 $(-1,-2), (1,2), (-2,-1), (2,1)$.

$f''_{xx} = 6x, f''_{xy} = 6y, f''_{yy} = 6x$

对于点 $(-1,-2)$,

$A = -6, B = -12, C = -6$
由于 $B^2 - AC = 12^2 - 6^2 > 0$,
故点 $(-1, -2)$ 不是极值点.
对于点 $(1, 2)$,
　　$A = 6, B = 12, C = 6$
　　$B^2 - AC = 12^2 - 6^2 > 0$
点 $(1, 2)$ 不是极值点.
对于点 $(-2, -1)$,
　　$A = -12, B = -6, C = -12$
　　$B^2 - AC = 6^2 - 12^2 < 0$, 且 $A < 0$
故点 $(-2, -1)$ 为极大值点, 极大值为
　　$f(-2, -1) = 28$.
对于点 $(2, 1)$, $A = 12, B = 6, C = 12$
　　$B^2 - AC = 6^2 - 12^2 < 0$, 且 $A > 0$.
故点 $(2, 1)$ 为极小值点, 极小值为 $f(2, 1) = -28$.
(2) 由极值存在的必要条件
$$\begin{cases} f'_x = \cos x + \cos(x+y) = 0 \\ f'_y = \cos y + \cos(x+y) = 0 \end{cases}$$
可知 $x = y$, 故 $\cos x + \cos 2x = 0$, 从而得驻点 $\left(\dfrac{\pi}{3}, \dfrac{\pi}{3}\right)$. 因

$A = f''_{xx}\left(\dfrac{\pi}{3}, \dfrac{\pi}{3}\right) = -\sin\dfrac{\pi}{3} - \sin\dfrac{2}{3}\pi$
　　　　$= -\sqrt{3} < 0$
$B = f''_{xy}\left(\dfrac{\pi}{3}, \dfrac{\pi}{3}\right) = -\sin\left(\dfrac{\pi}{3} + \dfrac{\pi}{3}\right) = -\dfrac{\sqrt{3}}{2}$
$C = f''_{yy}\left(\dfrac{\pi}{3}, \dfrac{\pi}{3}\right) = -\sin\dfrac{\pi}{3} - \sin\dfrac{2\pi}{3} = -\sqrt{3}$
$B^2 - AC = \dfrac{3}{4} - 3 < 0$.

所以点 $\left(\dfrac{\pi}{3}, \dfrac{\pi}{3}\right)$ 为极大值点, 极大值为
$f\left(\dfrac{\pi}{3}, \dfrac{\pi}{3}\right) = 2\sin\dfrac{\pi}{3} + \sin\dfrac{2\pi}{3}$
$\qquad\qquad = 2 \times \dfrac{\sqrt{3}}{2} + \dfrac{\sqrt{3}}{2} = \dfrac{3\sqrt{3}}{2}$.

【温馨提示】求函数的极值, 首先需求出函数的驻点, 然后根据极值判断公式进行求解, 注意对解题方法及步骤的掌握.

15. **知识点窍**　本题主要考查分段函数偏导数及微分存在性的判断.
　　解题过程　(1) 当 $(x, y) \neq (0, 0)$ 时,
$\dfrac{\partial f}{\partial x} = \dfrac{2xy^2}{x^2+y^2} - \dfrac{2x^3y^2}{(x^2+y^2)^2}$;
当 $(x, y) = (0, 0)$ 时,
因 $f(x, 0) = 0 (\forall x)$, 于是 $\dfrac{\partial f}{\partial x}\bigg|_{(0,0)} = 0$.

由对称性得当 $(x, y) \neq (0, 0)$ 时
$\dfrac{\partial f}{\partial y} = \dfrac{2x^2y}{x^2+y^2} - \dfrac{2x^2y^3}{(x^2+y^2)^2}$,
$\dfrac{\partial f}{\partial y}\bigg|_{(0,0)} = 0$

(2) 分析一
考查 $\dfrac{\partial f}{\partial x}, \dfrac{\partial f}{\partial y}$ 在 $(0, 0)$ 的连续性. 注意
$\left|\dfrac{x^2}{x^2+y^2}\right| \leqslant 1, \left|\dfrac{y^2}{x^2+y^2}\right| \leqslant 1$,
于是 $\left|\dfrac{\partial f}{\partial x}\right| \leqslant 4|x|, \left|\dfrac{\partial f}{\partial y}\right| \leqslant 4|y|$
$\Rightarrow \lim_{(x,y) \to (0,0)} \dfrac{\partial f}{\partial x} = 0 = \dfrac{\partial f}{\partial x}\bigg|_{(0,0)}$
$\quad \lim_{(x,y) \to (0,0)} \dfrac{\partial f}{\partial y} = 0 = \dfrac{\partial f}{\partial y}\bigg|_{(0,0)}$

即 $\dfrac{\partial f}{\partial x}, \dfrac{\partial f}{\partial y}$ 在点 $(0, 0)$ 处均连续, 因此 $f(x, y)$ 在点 $(0, 0)$ 处可微. 于是
$\mathrm{d}f|_{(0,0)} = \dfrac{\partial f}{\partial x}\bigg|_{(0,0)} \mathrm{d}x + \dfrac{\partial f}{\partial y}\bigg|_{(0,0)} = 0$,

分析二
因为 $\dfrac{\partial f}{\partial x}\bigg|_{(0,0)} = \dfrac{\partial f}{\partial y}\bigg|_{(0,0)} \mathrm{d}y = 0$.
考查 $f(x, y)$, 在 $(0, 0)$ 是否可微, 就是考查下式是否成立.
$f(\Delta x, \Delta y) - f(0, 0)$
$= \dfrac{\partial f}{\partial x}\bigg|_{(0,0)} \Delta x + \dfrac{\partial f}{\partial y}\bigg|_{(0,0)} \Delta y + o(\rho)$
$(\rho = \sqrt{\Delta x^2 + \Delta y^2} \to 0)$
即 $\dfrac{\Delta x^2 \Delta y^2}{\Delta x^2 + \Delta y^2} = o(\rho)(\rho \to 0)$,

亦既当 $\rho \to 0$ 时 $\left|\dfrac{\Delta x^2 \Delta y^2}{(\Delta x^2 + \Delta y^2)^{3/2}}\right|$ 是否是无穷小量.
因为
$\left|\dfrac{\Delta x^2 \Delta y^2}{(\Delta x^2 + \Delta y^2)^{3/2}}\right| = \dfrac{(\Delta x)^2}{\Delta x^2 + \Delta y^2} \cdot \dfrac{|\Delta y|}{(\Delta x^2 + \Delta y^2)^{1/2}}$
$\cdot |\Delta y| \leqslant |\Delta y|$
所以当 $\rho \to 0$ 时
$\dfrac{\Delta x^2 \Delta y^2}{(\Delta x^2 + \Delta y^2)^{3/2}}$ 是无穷小量,
因此, $f(x, y)$ 在点 $(0, 0)$ 处可微, 且 $\mathrm{d}f|_{(0,0)} = 0$.

【温馨提示】解决本题的重点在于判断函数在某点处是否可微, 注意对判断方法的掌握及应用.

16. **知识点窍**　本题主要考查有关函数极值对的计算.
　　解题过程　设内接矩形在第一象限与椭圆的交点为 (x, y).

则所求的是在约束条件 $\dfrac{x^2}{a^2}+\dfrac{y^2}{b^2}=1$ 下, $S=4xy$ 的最大值. 设拉格朗日函数为
$$F(x,y,\lambda)=4xy+\lambda\left(\dfrac{x^2}{a^2}+\dfrac{y^2}{b^2}-1\right).$$
由极值存在的必要条件, 有
$$\begin{cases}F'_x=4y+\lambda\dfrac{2x}{a^2}=0 & ① \\ F'_y=4x+\lambda\dfrac{2y}{b^2}=0 & ② \\ F'_\lambda=\dfrac{x^2}{a^2}+\dfrac{y^2}{b^2}-1=0 & ③\end{cases}$$
由①和②式, 得 $\dfrac{x^2}{a^2}=\dfrac{y^2}{b^2}$, 将其代入③式, 得
$$2\dfrac{x^2}{a^2}=1\Rightarrow x=\dfrac{a}{\sqrt{2}},y=\dfrac{b}{\sqrt{2}},$$
故 $S=4\cdot\dfrac{a}{\sqrt{2}}\cdot\dfrac{b}{\sqrt{2}}=2ab.$

由于驻点唯一, 且实际问题存在最大值, 所以 $S=2ab$ 为内接矩形的最大面积.

【温馨提示】本题为实际应用型题目, 解决本题的关键是将所求值转化为函数表达式, 然后根据函数的极值求解方法进行求解, 注意对解题方法与解题步骤的掌握.

17. **知识点窍** 本题主要考查有关偏导数变量的代换.
    解题过程 由于 $z=xy-w$, 则
    $$\dfrac{\partial z}{\partial x}=y-\dfrac{\partial w}{\partial x},\dfrac{\partial^2 z}{\partial x^2}=-\dfrac{\partial^2 w}{\partial x^2},$$
    $$\dfrac{\partial z}{\partial y}=x-\dfrac{\partial w}{\partial y},\dfrac{\partial^2 z}{\partial y^2}=-\dfrac{\partial^2 w}{\partial y^2},$$
    $$\dfrac{\partial^2 z}{\partial x\partial y}=1-\dfrac{\partial^2 w}{\partial x\partial y}.$$
    $\Rightarrow \dfrac{\partial^2 w}{\partial x^2}+2\dfrac{\partial^2 w}{\partial x\partial y}+\dfrac{\partial^2 w}{\partial y^2}=2.$ 而
    $$\dfrac{\partial w}{\partial x}=\dfrac{\partial w}{\partial u}\dfrac{\partial u}{\partial x}+\dfrac{\partial w}{\partial v}\dfrac{\partial v}{\partial x}=\dfrac{\partial w}{\partial u}+\dfrac{\partial w}{\partial v},$$
    $$\dfrac{\partial w}{\partial y}=\dfrac{\partial w}{\partial u}\dfrac{\partial u}{\partial y}+\dfrac{\partial w}{\partial v}\dfrac{\partial v}{\partial y}=\dfrac{\partial w}{\partial u}-\dfrac{\partial w}{\partial v},$$
    $$\dfrac{\partial^2 w}{\partial x^2}=\dfrac{\partial^2 w}{\partial u^2}+2\dfrac{\partial^2 w}{\partial u\partial v}+\dfrac{\partial^2 w}{\partial v^2},$$
    $$\dfrac{\partial^2 w}{\partial x\partial y}=\dfrac{\partial^2 w}{\partial u^2}-\dfrac{\partial^2 w}{\partial u\partial v}+\dfrac{\partial^2 w}{\partial v\partial u}-\dfrac{\partial^2 w}{\partial v^2},$$
    $$\dfrac{\partial^2 w}{\partial y^2}=\dfrac{\partial^2 w}{\partial u^2}-\dfrac{\partial^2 w}{\partial u\partial v}-\dfrac{\partial^2 w}{\partial v\partial u}+\dfrac{\partial^2 w}{\partial v^2},$$
    $\Rightarrow \dfrac{\partial^2 w}{\partial x^2}+2\dfrac{\partial^2 w}{\partial x\partial y}+\dfrac{\partial^2 w}{\partial y^2}=4\dfrac{\partial^2 w}{\partial u^2}.$
    $\Rightarrow \dfrac{\partial^2 w}{\partial u^2}=\dfrac{1}{2}.$

【温馨提示】解决本题的关键是将原函数的偏导数用待求的量表达出来, 然后通过代换进行求解, 注意你对解题思路和方法的掌握.

18. **知识点窍** 本题主要考查积分之间变换.
    解题过程 题(1)是求极坐标变换下的累次积分, 先完成 $\iint\limits_D f(x,y)\mathrm{d}x\mathrm{d}y$, 确定积分区域 D, 再化成累次积分.
    题(2)中无论是先对 x 积分, 还是先对 y 积分, 都很难进行, 这是因为 $\mathrm{e}^{-x^2},\mathrm{e}^{-y^2}$ 的原函数不是初等函数, 所以必须改用其他坐标系. 又由于被积函数属 $f(x^2+y^2)$ 的形式, 因此选用极坐标系较方便.
    (1) D 的极坐标表示:
    $$\dfrac{\pi}{2}\leqslant\theta\leqslant\pi,0\leqslant r\leqslant\sin\theta,\text{即}\dfrac{\pi}{2}\leqslant\theta\leqslant\pi,r^2\leqslant r\sin\theta,$$
    即 $x^2+y^2\leqslant y,x\leqslant 0,$
    则 D 为左半圆域: $x^2+y^2\leqslant y,x\leqslant 0,$
    即 $x^2+\left(y-\dfrac{1}{2}\right)^2\leqslant\left(\dfrac{1}{2}\right)^2,x\leqslant 0.$
    先对 y 后对 x 积分,
    $D:-\dfrac{1}{2}\leqslant x\leqslant 0,\dfrac{1}{2}-\sqrt{\dfrac{1}{4}-x^2}\leqslant y$
    $\leqslant\dfrac{1}{2}+\sqrt{\dfrac{1}{4}-x^2},$
    于是
    原式 $=\int_{-\frac{1}{2}}^{0}\mathrm{d}x\int_{\frac{1}{2}-\sqrt{\frac{1}{4}-x^2}}^{\frac{1}{2}+\sqrt{\frac{1}{4}-x^2}}f(x,y)\mathrm{d}y.$
    (2) 积分区域 D 为扇形
    $$\left\{(x,y)\mid 0\leqslant y\leqslant\dfrac{\sqrt{2}}{2}R,0\leqslant x\leqslant y\right\}\cup$$
    $$\left\{(x,y)\mid \dfrac{\sqrt{2}}{2}R\leqslant y\leqslant R,0\leqslant x\leqslant\sqrt{R^2-y^2}\right\},$$
    即 $\left\{(x,y)\mid 0\leqslant x\leqslant\dfrac{\sqrt{2}}{2}R,x\leqslant y\leqslant\sqrt{R^2-x^2}\right\}$
    $=\left\{(r,\theta)\mid 0\leqslant r\leqslant R,\dfrac{\pi}{4}\leqslant\theta\leqslant\dfrac{\pi}{2}\right\},$
    所以
    原式 $=\iint\limits_D \mathrm{e}^{-(x^2+y^2)}\mathrm{d}x\mathrm{d}y$
    $=\int_{\frac{\pi}{4}}^{\frac{\pi}{2}}\mathrm{d}\theta\int_0^R \mathrm{e}^{-r^2}r\mathrm{d}r$
    $=\dfrac{\pi}{4}\cdot\dfrac{1}{2}(1-\mathrm{e}^{-R^2})$
    $=\dfrac{\pi}{8}(1-\mathrm{e}^{-R^2}).$

【温馨提示】解决本题的关键是对原积分形式进行变换,然后求解. 如果积分不易求解,则应尝试变换积分顺序或者积分形式进行求解,注意对解题思路及方法的掌握.

19. **知识点窍** 本题主要考查有关二重积分的计算.
    解题过程 考查积分区域与被积函数的特点,选择适当方法求解.

    (1) 尽管 D 的边界不是圆弧,但由被积函数的特点知选用极坐标比较方便.
    D 的边界线 $x=1$ 及 $y=1$ 的极坐标方程分别为
    $r = \dfrac{1}{\cos\theta} \left(0 \leqslant \theta \leqslant \dfrac{\pi}{4}\right)$,
    $r = \dfrac{1}{\sin\theta} \left(\dfrac{\pi}{4} \leqslant \theta \leqslant \dfrac{\pi}{2}\right)$,
    于是
    $I = \int_0^{\frac{\pi}{4}} d\theta \int_0^{\frac{1}{\cos\theta}} \dfrac{r dr}{(1+r^2)^{3/2}} + \int_{\frac{\pi}{4}}^{\frac{\pi}{2}} d\theta \int_0^{\frac{1}{\sin\theta}} \dfrac{r dr}{(1+r^2)^{3/2}}$
    $= -\int_0^{\frac{\pi}{4}} \dfrac{1}{\sqrt{1+r^2}} \Big|_0^{\frac{1}{\cos\theta}} d\theta - \int_{\frac{\pi}{4}}^{\frac{\pi}{2}} \dfrac{1}{\sqrt{1+r^2}} \Big|_0^{\frac{1}{\sin\theta}} d\theta$
    $= \int_0^{\frac{\pi}{4}} \left(1 - \dfrac{\cos\theta}{\sqrt{1+\cos^2\theta}}\right) d\theta$
    $\quad + \int_{\frac{\pi}{4}}^{\frac{\pi}{2}} \left(1 - \dfrac{\sin\theta}{\sqrt{1+\sin^2\theta}}\right) d\theta$
    $= 2 \int_0^{\frac{\pi}{4}} \left(1 - \dfrac{\cos\theta}{\sqrt{1+\cos^2\theta}}\right) d\theta$
    $= 2 \int_0^{\frac{\pi}{4}} \left[d\theta - \dfrac{d(\sin\theta)}{\sqrt{2-\sin^2\theta}}\right]$
    $= \dfrac{\pi}{2} - 2\arcsin\dfrac{\sin\theta}{\sqrt{2}} \Big|_0^{\frac{\pi}{4}}$
    $= \dfrac{\pi}{2} - 2 \cdot \dfrac{\pi}{6} = \dfrac{\pi}{6}.$

    (2) 在积分区域 D 上将被积函数分块表示,若用分块积分法较复杂(因 D 是圆域),所以可用极坐标变换,这时可利用周期函数的积分性质,作极坐标变换,$x = r\cos\theta, y = r\sin\theta$,
    则 $D: 0 \leqslant \theta \leqslant 2\pi, 0 \leqslant r \leqslant 1$. 从而
    $I = \int_0^{2\pi} |3\cos\theta + 4\sin\theta| d\theta \int_0^1 r \cdot r dr$
    $= \dfrac{5}{3} \int_0^{2\pi} \left|\dfrac{3}{5}\cos\theta + \dfrac{4}{5}\sin\theta\right| d\theta$
    $= \dfrac{5}{3} \int_0^{2\pi} |\sin(\theta + \theta_0)| d\theta$
    其中 $\sin\theta_0 = \dfrac{3}{5}, \cos\theta_0 = \dfrac{4}{5}.$
    由周期函数的积分性质,令 $t = \theta + \theta_0$ 就有
    $I = \dfrac{5}{3} \int_{\theta_0}^{2\pi+\theta_0} |\sin t| dt = \dfrac{5}{3} \int_{-\pi}^{\pi} |\sin t| dt$
    $= \dfrac{10}{3} \int_0^{\pi} \sin t dt = \dfrac{20}{3}.$

【温馨提示】本题属于基本题型,计算函数的定积分,需要根据被积函数以及积分区域的特点,选取适当的积分方法,注意对各积分方法及技巧的掌握.

20. **知识点窍** 本题主要考查有关定积分的计算.
    解题过程 分析一(分块积分法)
    D 如下图所示,被积函数分块表示,要分块积分.

    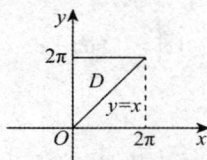

    将 D 分成 $D = D_1 \cup D_2$,以 $y - x = \pi$ 为分界线(如下图所示).

    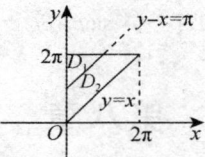

    在 D_1 上, $\pi \leqslant y - x \leqslant 2\pi$;
    在 D_2 上, $0 \leqslant y - x \leqslant \pi$, 则
    $I = -\iint_{D_1} \sin(y-x) d\sigma + \iint_{D_2} \sin(y-x) d\sigma$
    在 D_2 上边界分段,也要分块积分
    $I = -\int_0^{\pi} dx \int_{x+\pi}^{2\pi} \sin(y-x) dy + \int_0^{\pi} dx \int_x^{x+\pi} \sin(y-x) dy + \int_{\pi}^{2\pi} dx \int_x^{2\pi} \sin(y-x) dy$
    $= \int_0^{\pi} \cos(y-x) \Big|_{y=x+\pi}^{2\pi} dx - \int_0^{\pi} \cos(y-x) \Big|_{y=x}^{x+\pi} dx$
    $\quad - \int_{\pi}^{2\pi} \cos(y-x) \Big|_{y=x}^{2\pi} dx$
    $= \int_0^{\pi} (\cos x + 1) dx + \int_0^{\pi} 2 dx - \int_{\pi}^{2\pi} (\cos x - 1) dx$
    $= 4\pi$

    分析二(利用对称法)
    如下图所示.

    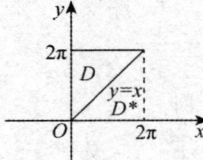

    D 与 $D*$ 关于 $y = x$ 对称.
    $f(x,y) \xlongequal{\text{记}} |\sin(x-y)| = f(y,x) \Rightarrow$

$$\iint_D |\sin(x-y)| d\sigma = \iint_{D*} |\sin(x-y)| d\sigma$$

$$\Rightarrow \iint_D |\sin(x,y)| d\sigma$$

$$= \frac{1}{2}\left[\iint_D |\sin(x-y)| d\sigma + \iint_{D*} |\sin(x-y)| d\sigma\right]$$

$$= \frac{1}{2}\int_0^{2\pi} dx \int_0^{2\pi} |\sin(x-y)| dy$$

$$\xrightarrow[\text{平移}]{t=x-y} \frac{1}{2}\int_0^{2\pi} dx \int_x^{x-2\pi} |\sin t|(-dt)$$

$$= \frac{1}{2}\int_0^{2\pi} dx \int_{x-2\pi}^x |\sin(x-y)| d(x-y)$$

$$\xrightarrow[\text{积分性质}]{\text{周期函数}} \frac{1}{2}\int_0^{2\pi} dx \int_{-\pi}^{\pi} |\sin t| dt$$

$$= 2\pi \cdot 2$$
$$= 4\pi.$$

分析三（内层积分作变量替换后用分部积分法）

$$I = \int_0^{2\pi} dx \int_x^{2\pi} |\sin(x-y)| dy$$

$$\xrightarrow{t=y-x} \int_0^{2\pi} dx \int_0^{2\pi-x} |\sin t| dt$$

$$= \int_0^{2\pi} \left(\int_0^{2\pi-x} |\sin t| dt\right) dx$$

$$\xrightarrow{\text{分部积分}} \left(x\int_0^{2\pi-x} |\sin t| dt\right)\Big|_0^{2\pi}$$
$$- \int_0^{2\pi} x d(|\sin t| dt)$$

$$= \int_0^{2\pi} x |\sin(2\pi-x)| dx$$

$$= \int_0^{2\pi} x |\sin x| dx$$

$$= \int_0^{\pi} x \sin x dx - \int_{\pi}^{2\pi} x \sin x dx$$

$$= -\int_0^{\pi} x d\cos x + \int_{\pi}^{2\pi} x d\cos x$$

$$= 4\pi.$$

【温馨提示】本题属于基本题型，主要考查有关定积分的计算。计算定积分的方法有多种，注意对不同方法的掌握及应用。

第八章 多元函数同步测试(B)卷解析

一、单项选择题

题号	1	2	3	4	5	6
答案	C	B	D	D	C	C

1. 知识点窍 本题主要考查二元函数偏微分的计算。

解题过程 对于(A),(B): $f(x,y)$ 均是二元初等函数。

$\frac{\partial^2 f}{\partial x \partial y}, \frac{\partial^2 f}{\partial y \partial x}$ 均连续，所以 $\frac{\partial^2 f}{\partial x \partial y} = \frac{\partial^2 f}{\partial y \partial x}$。

因而(C),(D)中必有一个是 $f''_{xy}(0,0) = f''_{yx}(0,0)$，而另一个是 $f''_{xy}(0,0) \neq f''_{yx}(0,0)$。

现观察(C):

$(x,y) \neq (0,0)$ 时，

$$f(x,y) = xy \frac{x^2+y^2-2y^2}{x^2+y^2} = xy\left(1-\frac{2y^2}{x^2+y^2}\right)$$

$$= xy - \frac{2xy^3}{x^2+y^2}$$

$$\frac{\partial f}{\partial x} = y - 2\frac{y^3(x^2+y^2)-xy^3 \cdot 2x}{(x^2+y^2)^2}$$

$$= y - \frac{2y^3(y^2-x^2)}{(x^2+y^2)^2}.$$

$(x,y) = (0,0)$ 时，

$$\frac{\partial f}{\partial x} = \frac{d}{dx}f(x,0)\Big|_{x=0} = 0.$$

$$\Rightarrow f''_{xy}(0,0) = \frac{d}{dy}f'_x(0,y)\Big|_{y=0} = \frac{d}{dy}(-y)\Big|_{y=0}$$

$$= -1$$

$(x,y) \neq (0,0)$ 时，

$f(x,y) = -yx\frac{y^2-x^2}{y^2+x^2}$，利用对称性

$$\Rightarrow \frac{\partial f}{\partial y} = -x + \frac{2x^3(x^2-y^2)}{(x^2+y^2)^2}.$$

$(x,y) = (0,0)$ 时，

$$\frac{\partial f}{\partial y} = 0 \Rightarrow f''_{yx}(0,0) = \frac{d}{dx}f_y(x,0)\Big|_{x=0}$$

$$= \frac{d}{dx}(x)\Big|_{x=0} = 1.$$

因此，$f''_{xy}(0,0) \neq f''_{yx}(0,0)$。

选(C)。

【温馨提示】对于求解函数的偏微分，求解顺序不同，得到的结果可能不同，注意对此种类型问题的掌握。

2. 知识点窍 本题主要考查有关全微分的计算。

解题过程 分析一 若二阶混合偏导连续，则有 $\frac{\partial^2 f}{\partial x \partial y} = \frac{\partial^2 f}{\partial y \partial x}$，因此有

$$\frac{\partial^2 f}{\partial x \partial y} = 3axy^2 - 2y\cos x \quad ①$$

$$\frac{\partial^2 f}{\partial y \partial x} = by\cos x + 6xy^2 \quad ②$$

由①②两式相等，比较同类项，得 $a=2, b=-2$.

分析二 由 $f(x,y)=\int(axy^3-y^2\cos x)dx$

$=\dfrac{a}{2}x^2y^3-y^2\sin x+\varphi(y)$

与 $f(x,y)=\int(1+by\sin x+3x^2y^2)dy$

$=y+\dfrac{b}{2}y^2\sin x+x^2y^3+\psi(x)$.

比较同类项系数，可得 $a=2, b=-2$.
正确选项为(B).

【温馨提示】解决本题的关键是对条件的应用：第一种方法是根据混合偏导连续入手，然后求解；第二种方法是求原函数，根据同类项系数相等求解．注意对两种方法的掌握．

3. **知识点窍** 本题主要考查函数连续与可微的判断．
   解题过程
   分析一 （1）$|x-y|$ 在 $(0,0)$ 连续，$\varphi(x,y)$ 在 $(0,0)$ 连续 $\Rightarrow f(x,y)$ 在 $(0,0)$ 连续．

   (2) $\lim\limits_{\Delta x\to 0}\dfrac{f(0+\Delta x,0)-f(0,0)}{\Delta x}$

   $=\lim\limits_{\Delta x\to 0}\left[\dfrac{|\Delta x|}{\Delta x}\cdot\varphi(\Delta x,0)\right]=0$

   $f'_x(0,0)=0$,
   同理 $f'_y(0,0)=0$.

   (3) 考查 $f(\Delta x,\Delta y)-$
   $\left[f(0,0)+\dfrac{\partial f(0,0)}{\partial x}\Delta x+\dfrac{\partial f(0,0)}{\partial y}\Delta y\right]$
   $=|\Delta x-\Delta y|\varphi(\Delta x,\Delta y)$.

   注意
   $\left|\dfrac{|\Delta x-\Delta y|\varphi(\Delta x,\Delta y)}{\rho}\right|\leqslant 2|\varphi(\Delta x,\Delta y)|\xrightarrow{\rho\to 0}$
   0, 其中 $\rho=\sqrt{\Delta x^2+\Delta y^2}$

   $\Rightarrow \lim\limits_{\rho\to 0}\dfrac{|\Delta x-\Delta y|\varphi(\Delta x,\Delta y)}{\rho}=0$.

   $\Rightarrow f(\Delta x,\Delta y)-f(0,0)=\dfrac{\partial f(0,0)}{\partial x}\Delta x+\dfrac{\partial f(0,0)}{\partial y}\Delta y+o(\rho)(\rho\to 0)$

   $\Rightarrow f(x,y)$ 在 $(0,0)$ 可微
   选(D).

   分析二 直接按可微性定义．
   $f(x,y)$ 在 (x_0,y_0) 可微，即 $f(x,y)$ 在 (x_0,y_0) 满足
   $f(x_0+\Delta x, y_0+\Delta y)-f(x_0,y_0)$
   $=A\Delta x+B\Delta y+o(\rho)(\rho=\sqrt{\Delta x^2+\Delta y^2}\to 0)$,
   其中 A,B 是与 $\Delta x,\Delta y$ 无关的常数．
   易知 $A=\dfrac{\partial f(x_0,y_0)}{\partial x}, B=\dfrac{\partial f(x_0,y_0)}{\partial y}$. 特别是，若有

$f(x_0+\Delta x,y_0+\Delta y)-f(x_0,y_0)=o(\rho)$，
则 $f(x,y)$ 在 (x_0,y_0) 可微

$\left(\text{且}\dfrac{\partial f(x_0,y_0)}{\partial x}=\dfrac{\partial f(x_0,y_0)}{\partial y}=0\right)$.

这里，由于 $\dfrac{f(\Delta x,\Delta y)}{\rho}=\dfrac{|\Delta x-\Delta y|\varphi(\Delta x,\Delta y)}{\rho}$

$\to 0(\rho\to 0)$.

其中 $\left|\dfrac{\Delta x}{\rho}\right|\leqslant 1, \left|\dfrac{\Delta y}{\rho}\right|\leqslant 1, \lim\limits_{\rho\to 0}\varphi(0,0)=0$,
即 $f(\Delta x,\Delta y)=o(\rho)(\rho\to 0)$, 故 $f(x,y)$ 在 $(0,0)$ 可微，
选(D).

【温馨提示】注意对二元函数连续与可微判断方法的掌握，同时应掌握用定义判别的方法．

4. **知识点窍** 本题主要考查利用已知函数的全微分求解原函数．
   解题过程 **分析一** 对(A),(B),(C),(D)所给出的4个函数求全微分，可知(D)正确．

   分析二 由 $\int f'_x(x,y)dx=\int f'_y(x,y)dy=f(x,y)$ 通过积分，求出 $f(x,y)$.

   $\int f'_x(x,y)dx=\int(x^2+2xy-y^2)dx$
   $=\dfrac{1}{3}x^3+x^2y-xy^2+\varphi(y)$

   $\int f'_y(x,y)dy=\int(x^2+2xy-y^2)dy$
   $=x^2y-xy^2-\dfrac{1}{3}y^3+\psi(x)$

   比较两式可知 $\varphi(y)=-\dfrac{1}{3}y^3+C$,
   $\psi(x)=\dfrac{1}{3}x^3+C$.

   从而可知应选(D).
   比较两种方法，第一种更方便些．因为全微分很容易求．

【温馨提示】对于选择题，最简便的方法是从选项出发，逐个求解全微分，然后找出答案；同时应注意对第二种方法的掌握．

5. **知识点窍** 本题主要考查分段函数连续与偏导数存在的判断．
   解题过程 这是讨论 $f(x,y)$ 在 $(0,0)$ 是否连续，是否可偏导，先讨论容易的即 $f(x,y)$ 在 $(0,0)$ 是否偏导
   由于 $f(x,0)=0(\forall x\in(-\infty,+\infty))$,
   则 $\dfrac{\partial f}{\partial x}\bigg|_{(0,0)}=0$.

同理，$\left.\dfrac{\partial f}{\partial y}\right|_{(0,0)} = 0$.

因此(B)(D)被排除.

再考查 $f(x,y)$ 在$(0,0)$ 的连续性.

令 $y = x^3$，

则 $\lim\limits_{\substack{y=x^3\\x\to 0}} f(x,y) = \lim\limits_{x\to 0} \dfrac{x^3 \cdot x^3}{x^6+(x^3)^2} = \dfrac{1}{2} \neq f(0,0)$.

因此 $f(x,y)$ 在点$(0,0)$ 不连续.

故应选(C).

【温馨提示】本题属于基本题型，注意对判断分段函数是否连续以及偏导是否存在的方法的掌握.

6. **知识点窍** 本题主要考查有关定积分的等式的计算.

解题过程 选项(B)应直接排除，因二重积分为常数，故 $f(x,y)$ 只可能是 $xy+C$.

设 $\iint\limits_{D} f(u,v)\mathrm{d}u\mathrm{d}v = A$，则

$$A = \iint\limits_{D} f(x,y)\mathrm{d}x\mathrm{d}y = \int_0^1 x\mathrm{d}x\int_0^{x^2} y\mathrm{d}y + A\int_0^1 \mathrm{d}x\int_0^{x^2}\mathrm{d}y$$

$$= \int_0^1 x\mathrm{d}x\int_0^{x^2} y\mathrm{d}y + A\int_0^1\mathrm{d}x\int_0^{x^2}\mathrm{d}y$$

$$= \int_0^1 x\cdot\dfrac{1}{2}x^4\mathrm{d}x + \dfrac{1}{3}A$$

$$= \dfrac{1}{12}x^6\Big|_0^1 + \dfrac{1}{3}A$$

$$= \dfrac{1}{12} + \dfrac{1}{3}A$$

由此得 $A = \dfrac{1}{8}$. 所以

$$f(x,y) = xy + \dfrac{1}{8}.$$

正确选项为(C).

【温馨提示】解决本题的关键是判断出被积函数的形式，然后根据对定积分等式的计算求解未知数，注意对此类型题目解题方法和步骤的掌握.

二、填空题

7. **知识点窍** 本题主要考查函数全微分及偏导数的计算.

解题过程 由一阶全微分形式不变性及全微分四则运算法则得

$$\mathrm{d}z = \mathrm{e}^{-\arctan\frac{y}{x}}\mathrm{d}(x^2+y^2) + (x^2+y^2)\mathrm{d}(\mathrm{e}^{-\arctan\frac{y}{x}})$$

$$= \mathrm{e}^{-\arctan\frac{y}{x}}\left[2x\mathrm{d}x + 2y\mathrm{d}y - (x^2+y^2)\dfrac{1}{1+\frac{y^2}{x^2}}\cdot\right.$$

$$\left.\dfrac{x\mathrm{d}y - y\mathrm{d}x}{x^2}\right]$$

$$= \mathrm{e}^{-\arctan\frac{y}{x}}(2x\mathrm{d}x + 2y\mathrm{d}y - x\mathrm{d}y + y\mathrm{d}x)$$

$$= \mathrm{e}^{-\arctan\frac{y}{x}}[(2x+y)\mathrm{d}x + (2y-x)\mathrm{d}y]$$

由 $\mathrm{d}z$ 的表达式得 $\dfrac{\partial z}{\partial x} = \mathrm{e}^{-\arctan\frac{y}{x}}(2x+y)$.

对 y 求导得

$$\dfrac{\partial^2 z}{\partial x\partial y} = \mathrm{e}^{-\arctan\frac{y}{x}}\left[1 - \dfrac{1}{1+\frac{y^2}{x^2}}\cdot\dfrac{1}{x}(2x+y)\right]$$

$$= \mathrm{e}^{-\arctan\frac{y}{x}}\dfrac{y^2 - x^2 - xy}{x^2+y^2}.$$

【温馨提示】本题属于基本题型，求函数的全微分，需要运用函数的全微分不变性求解，进而求出函数的二阶偏导数.

8. **知识点窍** 本题主要考查函数二阶偏导数的计算.

解题过程 $\dfrac{\partial z}{\partial x} = \dfrac{(x^2+y^2) - 2x^2}{(x^2+y^2)^2} = \dfrac{y^2-x^2}{(x^2+y^2)^2}$

$$\dfrac{\partial^2 z}{\partial x^2} = \dfrac{-2x(x^2+y^2)^2 - (y^2-x^2)\cdot 4x(x^2+y^2)}{(x^2+y^2)^4}$$

$$= \dfrac{-2x(x^2+y^2) - 4x(y^2-x^2)}{(x^2+y^2)^3}$$

$$= \dfrac{2x(x^2-3y^2)}{(x^2+y^2)^3}$$

$$\dfrac{\partial^2 z}{\partial x\partial y} = \dfrac{2y(x^2+y^2)^2 - 4y(x^2+y^2)(y^2-x^2)}{(x^2+y^2)^4}$$

$$= \dfrac{2y(x^2+y^2) - 4y(y^2-x^2)}{(x^2+y^2)^3}$$

$$= \dfrac{2y(3x^2-y^2)}{(x^2+y^2)^3}$$

$$\dfrac{\partial z}{\partial y} = \dfrac{-2xy}{(x^2+y^2)^2}$$

$$\dfrac{\partial^2 z}{\partial y^2} = \dfrac{-2x(x^2+y^2)^2 + 2xy(x^2+y^2)\cdot 4y}{(x^2+y^2)^4}$$

$$= \dfrac{-2x(x^2+y^2) + 8xy^2}{(x^2+y^2)^3}$$

$$= \dfrac{2x(3y^2-x^2)}{(x^2+y^2)^3}.$$

【温馨提示】求解函数的二阶偏导数，首先需求出函数的一阶偏导数，然后再求二阶偏导数，注意对解题方法的掌握.

9. **知识点窍** 本题主要考查二重积分的计算.

解题过程 在积分区域 D 上将被积函数分块表示为

$$|y-x^2| = \begin{cases} y - x^2, y \geqslant x^2 \\ x^2 - y, y \leqslant x^2 \end{cases}, (x,y) \in D,$$

因此要将 D 分块，用分块积分法.

又 D 关于 y 轴对称，被积函数关于 x 为偶函数，记
$D_1 = \{(x,y) \mid (x,y) \in D, x \geq 0, y \geq x^2\}$
$D_2 = \{(x,y) \mid (x,y) \in D, x \geq 0, y \leq x^2\}$
于是
$$I = 2\iint_{D_1} \sqrt{y-x^2}\,dxdy + 2\iint_{D_2} \sqrt{x^2-y}\,dxdy$$
$$= 2\int_0^1 dx \int_{x^2}^2 \sqrt{y-x^2}\,dy + 2\int_0^1 dx \int_0^{x^2} \sqrt{x^2-y}\,dy$$
$$= \frac{4}{3}\int_0^1 (2-x^2)^{\frac{3}{2}}\,dx + \frac{4}{3}\int_0^1 x^3\,dx$$
$$\xrightarrow{x=\sqrt{2}\sin t} \frac{4}{3}\int_0^{\frac{\pi}{4}} 2^{\frac{3}{2}} \cos^3 t \cdot 2^{\frac{1}{2}} \cos t\,dt + \frac{1}{3}$$
$$= \frac{16}{3}\int_0^{\frac{\pi}{4}} \cos^4 t\,dt + \frac{1}{3}$$
$$= \frac{\pi}{2} + \frac{5}{3}.$$

【温馨提示】 解决本题的关键是将被积函数的绝对值符号去掉，然后进行分块积分，注意对解题方法的掌握.

10. **知识点窍** 本题主要考查复合函数求偏导.
    解题过程
    $$\frac{\partial z}{\partial u} = \frac{\partial z}{\partial x}\frac{\partial x}{\partial u} + \frac{\partial z}{\partial y}\frac{\partial y}{\partial u}$$
    $$= \frac{2x}{y} \cdot 1 - \frac{x^2}{y^2} \cdot 2$$
    $$= \frac{2x}{y^2}(y-x)$$
    $$= \frac{2(u-2v)(u+3v)}{(2u+v)^2}.$$
    $$\frac{\partial z}{\partial v} = \frac{\partial z}{\partial x} \cdot \frac{\partial x}{\partial v} + \frac{\partial z}{\partial y}\frac{\partial y}{\partial v}$$
    $$= \frac{2x}{y} \cdot (-2) - \frac{x^2}{y^2} \cdot 1$$
    $$= -\frac{x}{y^2}(4y+x)$$
    $$= \frac{-(u-2v)(9u+2v)}{(v+2u)^2}.$$

【温馨提示】 复合函数求偏导，关键是弄清楚函数的复合结构，然后逐步进行求偏导，注意对解题步骤的掌握.

11. **知识点窍** 本题主要考查函数积分顺序的变换.
    解题过程 在直角坐标系中画出 D 的图形，然后交换积分顺序确定积分限或在 $O\theta r$ 直角坐标系中画出 D' 的图形，然后交换积分顺序.
    $r = 2a\cos\theta$ 是圆周 $x^2+y^2 = 2ax$，
    即 $(x-a)^2 + y^2 = a^2$.

因此 D 的图形如下图所示.

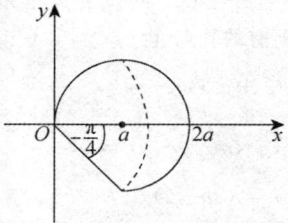

为了先 θ 后 r 的积分顺序，将 D 分成两块，如上图虚线所示，$D = D_1 \cup D_2$，且
$D_1 = \{(x,y) \mid 0 \leq r \leq \sqrt{2}a,$
$\quad -\frac{\pi}{4} \leq \theta \leq \arccos\frac{r}{2a}\}$,
$D_2 = \{(x,y) \mid \sqrt{2}a \leq r \leq 2a,$
$\quad -\arccos\frac{r}{2a} \leq \theta \leq \arccos\frac{r}{2a}\}$.

因此
$$I = \int_0^{\sqrt{2}a} dr \int_{-\frac{\pi}{4}}^{\arccos\frac{r}{2a}} F(r,\theta)\,d\theta + \int_{\sqrt{2}a}^{2a} dr \int_{-\arccos\frac{r}{2a}}^{\arccos\frac{r}{2a}} F(r,\theta)\,d\theta.$$

【温馨提示】 解决本题的关键是根据原积分表达式，求解出积分区域，然后再交换积分顺序.

12. **知识点窍** 本题主要考查隐函数求解全微分.
    解题过程 设 $F(x,y,z) = xyz - e^{xz}$，则
    $$\frac{\partial z}{\partial x} = -\frac{F'_x}{F'_z} = -\frac{yz - ze^{xz}}{xy - xe^{xz}} = \frac{ze^{xz} - yz}{xy - xe^{xz}}$$
    $$\frac{\partial z}{\partial y} = -\frac{F'_y}{F'_z} = -\frac{xz}{xy - xe^{xz}}$$
    所以
    $$dz = \frac{1}{xy - xe^{xz}}[(ze^{xz} - yz)dx - xz\,dy].$$

【温馨提示】 隐函数求解全微分，主要是根据公式进行求解，注意对公式的掌握及运用.

三、解答题

13. **知识点窍** 本题主要考查有关函数极值点数量的证明.
    解题过程 （1）先计算 $\frac{\partial z}{\partial x}, \frac{\partial z}{\partial y}, \frac{\partial^2 z}{\partial x^2}, \frac{\partial^2 z}{\partial y^2}, \frac{\partial^2 z}{\partial x \partial y}$
    $$\frac{\partial z}{\partial x} = -(1+e^y)\sin x$$
    $$\frac{\partial z}{\partial y} = e^y(\cos x - 1 - y)$$
    $$\frac{\partial^2 z}{\partial x^2} = -(1+e^y)\cos x$$
    $$\frac{\partial^2 z}{\partial y^2} = e^y(\cos x - 2 - y)$$

$\dfrac{\partial^2 z}{\partial x \partial y} = -e^y \sin x$

(2) 求出所有的驻点,由

$$\begin{cases} \dfrac{\partial z}{\partial x} = -(1+e^y)\sin x = 0, \\ \dfrac{\partial z}{\partial y} = e^y(\cos x - 1 - y) = 0, \end{cases}$$

解得 $(x,y) = (2n\pi, 0)$

或 $(x,y) = ((2n+1)\pi, -2)$,其中 $n = 0, \pm 1, \pm 2, \cdots$.

(3) 判断所有驻点是否是极值点,是极大值点还是极小值点.

在 $(2n\pi, 0)$ 处,由于 $\dfrac{\partial^2 z}{\partial x^2} \cdot \dfrac{\partial^2 z}{\partial y^2} - \left(\dfrac{\partial^2 z}{\partial x \partial y}\right)^2 = (-2)$

$\times (-1) - 0 = 2 > 0$,

$\dfrac{\partial^2 z}{\partial x^2} = -2 < 0$,则 $(2n\pi, 0)$ 是极大值点.

在 $((2n+1)\pi, -2)$ 处,

由于 $\dfrac{\partial^2 z}{\partial x^2} \cdot \dfrac{\partial^2 z}{\partial y^2} - \left(\dfrac{\partial^2 z}{\partial x \partial y}\right)^2 = (1+e^{-2})(-e^{-2})$

$= -\dfrac{e^2+1}{e^4} < 0$,

则 $((2n+1)\pi, -2)$ 不是极值点.

因此函数 z 有无穷多极大值点 $(2n\pi, 0)(n = 0, \pm 1, \pm 2, \cdots)$,而无极小值点.

【温馨提示】判断函数极值点的情况,首先需求出函数的驻点,然后根据公式进行判断函数的极值点情况,注意对公示及解题方法和步骤的掌握.

14. **知识点窍** 本题主要考查有关抽象函数的偏导数计算.

解题过程 设 $u = xy, v = \dfrac{1}{2}(x^2 - y^2)$,则

$\dfrac{\partial g}{\partial x} = \dfrac{\partial f}{\partial u}\dfrac{\partial u}{\partial x} + \dfrac{\partial f}{\partial v}\dfrac{\partial v}{\partial x} = y\dfrac{\partial f}{\partial u} + x\dfrac{\partial f}{\partial v}$

$\dfrac{\partial^2 g}{\partial x^2} = y\dfrac{\partial^2 f}{\partial u^2}\dfrac{\partial u}{\partial x} + y\dfrac{\partial^2 f}{\partial u \partial v}\dfrac{\partial v}{\partial x} + \dfrac{\partial f}{\partial v} + x\dfrac{\partial^2 f}{\partial v \partial u}\dfrac{\partial u}{\partial x} +$

$\quad x\dfrac{\partial^2 f}{\partial v^2}\dfrac{\partial v}{\partial x}$

$= y\dfrac{\partial^2 f}{\partial u^2} \cdot y + y\dfrac{\partial^2 f}{\partial u \partial v} \cdot x + \dfrac{\partial f}{\partial v} + x\dfrac{\partial^2 f}{\partial v \partial u} \cdot y +$

$\quad x\dfrac{\partial^2 f}{\partial v^2} \cdot x$

$= y^2\dfrac{\partial^2 f}{\partial u^2} + x^2\dfrac{\partial^2 f}{\partial v^2} + 2xy\dfrac{\partial^2 f}{\partial u \partial v} + \dfrac{\partial f}{\partial v}$

$\dfrac{\partial g}{\partial y} = \dfrac{\partial f}{\partial u}\dfrac{\partial u}{\partial y} + \dfrac{\partial f}{\partial v}\dfrac{\partial v}{\partial y} = x\dfrac{\partial f}{\partial u} - y\dfrac{\partial f}{\partial v}$

$\dfrac{\partial^2 g}{\partial y^2} = x\left(\dfrac{\partial^2 f}{\partial u\partial f} \cdot \dfrac{\partial u}{\partial y} + \dfrac{\partial^2 f}{\partial u\partial v} \cdot \dfrac{\partial v}{\partial y}\right) - \dfrac{\partial f}{\partial v}$

$\quad -y\left(\dfrac{\partial^2 f}{\partial v\partial u}\dfrac{\partial u}{\partial y} + \dfrac{\partial^2 f}{\partial v^2}\dfrac{\partial v}{\partial y}\right)$

$= x^2\dfrac{\partial^2 f}{\partial u^2} - 2xy\dfrac{\partial^2 f}{\partial u \partial v} - \dfrac{\partial f}{\partial v} + y^2\dfrac{\partial^2 f}{\partial v^2}$

$\dfrac{\partial^2 g}{\partial x^2} + \dfrac{\partial^2 g}{\partial y^2} = (x^2+y^2)\dfrac{\partial^2 f}{\partial u^2} + (x^2+y^2)\dfrac{\partial^2 f}{\partial v^2}$

$= (x^2+y^2)\left(\dfrac{\partial^2 f}{\partial u^2} + \dfrac{\partial^2 f}{\partial v^2}\right)$

$= x^2 + y^2$.

【温馨提示】解决本题的关键是掌握函数的复合结构,然后逐步求偏导数,注意对解题方法和步骤的掌握.

15. **知识点窍** 本题主要考查对由方程式确定的隐函数求偏导.

解题过程 将方程两边求全微分后求出 dz,

由 dz 可求得 $\dfrac{\partial z}{\partial x}, \dfrac{\partial z}{\partial y}$,再将 $\dfrac{\partial z}{\partial x}$ 分别对 x,y 求导得

$\dfrac{\partial^2 z}{\partial x^2}, \dfrac{\partial^2 z}{\partial x \partial y}$.

将方程两边同时求全微分,由一阶全微分形式不变性及全微分的四则运算法则,得

$y\,dx + x\,dy + dx + dy - dz = e^z dz$,

解出

$dz = \dfrac{1}{e^z + 1}[(y+1)dx + (x+1)dy]$.

从而

$\dfrac{\partial z}{\partial x} = \dfrac{y+1}{e^z+1}, \dfrac{\partial z}{\partial y} = \dfrac{x+1}{e^z+1}$.

再将 $\dfrac{\partial z}{\partial x}$ 对 x 求导得

$\dfrac{\partial^2 z}{\partial x^2} = \dfrac{\partial}{\partial x}\left(\dfrac{y+1}{e^z+1}\right) = \dfrac{-(y+1)}{(e^z+1)^2}e^z\dfrac{\partial z}{\partial x}$

$= \dfrac{-e^z(y+1)^2}{(e^z+1)^3}$,

最后求出

$\dfrac{\partial^2 z}{\partial x \partial y} = \dfrac{\partial}{\partial y}\left(\dfrac{y+1}{e^z+1}\right) = \dfrac{1}{e^z+1} - \dfrac{y+1}{(e^z+1)^2}e^z\dfrac{\partial z}{\partial y}$

$= \dfrac{1}{e^z+1} - \dfrac{(x+1)(y+1)}{(e^z+1)^3}e^z$

$= \dfrac{(e^z+1)^2 - (x+1)(y+1)e^z}{(e^z+1)^3}$.

【温馨提示】解决本题的关键是对等式两边同时求全微分,然后进行求解,注意对解题方法和思路的掌握.

16. **知识点窍** 本题为实际应用型题目,主要考查函数极值的求解.

解题过程 用 x,y,z 表示三角形各边所对的中

角,如下图所示.

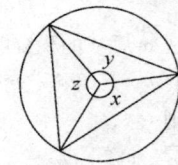

则三角形的面积 S 可用 x,y,z,R 表示为
$$S = \frac{1}{2}R^2\sin x + \frac{1}{2}R^2\sin y + \frac{1}{2}R^2\sin z,$$
其中 $z = 2\pi - x - y$,
将其代入得 $S = \frac{1}{2}R^2[\sin x + \sin y - \sin(x+y)]$,
定义域是
$$D = \{(x,y) \mid x \geq 0, y \geq 0, x+y \leq 2\pi\}.$$
现求 $S(x,y)$ 的驻点:
$$\frac{\partial S}{\partial x} = \frac{1}{2}R^2[\cos x - \cos(x+y)]$$
$$\frac{\partial S}{\partial y} = \frac{1}{2}R^2[\cos y - \cos(x+y)]$$
解 $\frac{\partial S}{\partial x} = 0, \frac{\partial S}{\partial y} = 0$,
得唯一驻点: $(x,y) = \left(\frac{2}{3}\pi, \frac{2}{3}\pi\right)$ 在 D 内部.
又在 D 的边界上,即 $x = 0$ 或 $y = 0$ 或 $x+y = 2\pi$
时, $S(x,y) = 0$.
因此, S 在 $\left(\frac{2}{3}\pi, \frac{2}{3}\pi\right)$ 取最大值.
因 $x = y = \frac{2}{3}\pi$, 则 $z = \frac{2}{3}\pi$, 故内接等边三角形的
面积最大.

【温馨提示】解决本题的关键是将题目条件中所求的面积用函数表达式表达出来,然后根据函数求解极值的方法进行求解,注意对解题方法和步骤的掌握.

17. **知识点窍** 本题主要考查有关抽象函数表达式的偏导数求解.

解题过程 (1) 以 z,x 为自变量, y 为因变量 $y = y(z,x)$, 它满足
$z = z(x,y(z,x))$
将 $z = z(x,y)$ 对 x 求偏导数,得
$$0 = \frac{\partial z}{\partial x} + \frac{\partial z}{\partial y} \cdot \frac{\partial y}{\partial x}$$
再对 x 求偏导数,得
$$0 = \frac{\partial^2 z}{\partial x^2} + 2\frac{\partial^2 z}{\partial x\partial y}\frac{\partial y}{\partial x} + \frac{\partial^2 z}{\partial y^2}\left(\frac{\partial y}{\partial x}\right)^2 + \frac{\partial z}{\partial y}\frac{\partial^2 y}{\partial x^2}$$

$$= \frac{\partial^2 z}{\partial x^2} + 2\frac{\partial^2 z}{\partial x\partial y}\frac{\partial y}{\partial x} + \frac{\partial^2 z}{\partial y^2}\left(\frac{\partial y}{\partial x}\right)^2 + \frac{\partial z}{\partial y}\frac{\partial^2 y}{\partial x^2}$$

将 $\frac{\partial y}{\partial x} = -\frac{\partial z}{\partial x}\bigg/\frac{\partial z}{\partial y}$ 代入上式,得
$$0 = \frac{1}{\left(\frac{\partial z}{\partial y}\right)^2}\left[\frac{\partial^2 z}{\partial x^2}\left(\frac{\partial z}{\partial y}\right)^2 - 2\frac{\partial^2 z}{\partial x\partial y}\frac{\partial z}{\partial x}\frac{\partial z}{\partial y} + \frac{\partial^2 z}{\partial y^2}\left(\frac{\partial z}{\partial x}\right)^2\right] + \frac{\partial z}{\partial y}\frac{\partial^2 y}{\partial x^2}$$

利用条件得 $\frac{\partial z}{\partial y}\frac{\partial^2 y}{\partial x^2} = 0$.

因 $\frac{\partial z}{\partial y} \neq 0$, 得 $\frac{\partial^2 y}{\partial x^2} = 0$

(2) 因 $y = y(z,x)$, $\frac{\partial}{\partial x}\left(\frac{\partial y}{\partial x}\right) = 0$

$\Rightarrow \frac{\partial y}{\partial x}$ 与 x 无关, $\frac{\partial y}{\partial x} = \varphi(z)$

$\Rightarrow y = x\varphi(z) + \psi(z)$.

【温馨提示】解决本题的关键是对变量的变换,弄清楚变换之后函数的复合结构,然后进行求解.

18. **知识点窍** 本题主要考查有关二重积分的计算.

解题过程 因 $||x+y|-2|$
$$= \begin{cases} |x+y-2|, y \geq -x \\ |x+y+2|, y \leq -x \end{cases}$$
$$= \begin{cases} x+y-2, y \geq -x+2 \\ 2-x-y, -x \leq y \leq -x+2 \\ x+y+2, -x-2 \leq y \leq -x \end{cases}$$

如下图,用直线 $y = -x+2$, $y = -x$ 将 D 分成 D_1, D_2 与 D_3, 于是

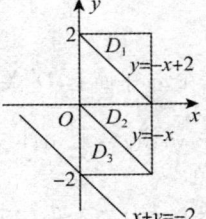

$$I = \iint_{D_1}(x+y-2)\mathrm{d}x\mathrm{d}y + \iint_{D_2}(2-x-y)\mathrm{d}x\mathrm{d}y + \iint_{D_3}(x+y+2)\mathrm{d}x\mathrm{d}y$$

$$= \iint_{D_1\cup D_2\cup D_3}(x+y)\mathrm{d}x\mathrm{d}y - 2\iint_{D_2}(x+y)\mathrm{d}x\mathrm{d}y -$$
$$2\iint_{D_1}\mathrm{d}x\mathrm{d}y + 2\iint_{D_2}\mathrm{d}x\mathrm{d}y + 2\iint_{D_3}\mathrm{d}x\mathrm{d}y$$

$$= \iint_{D}(x+y)\mathrm{d}x\mathrm{d}y - 2\iint_{D_2}(x+y)\mathrm{d}x\mathrm{d}y + 2\iint_{D_2}\mathrm{d}x\mathrm{d}y$$

$$= \iint_D (x-1)dxdy + \iint_D dxdy - 2\iint_{D_2}(x-1+y)dxdy$$
$$\quad - 2\iint_{D_2}dxdy + 8$$
$$= 0 + 8 - 0 - 8 + 8$$
$$= 8.$$

【温馨提示】解决本题的关键是将被积函数的绝对值符号去掉,然后对积分区域进行分块积分,注意对解题思路和方法的掌握.

19. **知识点窍** 本题主要考查函数积分的计算.

    解题过程 D 的图形如下图所示.

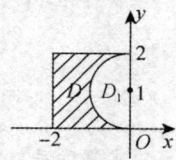

若把 D 看成正方形区域挖去半圆 D_1,则计算 D_1 上的积分自然选用极坐标变换.

若只考虑区域 D,则自然考虑先 x 后 y 的积分顺序化为累次积分.

若注意 D 关于直线 $y=1$ 对称,选择平移变换则最为方便.

分析一 作平移变换,令 $u=x, v=y-1$,
注意曲线 $x=-\sqrt{2y-y^2}$ 即 $x^2+(y-1)^2=1, x \leq 0$,则 D 变成 D'.
D' 由 $u=-2, v=-1, v=1, u^2+v^2=1 (u\leq 0)$ 围成,则
$$I = \iint_{D'}(v+1)dudv = 0 + \iint_{D'}dudv$$
$$= S_{D'}$$
$$= 4 - \frac{\pi}{2}.\text{(在 } uv \text{ 平面上}, D' \text{ 关于 } u \text{ 轴对称)}$$

分析二 $\iint_{D \cup D_1} ydxdy = \int_{-2}^{0} dx \int_0^2 ydy = 4$

在极坐标变换下,$D_1: \frac{\pi}{2} \leq \theta \leq \pi, 0 \leq r \leq 2\sin\theta$,从而
$$\iint_{D_1} ydxdy = \int_{\frac{\pi}{2}}^{\pi} d\theta \int_0^{2\sin\theta} r\sin\theta \cdot rdr$$
$$= \frac{8}{3}\int_{\frac{\pi}{2}}^{\pi} \sin^4\theta d\theta$$
$$\xrightarrow{\theta=\pi-t} \frac{8}{3}\int_0^{\frac{\pi}{2}} \sin^4 t dt$$
$$= \frac{8}{3} \times \frac{3 \times 1}{4 \times 2} \times \frac{\pi}{2}$$
$$= \frac{\pi}{2}$$

于是 $I = 4 - \frac{\pi}{2}$

分析三 选择先 x 后 y 的积分顺序,
D 表示为 $D = \{(x,y) \mid 0 \leq y \leq 2, -2 \leq x \leq -\sqrt{2y-y^2}\}$,则
$$I = \int_0^2 dy \int_{-2}^{-\sqrt{2y-y^2}} ydx = \int_0^2 y(2-\sqrt{2y-y^2})dy$$
$$= \int_0^2 y[2-\sqrt{1-(y-1)^2}]dy$$
$$\xrightarrow{y-1=t} \int_{-1}^1 (1+t)(2-\sqrt{1-t^2})dt$$
$$= \int_{-1}^1 (2-\sqrt{1-t^2})dt$$
$$= 4 - \frac{\pi}{2}.$$

【温馨提示】计算函数的定积分属于基本题型,解决本题的关键是对被积函数或者积分顺序进行变换,注意对不同解题方法及思路的掌握和应用.

20. **知识点窍** 本题主要考查定积分的计算.

    解题过程 D 是圆域(如下图所示):
    $$\left(x-\frac{a}{2}\right)^2 + y^2 \leq \left(\frac{a}{2}\right)^2$$

分析一 作极坐标变换
$x = r\cos\theta, y = r\sin\theta$,
并由 D 关于 x 轴对称,x 轴上方部分为 $D_1: 0 \leq \theta \leq \frac{\pi}{2}, 0 \leq r \leq a\cos\theta$.

于是 $I = 2\iint_{D_1} xy^2 dxdy$
$$= 2\int_0^{\frac{\pi}{2}} d\theta \int_0^{a\cos\theta} r\cos\theta r^2 \sin^2\theta rdr$$
$$= 2\int_0^{\frac{\pi}{2}} \sin^2\theta\cos\theta d\theta \int_0^{a\cos\theta} r^4 dr$$
$$= \frac{2}{5}\int_0^{\frac{\pi}{2}} \sin^2\theta\cos\theta a^5 \cos^5\theta d\theta$$
$$= \frac{2}{5}a^5 \int_0^{\frac{\pi}{2}} (1-\cos^2\theta)\cos^6\theta d\theta$$
$$= \frac{2}{5}a^5 \left(\frac{5\times 3\times 1}{6\times 4\times 2} - \frac{7\times 5\times 3\times 1}{8\times 6\times 4\times 2}\right)\frac{\pi}{2}$$
$$= \frac{2}{5}a^5 \times \frac{5\times 3\times 1}{8\times 6\times 4\times 2} \times \frac{\pi}{2}$$
$$= \frac{\pi}{128}a^5.$$

分析二 作平移变换 $u = x - \frac{a}{2}, v = y$.

相应的 $D': u^2 + v^2 \leq \left(\frac{a}{2}\right)^2 \Rightarrow$

$$I = \iint_{D'} \left(u + \frac{a}{2}\right) v^2 \mathrm{d}u\mathrm{d}v$$
$$= 0 + \frac{a}{2} \iint_{D'} v^2 \mathrm{d}u\mathrm{d}v$$
$$= \frac{a}{4} \iint_{D'} (u^2 + v^2) \mathrm{d}u\mathrm{d}v$$
$$\xrightarrow{\text{极坐标}\atop\text{变换}} \frac{a}{4} \int_0^{2\pi} \mathrm{d}\theta \int_0^{\frac{a}{2}} r^2 \cdot r\mathrm{d}r$$
$$= \frac{a}{4} \cdot 2\pi \cdot \frac{1}{4} r^4 \Big|_0^{\frac{a}{2}}$$
$$= \frac{\pi}{128} a^5.$$

【温馨提示】定积分的计算,应从被积函数及积分区域的形式出发,寻找合理的积分方式进行求解,注意对极坐标变换、积分平移变换等方法的掌握.

第九章 微分方程与差分方程简介同步测试(A)卷解析

一、选择题

题号	1	2	3	4	5	6
答案	D	A	D	D	C	B

1. **知识点窍** 本题主要考查有关非齐次微分方程解的结构.

   解题过程 对于选项(D)来说,其表达式可改写为
   $y_3 + C_1(y_1 - y_3) + C_2(y_2 - y_3)$.
   而且 y_3 是非齐次方程 $y'' + p(x)y' + q(x)y = f(x)$ 的一个特解.
   $y_1 - y_3$ 与 $y_2 - y_3$ 是 $y'' + p(x)y' + q(x)y = 0$ 的两个线性无关的解.
   由通解的结构可知,它就是 $y'' + p(x)y' + q(x)y = f(x)$ 的通解故应选(D).

   【温馨提示】本题属于基本题型,主要考查非齐次微分方程通解的结构,注意对解题步骤与方法的掌握.
   若 $\alpha(y_1 - y_3) + \beta(y_2 - y_3) = 0$
   有 $\alpha y_1 + \beta y_2 - (\alpha + \beta)y_3 = 0$
   则 y_1, y_2, y_3 线性无关,则 $\alpha = 0$ 且 $\beta = 0$
   则 $y_1 - y_3$,与 $y_2 - y_3$ 线性无关.

2. **知识点窍** 本题主要考查二阶线性常系数微分方程解的性质.

   解题过程 对应的特征方程为
   $r^2 + br + 1 = 0$
   则 $r = \dfrac{-b \pm \sqrt{b^2 - 4}}{2}$
   (1) 当 $b = -2$ 时,
   特征根 $r_1 = r_2 = -\dfrac{b}{2}$,其通解为
   $y = (c_1 + c_2 x)e^{rx} = (c_1 + c_2 x)e^x$
   其中 $c_1^2 + c_2^2 \neq 0$,而此时
   $\lim_{x \to +\infty} (c_1 + c_2 x)e^x = \infty$
   ∴ 在区间 $(0, +\infty)$ 内,
   当 $b = -2$ 时,通解 $y = (c_1 + c_2 x)e^x$ 无界.
   不合题意,故 $b \neq -2$.
   (2) 当 $b = 2$ 时,
   特征根 $r_1 = r_2 = -\dfrac{b}{2} = -1$,其通解为 $y = (c_1 + c_2 x)e^{-x}$,在 $(0, +\infty)$ 内有界.
   故 b 可以等于 2.
   (3) 当 $b^2 - 4 > 0$ 时,特征根
   $r_1 = \dfrac{-b + \sqrt{b^2 - 4}}{2} = -\dfrac{b - \sqrt{b^2 - 4}}{2}$
   $r_2 = \dfrac{-b - \sqrt{b^2 - 4}}{2} = -\dfrac{b + \sqrt{b^2 - 4}}{2}$
   其通解为 $y = c_1 e^{-\frac{b - \sqrt{b^2 - 4}}{2}x} + c_2 e^{-\frac{b + \sqrt{b^2 - 4}}{2}x}$
   ∴ 当 $b^2 - 4 > 0$ 时,要想使通解 y 在区间 $(0, +\infty)$ 上有界,只需要
   $\dfrac{b - \sqrt{b^2 - 4}}{2} \geq 0$ 且 $\dfrac{b + \sqrt{b^2 - 4}}{2} \geq 0$ 成立.
   即 $b > 2$.
   (4) 当 $b^2 - 4 < 0$ 时,特征根为共轭复根,
   $r = \dfrac{-b \pm \sqrt{b^2 - 4}}{2} = \dfrac{-b \pm \sqrt{4 - b^2}i}{2}$
   则其通解为
   $y = e^{\alpha x}(c_1 \cos\beta x + c_2 \sin\beta x)$
   $= e^{-\frac{b}{2}x}\left(c_1 \cos\dfrac{\sqrt{b^2 - 4}}{2} + c_2 \sin\dfrac{\sqrt{b^2 - 4}}{2}\right)$
   要想使通解 y 在区间 $(0, +\infty)$ 上有界,
   只需要 $-\dfrac{b}{2} \leq 0$,即 $b \geq 0$ 且 $|b| < 2$,
   ∴ $0 \leq b < 2$
   综上所述,当且仅当 $b \geq 0$ 时,方程 $y'' + by' + y = 0$ 的每一个解 $y(x)$ 都在区间 $(0, +\infty)$ 上有界,故选(A).

【温馨提示】解决本题的关键是掌握二阶线性常系数微分方程解的特征及性质,注意对本题解题方法和步骤的掌握.

3. **知识点窍** 本意主要考查微分方程与极限之间的关系.

   解题过程 由可微定义得微分方程 $y' = \dfrac{y}{1+x^2}$ 分离变量,
   $$\dfrac{dy}{y} = \dfrac{dx}{1+x^2}$$
   $\xrightarrow{积分}$ $\ln|y| = \arctan x + C'$,
   即 $y = Ce^{\arctan x}$
   代入初始条件 $y(0) = \pi$,得 $C = \pi$,
   于是 $y(x) = \pi e^{\arctan x}$
   由此,$y(1) = \pi e^{\frac{\pi}{4}}$.
   应选(D).

【温馨提示】解决本题的关键是抓住可微定义,从题目条件中提炼出微分方程以及初始条件,将题目转化为微分方程求解问题,注意对解题思路与方法的掌握.

4. **知识点窍** 本题主要考查有关微分方程的计算.

   解题过程 这是变量分离的方程
   $$\dfrac{dy}{y \ln y} = \dfrac{dx}{\sin x}$$
   即 $\dfrac{d\ln y}{\ln y} = \dfrac{d\left(\tan \dfrac{x}{2}\right)}{\tan \dfrac{x}{2}}$
   $$\int_e^y \dfrac{d\ln y}{\ln y} = \int_{\frac{\pi}{2}}^x \dfrac{d\left(\tan \dfrac{x}{2}\right)}{\tan \dfrac{x}{2}}$$
   $\ln(\ln y) = \ln\left(\tan \dfrac{x}{2}\right)$,
   $y = e^{\tan \frac{x}{2}}$.
   选(D).

【温馨提示】本题属于基本题型,解决本题的关键是对原函数式进行变量分离,然后进行求解.

5. **知识点窍** 本题主要考查有关二阶微分方程特解的计算.

   解题过程 因为 $y'' + 4y = 0$,
   特征方程 $r^2 + 4 = 0$,
   所以 $r = \pm 2i$

特解为
$y = x(C\cos 2x + D\sin 2x)$.
选择(C).

【温馨提示】解决本题的关键是掌握微分方程特解的求法,注意对解题方法与思路的掌握.

6. **知识点窍** 本题主要考查微分方程特解的求解.
   解题过程 关键是求特征根:
   由 $\lambda^2 - 2\lambda + 3 = 0$
   $\Rightarrow \lambda = \dfrac{2 \pm \sqrt{4-12}}{2} = 1 \pm \sqrt{2}i$
   非齐次项 $f(x) = e^{\alpha x}\sin\beta x, \alpha \pm i\beta = 1 \pm \sqrt{2}i$ 是特征根.
   选(B).

【温馨提示】解决本题的思路是先写出特征方程,求解出特征根,然后再求解特解,注意对解题思路的掌握.

二、填空题

7. **知识点窍** 本题主要考查一阶微分方程的求解.
   解题过程 **分析一** 这是一个变量可分离方程,分离变量后原方程化为
   $$\dfrac{ydy}{y^2-1} = -\dfrac{xdx}{x^2-1}$$
   两边同时积分,可求得其通解为
   $\ln|y^2-1| = -\ln|x^2-1| + C'$,即
   $(x^2-1)(y^2-1) = C$,其中 C 为任意常数.

   分析二 如果将此方程看成 $P(x,y)dx + Q(x,y)dy = 0$ 的形式,由于
   $$\dfrac{\partial P}{\partial y} = 2xy = \dfrac{\partial Q}{\partial x},$$
   所以也可以把它看成全微分方程.
   以 $(0,0)$ 为起点,(x,y) 为终点,计算该曲线积分,则
   $$u(x,y) = -\int_0^x xdx + \int_0^y y(x^2-1)dy$$
   $$= -\dfrac{x^2}{2} + \dfrac{1}{2}(x^2-1)y^2.$$
   通解为 $-\dfrac{x^2}{2} + \dfrac{1}{2}(x^2-1)y^2 = C$,其中 C 为任意常数.
   这个通解与分析一所得到的结果实际上是一样的.

【温馨提示】本题属于基本题型,最常用的方法是进行变量分离,然后进行积分求解,同时应注意对第二种方法的掌握.

8. **知识点窍** 本题主要考查有关斜率与微分方程之

间的关系.

解题过程 $y=f(x)$ 满足
$$\frac{\mathrm{d}y}{\mathrm{d}x}=x\ln(1+x^2),y\big|_{x=0}=-\frac{1}{2}.$$

$$y=\int x\ln(1+x^2)\mathrm{d}x$$
$$=\frac{1}{2}\int\ln(1+x^2)\mathrm{d}(x^2)$$
$$=\frac{1}{2}(1+x^2)\ln(1+x^2)-\frac{1}{2}x^2+C$$

将 $x=0,y=-\frac{1}{2}$

代入上式,得 $C=-\frac{1}{2}$.

故 $f(x)=\frac{1}{2}(1+x^2)[\ln(1+x^2)-1]$.

> **【温馨提示】** 解决本题的思路是根据题设条件,列出微分方程及所满足的初始条件,转化为微分方程进行求解,注意对题设条件的转化.

9. **知识点窍** 本题主要考查二阶微分方程的解的计算.

解题过程 先求相应齐次方程的通解,
由于其特征方程 $\lambda^2-3\lambda=\lambda(\lambda-3)=0$,
所以通解为 $\bar{y}(x)=C_1+C_2\mathrm{e}^{3x}$.
再求非齐次方程的特解,
由于其自由项为一次多项式,而且 0 是特征方程的单根,所以特解应具形式
$$y^*(x)=x(Ax+B)$$
代入原方程,得
$$[y^*(x)]''-3[y^*(x)]'=2A-3(2Ax+B)$$
$$=-6Ax+2A-3B$$
$$=2-6x$$
比较方程两端的系数,得
$$\begin{cases}2A-3B=2\\6A=6\end{cases}$$
解得 $A=1,B=0$,
即特解为
$$y^*(x)=x^2,$$
从而,原方程的通解为
$$y(x)=x^2+C_1+C_2\mathrm{e}^{3x},\text{其中}\ C_1,C_2\ \text{为任意常数}.$$

> **【温馨提示】** 解决本题的关键是掌握齐次方程通解的结构,为齐次方程的通解加上非齐次方程的特解,注意对解题思路的掌握.

10. **知识点窍** 本题主要考查已知函数微分的等式关系,求解函数式.

解题过程 因 $f(x)$ 满足
$$\begin{cases}f''(x)+f'(x)-2f(x)=0 & \text{①}\\ f''(x)+f(x)=2\mathrm{e}^x & \text{②}\end{cases}$$
由 ② 得
$$f''(x)=2\mathrm{e}^x-f(x),\text{代入 ① 得}$$
$$f'(x)-3f(x)=-2\mathrm{e}^x$$
两边乘 e^{-3x} 得
$$[\mathrm{e}^{-3x}f(x)]'=-2\mathrm{e}^{-2x},$$
积分得 $\mathrm{e}^{-3x}f(x)=\mathrm{e}^{-2x}+C$,
即 $f(x)=\mathrm{e}^x+C\mathrm{e}^{3x}$.
代入 ② 式得
$$\mathrm{e}^x+9C\mathrm{e}^{3x}+\mathrm{e}^x+C\mathrm{e}^{3x}=2\mathrm{e}^x.$$
$\Rightarrow C=0$,
于是 $f(x)=\mathrm{e}^x$.
代入 ① 式自然成立.因此求得
$$f(x)=\mathrm{e}^x.$$

> **【温馨提示】** 解决本题的关键是通过对题设条件中等式的化简、转化进行求解,注意对化简技巧的掌握.

11. **知识点窍** 本题主要考查微分方程的实际应用.

解题过程 设所求曲线为 $y=y(x)$,
则它在曲线上任一点斜率 $K=y'$.
过点 (x,y) 的方程为
$$Y-y=y'(Z-x).$$
依题意得 $y-xy'=x$,
即 $y'=\frac{y}{x}-1$.
它对应的齐次方程 $y'=\frac{y}{x}$ 的通解为 $\tilde{y}=Cx$.
它的一个通解为 $\tilde{y}=-x\ln|x|+Cx$
因此,所求曲线为 $y=-x\ln|x|+Cx$.

> **【温馨提示】** 解决本题的思路是,设曲线的表达式,然后根据题设条件,列出表达式求解,注意对解题方法的掌握.

12. **知识点窍** 本题主要考查差分方程通解的求解.

解题过程 因 $a=-1$,
对应齐次方程的通解为 $y=C\cdot 1^n=C$
设 $y^*(n)=a_0n^2+a_1n$,
代入原方程,有
$$a_0(n+1)^2+a_1(n+1)-a_0n^2-a_1n=n+3$$
比较系数得 $a_0=\frac{1}{2},a_1=\frac{5}{2}$
所以 $y^*(n)=\frac{1}{2}n^2+\frac{5}{2}n.$

所给方程通解为

$$y(n) = C + \frac{1}{2}n^2 + \frac{5}{2}n,\text{其中 }C\text{ 为任意常数}.$$

【温馨提示】 本题属于基本题型,注意对差分方程求通解计算方法的掌握.

三、解答题

13. 知识点窍 本题主要考查二阶微分方程满足某特定条件的特解的求解.

解题过程 此方程不显含 x.

令 $p = y'$,且以 y 为自由变量,$\dfrac{d^2 y}{dx^2} = \dfrac{dp}{dy}p$,

原方程可化为

$$yp\frac{dp}{dy} = 2(p^2 - p).$$

当 $p \neq 0$ 时,可改写为

$$y\frac{dp}{dy} = 2(p - 1) \quad \text{或} \quad \frac{dp}{p-1} = \frac{2dy}{y},$$

解为 $p - 1 = C_1 y^2$.

再利用 $p = y'$ 以及初始条件,可推出常数 $C_1 = 1$. 从而上述方程为变量可分离的方程

$$y' = 1 + y^2$$

$\Rightarrow$ 其通解 $y = \tan(x + C_2)$.

再一次利用初始条件 $y(0) = 1$,

即得 $C_2 = \dfrac{\pi}{4}$.

所以满足初始条件的特解为

$$y = \tan\left(x + \frac{\pi}{4}\right).$$

【温馨提示】 解决本题的关键是对原式进行转换,然后根据初始条件进行求解,注意对解题方法与步骤的掌握.

14. 知识点窍 本题主要考查求解含变限积分方程.

解题过程 (1) 首先对恒等式变形后两边求导以便消去积分.

$(x+1)f'(x) + (x+1)f(x) - \int_0^x f(t)dt = 0.$

$(x+1)f''(x) + (x+2)f'(x) = 0.$

在原方程中令 $x = 0$ 得

$f'(0) + f(0) = 0.$

由 $f(0) = 1$,得 $f'(0) = -1$.

现降阶:令 $u = f'(x)$,

则有 $u' + \dfrac{x+2}{x+1}u = 0$,

解此一阶线性方程得

$$f'(x) = u = C\frac{e^{-x}}{x+1}.$$

由 $f'(0) = -1$ 得 $C = -1$.

于是 $f'(x) = -\dfrac{e^{-x}}{x+1}$.

(2) **方法一** 用单调性.

由 $f'(x) = -\dfrac{e^{-x}}{x+1} < 0 (x \geq 0)$ 得,

$f(x)$ 单调递减,$f(x) \leq f(0) = 1 (x \geq 0)$.

又设 $\varphi(x) = f(x) - e^{-x}$,

则 $\varphi'(x) = f'(x) + e^{-x} = \dfrac{x}{x+1}e^{-x} \geq 0 (x \geq 0)$,

$\varphi(x)$ 单调递增,因而 $\varphi(x) \geq \varphi(0) = 0 (x \geq 0)$,

即 $f(x) \geq e^{-x} (x \geq 0)$

综上所述,

当 $x \geq 0$ 时,$e^{-x} \leq f(x) \leq 1$.

方法二 用积分比较定理,由牛顿-莱布尼茨公式,有

$$f(x) - f(0) = \int_0^x f'(t)dt,$$

$$f(x) = 1 - \int_0^x \frac{e^{-t}}{t+1}dt.$$

由于 $0 \leq \dfrac{e^{-t}}{t+1} \leq e^{-t}(t \geq 0)$,有

$$0 \leq \int_0^x \frac{e^{-t}}{t+1}dt \leq \int_0^x e^{-t}dt = 1 - e^{-x}(x \geq 0)$$

从而有 $e^{-x} \leq f(x) \leq 1$.

【温馨提示】 解决本题的关键是对原等式进行恒等变形,然后求导消除积分,转化为一阶线性微分方程进行求解. 对于不等式的证明,一种是利用单调性,一种是利用定积分的比较定理,注意对不同证明方法的掌握.

15. 知识点窍 本题主要考查有关积分等式的应用.

解题过程 令 $tx = s$,原方程改写成

$\dfrac{1}{x}\int_0^x f(s)ds = f(x) + x\sin x (x \neq 0)$

即 $\int_0^x f(s)ds = xf(x) + x^2\sin x (\forall x)$ ①

含变限积分方程①

令 ① 对 x 求导 $\Downarrow$ $\quad\Uparrow$ 将 ② 两边对 x 从 0 到 x 积分

$f(x) = xf'(x) + f(x) + (x^2\sin x)'$

即 $f'(x) = -\dfrac{(x^2\sin x)'}{x}$ ②

($x = 0$ 时两端自然成立,不必另加条件)

将 ② 直接积分得

$f(x) = -\displaystyle\int \dfrac{d(x^2\sin x)}{x}$

$= -x\sin x + \cos x + C.$

【温馨提示】解决本题的关键是通过代换对原式进行化简,然后求导转化为微分方程,进而求解.注意对解题思路的掌握.

16. **知识点窍** 本题属于有关微分方程的应用型问题.

    解题过程 由题设及曲率公式有
    $$\frac{-y''}{\sqrt{(1+y'^2)^3}} = \frac{1}{\sqrt{1+y'^2}}$$
    (因曲线 $y(x)$ 向上凸,$y'' < 0$,$|y''| = -y''$).
    化简得 $\frac{y''}{1+y'^2} = -1$
    令 $y' = P(x)$,
    则 $y'' = P'(x)$,
    方程化为 $\frac{P'(x)}{1+P^2(x)} = -1$.
    分离变量得
    $$\frac{\mathrm{d}P(x)}{1+P^2(x)} = -\mathrm{d}x \xrightarrow{积分} \arctan P(x) = -x + C_1$$
    由题意可知 $y'(0) = 1$,即 $P(0) = 1$,
    代入可得 $C_1 = \frac{\pi}{4}$,故
    $$y' = P(x) = \tan\left(\frac{\pi}{4} - x\right)$$
    再积分又得
    $$y = \ln\left|\cos\left(\frac{\pi}{4} - x\right)\right| + C_2$$
    又由题设可知 $y(0) = 1$,
    代入确定 $C_2 = 1 + \frac{1}{2}\ln 2$,故有
    $$y = \ln\left|\cos\left(\frac{\pi}{4} - x\right)\right| + 1 + \frac{1}{2}\ln 2.$$
    当 $-\frac{\pi}{2} < \frac{\pi}{4} - x \leqslant \frac{\pi}{2}$,
    即当 $-\frac{\pi}{4} < x < \frac{3}{4}\pi$ 时,
    $\cos\left(\frac{\pi}{4} - x\right) > 0$.
    而当 $x \to -\frac{\pi}{4}$ 或 $\frac{3}{4}\pi$ 时,
    $\cos\left(\frac{\pi}{4} - x\right) \to 0$,$\ln\left|\cos\left(\frac{\pi}{4} - x\right)\right| \to -\infty$.
    故所求的连续曲线为
    $$y = \ln\cos\left(\frac{\pi}{4} - x\right) + 1 + \frac{1}{2}\ln 2$$
    $$\left(-\frac{\pi}{4} < x < \frac{3}{4}\pi\right).$$
    显然,当 $x = \frac{\pi}{4}$ 时,
    $\ln\cos\left(\frac{\pi}{4} - x\right) = 0$,

y 取极大值 $y = 1 + \frac{1}{2}\ln 2$;
显然 y 在 $\left(-\frac{\pi}{4}, \frac{3}{4}\pi\right)$ 没有极小值.

【温馨提示】解决本题的关键是根据导数的几何意义进行列式,然后转化为微分方程进行求解,注意对解题思路与方法的掌握.

17. **知识点窍** 本题主要考查有关微分方程的计算.

    解题过程 (1) 该方程属于 $\frac{\mathrm{d}y}{\mathrm{d}x} = f(ax+by)$ 的情形.
    令 $u = 2x - y$,
    则 $u' = 2 - y' = 2 - \frac{u+1}{u-1} = \frac{u-3}{u-1}$
    这是一个变量可分离的方程,即
    $$\frac{u-1}{u-3}\mathrm{d}u = \mathrm{d}x$$
    积分即得其通解为
    $(2x - y - 3)^2 = Ce^{y-x}$,其中 C 为任意常数.
    (2) 本方程属齐次方程.
    令 $y = xu$,
    并且当 $x > 0$ 时,原方程可化为
    $$xu' + u = \sqrt{1-u^2} + u,$$
    即 $\frac{\mathrm{d}u}{\sqrt{1-u^2}} = \frac{\mathrm{d}x}{x}$
    两端求积分,则得 $\arcsin u = \ln x + C$,
    即其通解为 $\arcsin \frac{y}{x} = \ln x + C$,其中 C 为任意常数.
    当 $x < 0$ 时,上述方程变为 $\frac{\mathrm{d}u}{\sqrt{1-u^2}} = -\frac{\mathrm{d}x}{x}$,
    其通解应为
    $\arcsin \frac{y}{x} = -\ln|x| + C$,其中 C 为任意常数.

【温馨提示】本题属于基本题型,针对不同形式的微分方程,采取不同的求解方法,注意对解题方法与技巧的掌握.

18. **知识点窍** 本题主要考查有关微分方程的应用.

    解题过程 从飞机接触跑道开始时($t = 0$),设 t 时刻飞机的滑行距离为 $x(t)$,速度为 $v(t) = x'(t)$.按题设,飞机的质量 $m = 9000\mathrm{kg}$,着陆时的水平速度 $v(0) = x'(0) = v_0 = 700\mathrm{km/h}$,$t$ 时刻所受的阻力为 $-kv(t)$,于是按牛顿第二定律得 $m\frac{\mathrm{d}v}{\mathrm{d}t} = -kv$,初始条件 $v(0) = v_0$.

    分析一 应先求出初值问题的解 $v = v(t)$,然后再求 $\int_0^{+\infty} v(t)\mathrm{d}t$.

容易求得一阶线性齐次方程的初值问题,
$$\begin{cases} \dfrac{\mathrm{d}v}{\mathrm{d}t} = -\dfrac{k}{m}v \\ v(0) = v_0 \end{cases}, 解得 v(t) = v_0 \mathrm{e}^{-\frac{k}{m}t}$$

飞机滑行的最长距离为
$$x = \int_0^{+\infty} v(t)\mathrm{d}t = -\dfrac{mv_0}{k}\mathrm{e}^{-\frac{k}{m}t}\Big|_0^{+\infty}$$
$$= \dfrac{mv_0}{k} = 1.05\mathrm{km}.$$

分析二 求出 $x = x(v)$,再求 $x|_{v=0}$.

由于 $\dfrac{\mathrm{d}v}{\mathrm{d}t} = \dfrac{\mathrm{d}v}{\mathrm{d}x} \cdot \dfrac{\mathrm{d}x}{\mathrm{d}t} = \dfrac{v}{\dfrac{\mathrm{d}x}{\mathrm{d}v}}$,

于是微分方程可改写成
$$m \dfrac{v}{\dfrac{\mathrm{d}x}{\mathrm{d}v}} = -kv, 即 \dfrac{\mathrm{d}x}{\mathrm{d}v} = -\dfrac{m}{k}$$

相应的初值 $x|_{v=v_0} = 0$

易求得此初值问题的解为 $x = -\dfrac{m}{k}(v-v_0)$,

令 $v=0$,得飞机滑行的最长距离为
$$x = \dfrac{mv_0}{k} = 1.05\mathrm{km}.$$

分析三 先求 $x = x(t)$,然后再求 $\lim\limits_{t \to \infty} x(t)$.

注意 $v = \dfrac{\mathrm{d}x}{\mathrm{d}t}, \dfrac{\mathrm{d}v}{\mathrm{d}t} = \dfrac{\mathrm{d}^2x}{\mathrm{d}t^2}$,
$$m\dfrac{\mathrm{d}v}{\mathrm{d}t} + kv = 0$$

原方程可改写成 $m\dfrac{\mathrm{d}^2x}{\mathrm{d}t^2} + k\dfrac{\mathrm{d}x}{\mathrm{d}t} = 0$,

其特征方程为 $\lambda^2 + \dfrac{k}{m}\lambda = 0$,

特征根为 $\lambda_1 = 0, \lambda_2 = -\dfrac{k}{m}$.

于是通解为 $x = C_1 + C_2 \mathrm{e}^{-\frac{k}{m}t}$

由初始条件 $x|_{t=0} = 0, x'(t)|_{t=0} = v_0$

$\Rightarrow C_1 = -C_2 = \dfrac{mv_0}{k}$.

于是 $x(t) = \dfrac{mv_0}{k}(1 - \mathrm{e}^{-\frac{k}{m}t})$,

$\lim\limits_{t \to \infty} x(t) = \dfrac{mv_0}{k} = 1.05\mathrm{km}.$

这就是飞机滑行的最长距离.

【温馨提示】本题主要是根据牛顿第二定律列方程,然后转化为微分形式求解,注意对解题步骤的掌握.

19. **知识点窍** 本题主要考查微分方程通解的求解.

分析一 方程两端同乘 x,使之变为欧拉方程 $x^2 y'' - xy' = x^3$. 令 $x = \pm \mathrm{e}^t$,则

$$\dfrac{\mathrm{d}y}{\mathrm{d}x} = \pm \dfrac{\mathrm{d}y}{\mathrm{d}t} \mathrm{e}^{-t} = \dfrac{1}{x}\dfrac{\mathrm{d}y}{\mathrm{d}t},$$

$$\dfrac{\mathrm{d}^2y}{\mathrm{d}x^2} = \dfrac{1}{x}\dfrac{\mathrm{d}}{\mathrm{d}t}\left(\pm \mathrm{e}^{-t}\dfrac{\mathrm{d}y}{\mathrm{d}t}\right) = \dfrac{1}{x^2}\dfrac{\mathrm{d}^2y}{\mathrm{d}t^2} - \dfrac{1}{x^2}\dfrac{\mathrm{d}y}{\mathrm{d}t},$$

代入原方程,则有 $\dfrac{\mathrm{d}^2y}{\mathrm{d}t^2} - 2\dfrac{\mathrm{d}y}{\mathrm{d}t} = \pm \mathrm{e}^{3t}$.

这是一个二阶常系数线性非齐次方程,其通解为
$$y = \pm \dfrac{1}{3}\mathrm{e}^{3t} + C_1 \mathrm{e}^{2t} + C_2$$
$$= \dfrac{1}{3}x^3 + C_1 x^2 + C_2, 其中 C_1, C_2 为任意常数.$$

分析二 将原方程看作不显含 y 的二阶方程,则属于可降阶的范围.

令 $p = y', p' = y''$,

代入原方程,则化为 p 的一阶线性非齐次方程

$xp' - p = x^2, 即 p' - \dfrac{1}{x}p = x, 而 \mathrm{e}^{\int -\frac{1}{x}\mathrm{d}x} = \dfrac{1}{|x|},$

于是两边同乘 $\mu = \dfrac{1}{x}$,得 $\left(\dfrac{1}{x}p\right)' = 1$,因此

$y' = p = Cx + x^2.$

再积分一次,即得原方程的通解为:
$$y = \dfrac{1}{3}x^3 + C_1 x^2 + C_2, 其中 C_1, C_2 为任意常数.$$

分析三 将方程改写为 $\dfrac{xy'' - y'}{x^2} = 1$,

则 $\left(\dfrac{y'}{x}\right)' = 1$,所以 $\dfrac{y'}{x} = x + C$,即 $y' = x^2 + Cx$

再积分一次,即得原方程的通解为:
$$y = \dfrac{1}{3}x^3 + C_1 x^2 + C_2, 其中 C_1, C_2 为任意常数.$$

【温馨提示】对于方程中既有一阶微分,又有二阶微分的形式,通常是通过代换进行降阶,然后求解,注意对本题中几种解题方法和步骤的掌握.

20. **知识点窍** 本题主要考查二阶微分方程的求解.

解题过程 (1) 相应齐次方程的特征方程为 $\lambda^2 - 4 = 0$,特征根为 $\lambda = \pm 2$. 零不是特征根,方程有特解 $y^* = ax^2 + bx + c$,

代入方程得
$2a - 4(ax^2 + bx + c) = 4x^2$

$\Rightarrow -4a = 4, b = 0, 2a - 4c = 0$

$\Rightarrow a = -1, c = -\dfrac{1}{2}.$

$\Rightarrow y^* = -x^2 - \dfrac{1}{2},$

$\Rightarrow$ 通解为 $y = C_1 \mathrm{e}^{2x} + C_2 \mathrm{e}^{-2x} - x^2 - \dfrac{1}{2}.$ 由初值

$y(0) = C_1 + C_2 - \dfrac{1}{2} = -\dfrac{1}{2},$

$y'(0) = 2C_1 - 2C_2 = 2$
$\Rightarrow C_1 = \dfrac{1}{2}, C_2 = -\dfrac{1}{2}.$

因此得特解 $y = \dfrac{1}{2}e^{2x} - \dfrac{1}{2}e^{-2x} - x^2 - \dfrac{1}{2}.$

(2) 相应齐次方程的特征方程为
$\lambda^2 + 3\lambda + 2 = 0,$
特征根为 $\lambda_1 = -1, \lambda_2 = -2.$
由于非齐次项是 $e^{-x}\cos x.$
$-1 \pm i$ 不是特征根,
所以设非齐次方程有特解

$y* = e^{-x}(a\cos x + b\sin x),$
代入原方程比较等式两端 $e^{-x}\cos x$ 与 $e^{-x}\sin x$ 的系数,可确定出
$a = -\dfrac{1}{2}, b = \dfrac{1}{2},$
所以非齐次方程的通解为
$y = C_1 e^{-x} + C_2 e^{-2x} + \dfrac{1}{2}e^{-x}(\sin x - \cos x),$ 其中 $C_1,$ C_2 为任意常数.

【温馨提示】 本题属于基本题型,注意对二阶微分方程求解方法与步骤的掌握.

第九章 微分方程与差分方程简介同步测试(B)卷解析

一、单项选择题

题号	1	2	3	4	5	6
答案	B	B	D	D	A	D

1. **知识点窍** 本题主要考查齐次微分方程解的结构.
   解题过程 根据题目的要求,$y_1(x)$ 与 $y_2(x)$ 应该线性无关,也就是说,$\dfrac{y_1(x)}{y_2(x)} \neq \lambda$(常数).
   反之,若这个比值为常数,即 $y_1(x) = \lambda y_2(x),$
   那么 $y_1'(x) = \lambda y_2'(x),$
   利用线性代数的知识,就有
   $y_1(x)y_2'(x) - y_2(x)y_1'(x) = 0$
   所以,(B) 成立时,$y_1(x), y_2(x)$ 一定线性无关,应选(B).

   【温馨提示】 解决本题的关键是掌握齐次线性微分方程通解的结构,以及通解里面各函数之间的关系,注意对此种类型题目解题思路和方法的掌握.

2. **知识点窍** 本题主要考查有关抽象函数等式的计算.
   解题过程 对所给关系式两边关于 x 求导,
   得 $f'(x) = 2f(x),$
   且有初始条件 $f(0) = \ln 2.$ 于是,
   $f'(x) = 2f(x), \dfrac{\mathrm{d}f(x)}{f(x)} = 2\mathrm{d}x,$
   积分得
   $\ln|f(x)| = 2x + \ln|C|,$
   故 $f(x) = Ce^{2x},$
   令 $x = 0,$ 得 $C = \ln 2.$
   故 $f(x) = e^{2x}\ln 2$

   应选(B).

   【温馨提示】 解决本题的关键是对原等式两边进行求导,转化为微分方程,然后求解.注意对题目中隐含条件的挖掘.

3. **知识点窍** 本题主要考查非齐次线性方程特解与通解之间的关系.
   解题过程 非齐次线性方程的通解应该是相应齐次线性方程的通解加上一个非齐次线性方程的特解.
   $C_1 y_1 + C_2 y_2$ 不是相应齐次线性方程的通解,显然(A) 不对;
   (B) 可写成 $C_1(y_1 - y_3) + C_2(y_2 - y_3),$
   $y_1 - y_3$ 与 $y_2 - y_3$ 是相应齐次线性方程的解,因而(B) 是相应齐次线性方程的通解,而不是非齐次线性方程的通解;
   (C) 写成 $C_1(y_1 + y_3) + C_2(y_2 + y_3) - y_3,$
   $y_1 + y_3$ 与 $y_2 + y_3$ 并非相应齐次线性方程的解,显然也不对;
   应选(D).
   实际(D) 可以写成 $C_1(y_1 - y_3) + C_2(y_2 - y_3) + y_3,$
   $y_1 - y_3$ 与 $y_2 - y_3$ 显然是线性无关的相应齐次方程的解,y_3 是非齐次线性方程的特解.

   【温馨提示】 解决本题的关键是掌握非齐次线性方程通解的结构以及通解与特解之间的关系,注意对解题思路与方法的掌握.

4. **知识点窍** 本题主要考查二阶微分方程通解的结构.

解题过程 仅有(D)含有两个任意的独立常数 C_1 与 C_2，选(D).

> 【温馨提示】 解决本题的关键是掌握二阶微分方程通解的结构，注意对解题思路与方法的掌握.

5. **知识点窍** 本题主要考查二阶微分方程特解的形式.

   解题过程 相应的二阶线性齐次方程的特征方程是 $\lambda^2+1=0$，特征根为 $\lambda=\pm i$.
   由线性方程解的叠加原理，分别考查方程
   $$y''+y=x^2+1, \quad ①$$
   与 $\quad y''+y=\sin x. \quad ②$
   方程①有特解 $y^*=ax^2+bx+c$,
   方程②的非齐次项 $f(x)=e^{ax}\sin\beta x=\sin x(\alpha=0,\beta=1,\alpha\pm i\beta$ 是特征根），
   它有特解 $y^*=x(A\sin x+B\cos x)$,
   因此原方程有特解
   $y^*=ax^2+bx+c+x(A\sin x+B\cos x)$
   应选(A).

   > 【温馨提示】 本题属于基本题型，注意对求解二阶微分方程特解的方法与步骤的掌握.

6. **知识点窍** 本题主要考查二阶线性非齐次微分方程特解与通解之间的关系.

   解题过程 非齐次通解＝齐次通解＋非齐次特解，
   y_1-y_2,y_1-y_3,y_2-y_3 是齐次方程 $y''+Py'+Qy=0$ 的解，而且是线性无关的，
   所以齐次通解为 $C_1y_1+C_2y_2+(-C_1-C_2)y_3$,
   非齐次特解为
   $y^*=y_1(x)$ 或 $y^*=y_2(x)$ 或 $y^*=y_3(x)$,
   所以选择(D).

   > 【温馨提示】 本题主要是通过非齐次方程的特解求通解，关键是掌握非齐次通解与非齐次特解、齐次特解之间的关系，注意对解题方法与步骤的掌握.

二、填空题

7. **知识点窍** 本题主要考查微分方程的求解.

   解题过程 此方程不显含 y，令 $p=y'$,
   则方程化为 $xp'=p\ln p$.
   当 $p\neq 1$ 时，可改写为 $\dfrac{\mathrm{d}p}{p\ln p}=\dfrac{\mathrm{d}x}{x}$，其通解为
   $\ln|\ln p|=\ln|x|+C'$,
   即 $\ln p=C_1x$,
   即 $y'=e^{C_1x}$
   这样，原方程的通解即为
   $y=\dfrac{1}{C_1}e^{C_1x}+C_2$,
   其中 $C_1\neq 0,C_2$ 为任意常数.
   当 $p=1$ 时，也可以得到通解
   $y=x+C_3$.

   > 【温馨提示】 解决本题的关键是通过代换对原式进行化简，然后进行求解，注意对此解题方法的掌握.

8. **知识点窍** 本题主要考查满足特定条件的一阶微分方程的求解.

   解题过程 直接套用一阶线性微分方程 $y'+p(x)y=q(x)$ 的通解公式：
   $$y=e^{-\int p(x)\mathrm{d}x}\left[\int q(x)e^{\int p(x)\mathrm{d}x}\mathrm{d}x+C\right],$$
   再由初始条件确定任意常数即可.
   原方程可化为 $y'+\dfrac{2}{x}y=\ln x$,
   于是通解为
   $y=e^{-\int\frac{2}{x}\mathrm{d}x}\left[\int\ln x\cdot e^{\int\frac{2}{x}\mathrm{d}x}\mathrm{d}x+C\right]$
   $=\dfrac{1}{x^2}\cdot\left[\int x^2\ln x\mathrm{d}x+C\right]$
   $=\dfrac{1}{3}x\ln x-\dfrac{1}{9}x+C\dfrac{1}{x^2}$,
   由 $y(1)=-\dfrac{1}{9}$ 得 $C=0$,
   故所求解为 $y=\dfrac{1}{3}x\ln x-\dfrac{1}{9}x$.

   > 【温馨提示】 本题虽属基本题型，但在用相关公式时应注意先化为标准型，另外，本题也可如下求解：
   > 原方程可化为 $x^2+y'2xy=x^2\ln x$,
   > 即 $[x^2y]'=x^2\ln x$，两边积分得
   > $x^2y=\int x^2\ln x\mathrm{d}x$
   > $=\dfrac{1}{3}x^3\ln x-\dfrac{1}{9}x^3+C$,
   > 再代入初始条件即可得所求解为
   > $y=\dfrac{1}{3}x\ln x-\dfrac{1}{9}x$.

9. **知识点窍** 本题主要考查非齐次微分方程通解的求解.

   解题过程 由于 $\cos x\cos 2x=\dfrac{1}{2}(\cos x+\cos 3x)$,

根据线性微分方程的叠加原理,可以分别求出 $y''+y=\frac{1}{2}\cos x$ 与 $y''+y=\frac{1}{2}\cos 3x$ 的特解 $y_1^*(x)$ 与 $y_2^*(x)$,

两者相加就是原方程的特解.

由于相应的齐次方程的特征方程为

$\lambda^2+1=0$,特征根为 $\pm i$,

所以其通解应为 $C_1\cos x+C_2\sin x$,

同时 $y''+y=\frac{1}{2}\cos x$ 的特解应具形式:

$y_1^*(x)=Ax\cos x+Bx\sin x$,

代入原方程,可求得 $A=0,B=\frac{1}{4}$,

即 $y_1^*(x)=\frac{x}{4}\sin x$.

另外,由于 $3i$ 不是特征根,所以另一方程的特解应具形式 $y_2^*(x)=C\cos 3x+D\sin 3x$,

代入原方程,可得 $C=-\frac{1}{16},D=0$.

这样,即得所解方程的通解为

$y(x)=\frac{x}{4}\sin x-\frac{1}{16}\cos 3x+C_1\cos x+C_2\sin x$,其中 C_1,C_2 为任意常数.

【温馨提示】 注意对本题解题方法的掌握,解决本题,首先需要将原微分方程拆分为两个微分方程,然后根据叠加原理进行求解.

10. **知识点窍** 本题主要考查有关一阶微分方程通解的求解.

   解题过程 **分析一** 所给方程是齐次方程.

   令 $y=xu$,

   则 $dy=xdu+udx$,代入原方程得

   $3(1+u-u^2)dx+x(1-2u)du=0$.

   分离变量得 $\frac{1-2u}{1+u-u^2}du=-\frac{3}{x}dx$,

   积分得 $\ln|1+u-u^2|=-3\ln|x|+C_1$,

   即 $u^2-u-1=Cx^{-3}$,

   以 $u=\frac{y}{x}$ 代入得通解 $x^2+xy-y^2=\frac{C}{x}$.

   分析二 用凑微分的方法求解,由于

   $(3x^2+2xy-y^2)dx+(x^2-2xy)dy$
   $=3x^2dx+[yd(x^2)+x^2dy]-[y^2dx+xd(y^2)]$
   $=d(x^3)+d(x^2y)-d(xy^2)$
   $=d(x^3+x^2y-xy^2)$

   故通解为 $x^3+x^2y-xy^2=C$.

【温馨提示】 解决本题的两种方法:一种是假设函数形式,代入求解;另一种是通过凑微分的形式求解.注意对两种方法的掌握.

11. **知识点窍** 本题主要考查微分方程通解的计算.

   解题过程 化为标准型 $\frac{dx}{dy}+\frac{x}{y\ln y}=\frac{1}{y}$

   对比公式 $\frac{dy}{dx}+P(x)y=Q(x)$,

   通解为

   $y=e^{-\int P(x)dx}\left[\int Q(x)e^{\int P(x)dx}dx+C\right]$

   得新公式: $\frac{dx}{dy}+P(y)\cdot x=Q(y)$,

   通解为

   $x=e^{-\int P(y)dy}\left[\int Q(y)e^{\int P(y)dy}dy+C\right]$

   而本题: $P(y)=\frac{1}{y\ln y},Q(y)=\frac{1}{y}$

   $\because \int P(y)dy=\int\frac{dy}{y\ln y}=\ln(\ln y)$

   $\int Q(y)e^{\int P(y)dy}dy=\int\frac{1}{y}\cdot e^{\ln(\ln y)}dy$
   $=\int\frac{1}{y}\cdot \ln y dy$
   $=\frac{1}{2}\ln^2 y$,

   $\therefore$ 通解为

   $x=e^{-\ln(\ln y)}\left[\frac{1}{2}\ln^2 y+C\right]=\frac{1}{\ln y}\left[\frac{1}{2}\ln^2 y+C\right]$.

   即 $2x\ln y=\ln^2 y+C$.

【温馨提示】 本题为基本题型,注意在计算过程中对求解公式的掌握及灵活应用.

12. **知识点窍** 本题主要考查差分方程通解的求解.

   解题过程 因 $a=-2$,

   对应齐次方程的通解为

   $y=C\cdot(2)^n=2^nC$

   设 $y^*(n)=a_0n^2+a_1n+a_2$,

   代入原方程,有

   $-a_0n^2+(2a_0-a_1)n+(a_0+a_1-a_2)=2n^2-1$

   比较系数得

   $a_0=-2,a_1=-4,a_2=-5$,

   所以得

   $y^*(n)=-2n^2-4n-5$,

   从而所给方程的通解为

   $y=2^nC-2n^2-4n-5$ 其中 C 为任意常数.

【温馨提示】 本题属于基本题型,注意对求解差分方程通解的方法与步骤的掌握.

三、解答题

13. **知识点窍** 本题主要考查含变限积分方程的求解.

    解题过程 因 $f(t)$ 连续
    $\Rightarrow \int_0^1 f(s)\sin s\, ds$ 可导
    $\Rightarrow f(t)$ 可导. 于是
    $$(*) \Leftrightarrow \begin{cases} f'(t) = -2\sin 2t + f(t)\sin t, & (对(*)两边求导) \\ f(0) = 1, & (在(*)中令 t=0) \end{cases}$$
    即
    $$\begin{cases} f'(t) - f(t)\sin t = -2\sin 2t \\ f(0) = 1. \end{cases}$$
    这是一阶线性微分方程的初值问题
    方程两边乘 $\mu = e^{-\int \sin t\, dt} = e^{\cos t}$,得
    $[e^{\cos t} f(t)]' = -4\sin t \cos t\, e^{\cos t}.$
    积分得
    $e^{\cos t} f(t) = 4\int \cos t\, d(e^{\cos t}) = 4(\cos t - 1)e^{\cos t} + C$
    由 $f(0) = 1$ 得 $C = e$.
    因此, $f(t) = e^{1-\cos t} + 4(\cos t - 1)$.

    【温馨提示】 解决本题的思路是对原等式两边同时求导,转化为求解一阶微分方程的问题,注意在求解过程中,对题目隐含条件的应用.

14. **知识点窍** 本题主要考查一阶微分方程特解的求解.

    分析一 所给方程为伯努利方程,两边除以 y^2 得
    $x^2 y^{-2} y' + x y^{-1} = 1,$
    $-x^2 (y^{-1})' + x y^{-1} = 1,$
    令 $y^{-1} = z,$
    则方程化为线性方程 $-x^2 z' + xz = 1,$
    即 $z' - \frac{1}{x} z = -\frac{1}{x^2}.$
    由于 $e^{\int -\frac{1}{x} dx} = \frac{1}{|x|},$
    两边乘 $\frac{1}{x}$ 得 $\left(\frac{1}{x} z\right)' = -\frac{1}{x^3}.$
    积分得 $z = Cx + \frac{1}{2x},$
    即 $\frac{1}{y} = Cx + \frac{1}{2x}$
    代入 $y|_{x=1} = 1$ 得 $C = \frac{1}{2}.$

所求特解为
$y = \frac{2x}{1+x^2}.$

分析二 所给方程可写成 $y' = \left(\frac{y}{x}\right)^2 - \frac{y}{x}$,为齐次方程.

令 $\frac{y}{x} = u,$
方程化为 $xu' + u = u^2 - u.$
分离变量得 $\frac{du}{u(u-2)} = \frac{dx}{x}$
$\xRightarrow{积分} \frac{1}{2} \ln \left| \frac{u-2}{u} \right| = \ln |x| + C_1.$
即 $\frac{u-2}{u} = Cx^2.$
以 $u = \frac{y}{x}$ 代入上式得
$y - 2x = Cx^2 y.$
代入 $y|_{x=1} = 1$,得 $C = -1.$
故所求特解为 $y = \frac{2x}{1+x^2}.$

【温馨提示】 本题属于基本题型,注意对不同求解方法的掌握,在解题过程中,关键是对方程的变换,注意对解题方法的掌握.

15. **知识点窍** 本题主要考查有关微积分的实际应用.

    分析一 首先建立坐标系,如下图所示.

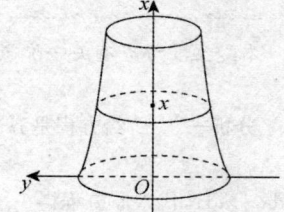

x 轴为桥墩中心轴,y 轴为水平轴.
设桥墩侧面的曲线方程为 $y = y(x)$.
其次列出 $y(x)$ 满足的方程.
由于顶面的压强为 p,则顶面承受的压力为
$F = p\pi a^2$
考查中心轴上点 x 处的水平截面上所受总压力,它应等于压强×截面积 $= p\pi y^2(x),$
又等于
顶面的压力 + 该截面上方桥墩的重量
$= p\pi a^2 + \int_x^h \rho \pi y^2(s)\, ds.$
于是得
$p\pi y^2(x) = p\pi a^2 + \rho \pi \int_x^h y^2(s)\, ds \quad (*)$

再将积分方程转化为微分方程的初值问题.
将上述方程两边对 x 求导得
$$2p\pi yy' = -\rho\pi y^2.$$
又在(*)式中令 $x = h$ 得 $y(h) = a$,于是得到
$$\begin{cases} y' = -\dfrac{\rho}{2p}y, \\ y(h) = a. \end{cases}$$
最后求解初值问题.
这是一阶线性齐次方程的初值问题,易求得
$$y = a\mathrm{e}^{-\frac{\rho}{2p}(x-h)}.$$

分析二 建立坐标系如上图所示.
分别过 x 轴上点 x 及 $x + \Delta x$ 作桥墩的水平截面,则
两个截面上的压力差 = 两个截面之间柱体的重量
于是
$$p\pi y^2(x) - p\pi y^2(x+\Delta x) \approx \rho\pi y^2(x)$$
即
$$\dfrac{y(x+\Delta x) - y(x)}{\Delta x}[y(x+\Delta x) + y(x)]$$
$$\approx -\dfrac{\rho}{p}y^2(x)$$
当 $\Delta x \to 0$ 时,得 $\dfrac{\mathrm{d}y}{\mathrm{d}x} = -\dfrac{\rho}{2p}y$
同样有初始条件 $y(h) = a$.
解此一阶线性齐次方程的初值问题,同样得
$$y = a\mathrm{e}^{-\frac{\rho}{2p}(x-h)}.$$

【温馨提示】 解决本题的关键是将题设条件转化为等式,然后进行求解,注意对解题思路与方法的掌握.

16. **知识点窍** 本题主要考查有关微分方程的计算.
    解题过程 (1)本题属变量可分离的方程,分离变量改写为
    $$\dfrac{\mathrm{d}y}{y} = (\sin(\ln x) + \cos(\ln x) + a)\mathrm{d}x$$
    两端求积分,
    $$\int \sin(\ln x)\mathrm{d}x = x\sin(\ln x) - \int x \cdot \cos(\ln x) \cdot \dfrac{1}{x}\mathrm{d}x$$
    $$= x\sin(\ln x) - \int \cos(\ln x)\mathrm{d}x$$
    所以通解为
    $$\ln|y| = x\sin(\ln x) + ax + C.$$
    或 $y = C\mathrm{e}^{x\sin(\ln x) + ax}$,其中 C 为任意常数.
    (2)该方程属于
    $$\dfrac{\mathrm{d}y}{\mathrm{d}x} = f\left(\dfrac{a_1 x + b_1 y + c_1}{a_2 x + b_2 y + c_2}\right), \begin{vmatrix} a_1 & b_1 \\ a_2 & b_2 \end{vmatrix} \neq 0 \text{ 的情形.}$$

解线性方程组 $\begin{cases} y + 2 = 0 \\ x + y - 1 = 0 \end{cases}$
其解为 $(3, -2)$.
令 $u = x - 3, v = y + 2$,
则原方程化为
$$\dfrac{\mathrm{d}v}{\mathrm{d}u} = 2\left(\dfrac{v}{u+v}\right)^2 = 2\left(\dfrac{\dfrac{v}{u}}{1+\dfrac{v}{u}}\right)^2.$$
这是一个齐次方程,
再令 $z = \dfrac{v}{u}$,
该方程又可化为
$$\dfrac{(1+z)^2}{z(1+z^2)}\mathrm{d}z = -\dfrac{\mathrm{d}u}{u}.$$
两端求积分,即得
$$\ln|z| + 2\arctan z = -\ln|u| + C.$$
所以,其通解为
$$y = C\mathrm{e}^{-2\arctan\frac{y+2}{x-3}} - 2, \text{其中 } C \text{ 为任意常数.}$$

【温馨提示】 求解微分方程的关键是分析其形式,然后选择适当的计算方法进行求解,第(1)题选择分离变量进行求解,第(2)题则选择了对原式进行适当的代换求解,注意对不同解题方法的掌握.

17. **知识点窍** 本题主要考查有关二阶微分方程特解的求解.
    解题过程 设 $p = y'$
    于是 $y'' = \dfrac{\mathrm{d}p}{\mathrm{d}x} = \dfrac{\mathrm{d}p}{\mathrm{d}y} \cdot \dfrac{\mathrm{d}y}{\mathrm{d}x} = p\dfrac{\mathrm{d}p}{\mathrm{d}y}.$
    代入原方程,得
    $$p\dfrac{\mathrm{d}p}{\mathrm{d}y} + \dfrac{1}{2}p^2 = 2y,$$
    即 $\dfrac{1}{2}\dfrac{\mathrm{d}p^2}{\mathrm{d}y} + \dfrac{1}{2}p^2 = 2y.$
    $$\therefore \dfrac{\mathrm{d}p^2}{\mathrm{d}y} + p^2 = 4y$$
    这是关于 p^2 和 y 的一阶线性方程,其通解为
    $$p^2 = \mathrm{e}^{-\int 1\mathrm{d}y}\left[\int 4y\mathrm{e}^{\int 1\mathrm{d}y}\mathrm{d}y + C_1\right]$$
    $$= \mathrm{e}^{-y}\left[\int 4y\mathrm{e}^y\mathrm{d}y + C_1\right]$$
    $$\therefore p^2 = \mathrm{e}^{-y}[4y\mathrm{e}^y - 4\mathrm{e}^y + C_1]$$
    $$= C_1\mathrm{e}^{-y} + 4(y-1).$$
    解出 p,则
    $$p = \sqrt{C_1\mathrm{e}^{-y} + 4(y-1)} \text{ 或}$$
    $$p = -\sqrt{C_1\mathrm{e}^{-y} + 4(y-1)} \text{ (不符题意,舍去)}$$

∴ $p = y' = \sqrt{C_1 e^{-y} + 4(y-1)}$.

又 ∵ $y'|_{x=0} = 2, y|_{x=0} = 2$,

∴ $C_1 = 0$, 即

$y' = \sqrt{4(y-1)}, \dfrac{dy}{dx} = 2\sqrt{y-1}$,

分离变量得 $\dfrac{dy}{\sqrt{y-1}} = 2dx$

两边积分得 $\sqrt{y-1} = x + C$,

∴ $y = (x+C)^2 + 1$,

代入 $y|_{x=0} = 2$, 得 $C = 1$

∴ $y = (1+x)^2 + 1 = x^2 + 2x + 2$.

【温馨提示】 本题原式条件中既有一阶微分, 又有二阶微分, 解决此类题目的关键是通过代换对原式进行化简, 然后求解, 注意对解题方法与思路的掌握.

18. **知识点窍** 本题主要考查由自由变量与因变量之间的关系系列微分方程求解函数值.

解题过程 首先尝试从 Δy 的表达式直接求 $y(1)$.
为此, 设 $x_0 = 0, \Delta x = 1$.
于是 $\Delta y = y(x_0 + \Delta x) - y(x_0) = y(1) - y(0)$
$= y(1) - \pi$,

代入 Δy 的表达式即得

$y(1) - \pi = \pi + \alpha \Leftrightarrow y(1) = 2\pi + \alpha$.

由于仅仅知道当 $\Delta x \to 0$ 时 α 是比 Δx 较高阶的无穷小量, 而不知道 α 的具体表达式, 因而从上式无法求出 $y(1)$.

由此可见, 为了求出 $y(1)$ 必须去掉 Δy 的表达式中包含的 α.

利用函数的增量 Δy 与其微分 dy 的关系可知, 函数 $y(x)$ 在任意点 x 处的微分

$dy = \dfrac{y(x)}{x^2 + x + 1} \Delta x = \dfrac{y(x)}{x^2 + x + 1} dx$;

这是一个可分离变量方程, 它满足的初始条件 $y|_{x=0} = \pi$ 的特解正是本题中的函数 $y(x)$, 解出 $y(x)$ 即可得到 $y(1)$.

将方程 $dy = \dfrac{y}{x^2 + x + 1} dx$ 分离变量, 得

$\dfrac{dy}{y} = \dfrac{dx}{x^2 + x + 1}$.

求积分可得

$\ln|y| = \dfrac{2}{\sqrt{3}} \arctan \dfrac{2x+1}{\sqrt{3}} + C$

$\Rightarrow y = Ce^{\frac{2}{\sqrt{3}}\arctan\frac{2x+1}{\sqrt{3}}}$

由初始条件 $y(0) = \pi$

可确定 $C = \pi e^{-\frac{\pi}{\sqrt{3}}}$

从而 $y(1) = \pi e^{-\frac{\pi}{\sqrt{3}}} \cdot e^{\frac{2}{\sqrt{3}}\arctan\sqrt{3}}$

$= \pi e^{(\frac{-\pi}{\sqrt{3}} + \frac{2}{\sqrt{3}}\arctan\sqrt{3})}$.

【温馨提示】 解决本题的关键是根据函数增量与微分之间的关系进行求解, 注意对题设条件的合理运用与转化.

19. **知识点窍** 本题主要考查有关微分方程的求解.

解题过程 (1) 相应齐次方程的特征方程为
$\lambda^2 - 7\lambda + 12 = 0$,

它有两个互导的实根:
$\lambda_1 = 3, \lambda_2 = 4$,

所以, 其通解为
$\tilde{y}(x) = C_1 e^{3x} + C_2 e^{4x}$.

由于 0 不是特征根, 所以非齐次方程的特解应具有形式
$y^*(x) = Ax + B$.

代入方程,

可得 $A = \dfrac{1}{12}, B = \dfrac{7}{144}$,

所以, 原方程的通解为
$y(x) = \dfrac{x}{12} + \dfrac{7}{144} + C_1 e^{3x} + C_2 e^{4x}$

代入初始条件, 则得

$\begin{cases} C_1 + C_2 = 0, \\ 3C_1 + 4C_2 = \dfrac{1}{2}. \end{cases}$

$\Rightarrow C_1 = -\dfrac{1}{2}, C_2 = \dfrac{1}{2}$

因此所求的特解为
$y(x) = \dfrac{x}{12} + \dfrac{7}{144} + \dfrac{1}{2}(e^{4x} - e^{3x})$.

(2) 由于相应齐次方程的特征根为 $\pm ai$,
所以其通解为
$\tilde{y}(x) = C_1 \cos ax + C_2 \sin ax$.

求原非齐次方程的特解, 需分两种情况讨论:

① 当 $a \neq b$ 时, 特解的形式应为 $A\cos bx + B\sin bx$, 将其代入原方程, 则得

$A = \dfrac{8}{a^2 - b^2}, B = 0$.

所以, 通解为
$y(x) = \dfrac{8}{a^2 - b^2} \cos bx + C_1 \cos ax + C_2 \sin ax$, 其中 C_1, C_2 为任意常数.

② 当 $a = b$ 时, 特解的形式应为

$Ax\cos ax + Bx\sin ax$,

代入原方程,则得

$A = 0, B = \dfrac{4}{a}$

原方程的通解为

$y(x) = \dfrac{4}{a}x\sin ax + C_1\cos ax + C_2\sin ax$,其中 C_1,C_2 为任意常数.

> 【温馨提示】 本题为二阶常系数微分方程的求解,为基本题型,注意对解题技巧与方法的掌握.

20. **知识点窍** 本题主要考查二阶微分方程初值问题的求解.

    解题过程 这是可降阶类型的题目.

    令 $p = \dfrac{dy}{dx}$ 并以 y 为自变量变换原方程

    $$\dfrac{d^2y}{dx^2} = \dfrac{dp}{dx} = \dfrac{dp}{dy}p$$

    代入原方程得

$y^3 p \dfrac{dp}{dy} = -1$

$\xrightarrow{\text{分离变量}} p\,dp = -y^{-3}dy$

$\xrightarrow{\text{积分}} p^2 = y^{-2} + C_1$

由初值得 $C_1 = -1$

$\Rightarrow \dfrac{dy}{dx} = p = \pm\dfrac{\sqrt{1-y^2}}{y}$

$\xrightarrow{\text{分离变量}} \dfrac{y}{\sqrt{1-y^2}}dy = \pm dx$

积分得 $\int_1^y \dfrac{y}{\sqrt{1-y^2}}dy = \pm\int_1^x dx$,

$\sqrt{1-y^2} = \pm(x-1)$

最后得

$y = \sqrt{2x-x^2}\ (0 \leqslant x \leqslant 2)$.

> 【温馨提示】解决本题的关键是通过代换对原式进行降阶,然后根据初值进行求解,注意对解题技巧的掌握.

期末同步测试(A)卷解析

一、选择题

题号	1	2	3	4	5	6
答案	B	C	D	A	A	B

1. **知识点窍** 间断点的判定.

    解题过程 当 $|x| < 1$ 时,$\lim\limits_{n\to\infty} x^{2n} = 0$,

    有 $f(x) = 1 + x$;

    当 $|x| > 1$ 时,$\lim\limits_{n\to\infty} x^{2n} = \infty$,有 $f(x) = 0$;

    当 $x = 1$ 时,有 $f(x) = \dfrac{1+1}{1+1} = 1$;当 $x = -1$ 时,有 $f(x) = \dfrac{1-1}{1+1} = 0$.

    $f(x) = \begin{cases} 0, & x \leqslant -1 \\ 1+x; & -1 < x < 1 \\ 1, & x = 1 \\ 0, & x > 1 \end{cases}$

    显然 $x = -1$ 处连续,$x = 1$ 处间断.

2. **知识点窍** 导数及微分的定义问题.

    解题过程 因 $\lim\limits_{x\to 0} f(x) = \lim\limits_{x\to 0}\sqrt{|x|}\sin\dfrac{1}{x} = 0 = f(0)$,即 $f(x)$ 在点 $x = 0$ 连续,

    又 $f'(0) = \lim\limits_{x\to 0}\dfrac{f(x)-f(0)}{x-0} = \lim\limits_{x\to 0}\dfrac{\sqrt{|x|}}{x}\sin\dfrac{1}{x}$ 不存在,即 $f(x)$ 在点 $x = 0$ 不可导.

3. **知识点窍** 渐近线存在的判断方法.

    解题过程 因 $\lim\limits_{x\to -\infty}\left[\dfrac{1}{x} + \ln(1+e^x)\right] = 0 + \ln 1 = 0$,$\lim\limits_{x\to +\infty}\left[\dfrac{1}{x} + \ln(1+e^x)\right] = \infty$,有一条水平渐近线 $y = 0$,$\lim\limits_{x\to 0}\left[\dfrac{1}{x} + \ln(1+e^x)\right] = \infty$,有一条铅直渐近线 $x = 0$,

    $\lim\limits_{x\to +\infty}\dfrac{y}{x} = \lim\limits_{x\to +\infty}\left[\dfrac{1}{x^2} + \dfrac{\ln(1+e^x)}{x}\right]$

    $= 0 + \lim\limits_{x\to +\infty}\dfrac{\ln(1+e^x)}{x} \stackrel{\infty}{=} \lim\limits_{x\to +\infty}\dfrac{e^x}{1+e^x}$

    $= \lim\limits_{x\to +\infty}\dfrac{1}{e^{-x}+1} = 1 \neq 0$,

    $\lim\limits_{x\to +\infty}(y-x) = \lim\limits_{x\to +\infty}\left[\dfrac{1}{x} + \ln(1+e^x) - x\right]$

    $= \lim\limits_{x\to +\infty}\left[\dfrac{1}{x} + \ln\dfrac{1+e^x}{e^x}\right]$

    $= \lim\limits_{x\to +\infty}\left[\dfrac{1}{x} + \ln(e^{-x}+1)\right] = 0$,

    有一条斜渐近线 $y = x$.

4. **知识点窍** 不定积分的性质.

    解题过程 如取 $f(x) = 3x^2$ 是偶函数,$F(x) = x^3 + 1$ 不是奇函数,排除(B).

    又如 $f(x) = 1 + \cos x$ 是周期函数,$F(x) = x + \sin x$

不是周期函数,排除(C).

当 $f(x) < 0$ 时,即使 $f(x)$ 是单调增函数,都有 $F(x)$ 是单调减函数,排除(D).

选择(A).

5. **知识点窍**　变积分限函数的定积分计算.

   解题过程　$F'(x) = f(\ln x) \cdot (\ln x)' - f\left(\frac{1}{x}\right) \cdot \left(\frac{1}{x}\right)' = \frac{1}{x}f(\ln x) + \frac{1}{x^2}f\left(\frac{1}{x}\right)$,

   选择(A).

6. **知识点窍**　此题考查幂级数收敛半径、收敛区间和幂级数的性质.

   解题过程　因为 $\sum\limits_{n=1}^{\infty}a_n$ 条件收敛,即 $x=2$ 为幂级数 $\sum\limits_{n=1}^{\infty}a_n(x-1)^n$ 的条件收敛点,所以 $\sum\limits_{n=1}^{\infty}a_n(x-1)^n$ 的收敛半径为1,收敛区间为(0,2),而幂级数逐项求导数不改变收敛区间,故 $\sum\limits_{n=1}^{\infty}na_n(x-1)^n$ 的收敛区间还是(0,2),因而 $x=\sqrt{3}$ 与 $x=3$ 依次为幂级数 $\sum\limits_{n=1}^{\infty}na_n(x-1)^n$ 的收敛点、发散点.故选(B).

二、填空题

7. **知识点窍**　等价无穷小求极限.

   解题过程　当 $x \to \infty$ 时,$\sin\dfrac{2}{x} \sim \dfrac{2}{x}$,

   有 $\lim\left(\dfrac{3x^2+5}{5x+3}\sin\dfrac{2}{x}\right) = \lim\dfrac{3x^2+5}{5x+3} \cdot \dfrac{2}{x} = \dfrac{6}{5}$.

8. **知识点窍**　定积分的计算.

   解题过程　$\int_{-\frac{\pi}{2}}^{\frac{\pi}{2}}\left(\dfrac{\sin x}{1+\cos x}+|x|\right)\mathrm{d}x = 2\int_0^{\frac{\pi}{2}}x\mathrm{d}x = \dfrac{\pi^2}{4}$.

   【方法解析】此题考查积分的计算,需要用奇偶函数在对称区间上的性质化简.

9. **知识点窍**　多元函数微分法.

   解题过程　**解法一**　对方程两边求全微分可得
   $yz\mathrm{d}x + xz\mathrm{d}y + xy\mathrm{d}z + \dfrac{x\mathrm{d}x + y\mathrm{d}y + z\mathrm{d}z}{\sqrt{x^2+y^2+z^2}} = 0$
   将 $x=1, y=0, z=-1$ 代入上式可得
   $-\mathrm{d}y + \dfrac{1}{\sqrt{2}}(\mathrm{d}x - \mathrm{d}z) = 0$
   由此得到 $\mathrm{d}z = \mathrm{d}x - \sqrt{2}\mathrm{d}y$.

   解法二　设 $F(x,y,z) = xyz + \sqrt{x^2+y^2+z^2} - \sqrt{2}$
   $F'_x = yz + \dfrac{x}{\sqrt{x^2+y^2+z^2}}$
   $F'_y = xz + \dfrac{y}{\sqrt{x^2+y^2+z^2}}$
   $F'_z = xy + \dfrac{z}{\sqrt{x^2+y^2+z^2}}$
   $\dfrac{\partial z}{\partial x} = -\dfrac{F'_x}{F'_z} = -\dfrac{x+yz\sqrt{x^2+y^2+z^2}}{z+xy\sqrt{x^2+y^2+z^2}}$
   $\dfrac{\partial z}{\partial y} = -\dfrac{F'_y}{F'_z} = -\dfrac{y+xz\sqrt{x^2+y^2+z^2}}{z+xy\sqrt{x^2+y^2+z^2}}$
   $\mathrm{d}z = -\dfrac{x+yz\sqrt{x^2+y^2+z^2}}{z+xy\sqrt{x^2+y^2+z^2}}\mathrm{d}x$
   $\quad - \dfrac{y+xz\sqrt{x^2+y^2+z^2}}{z+xy\sqrt{x^2+y^2+z^2}}\mathrm{d}y$

   将 $x=1, y=0, z=-1$ 代入上式可得
   $\mathrm{d}z = \mathrm{d}x - \sqrt{2}\mathrm{d}y$.

   【方法解析】本题是隐函数全微分的题,有两种方法:一种方法是对方程两边求全微分,解出 $\mathrm{d}z$;另一种方法是先求出 $\dfrac{\partial z}{\partial x} \cdot \dfrac{\partial z}{\partial y}$,再利用全微分公式 $\mathrm{d}z = \dfrac{\partial z}{\partial x}\mathrm{d}x + \dfrac{\partial z}{\partial y}\mathrm{d}y$ 求解.

10. **知识点窍**

    解题过程　令 $S(x) = \sum\limits_{n=1}^{\infty}nx^{n-1}$
    $\int S(x)\mathrm{d}x = \int\sum\limits_{n=1}^{\infty}nx^{n-1}\mathrm{d}x = \sum\limits_{n=1}^{\infty}x^n = \dfrac{x}{1-x}$
    $\left[\int S(x)\mathrm{d}x\right]' = \left(\dfrac{x}{1-x}\right)' = \dfrac{1}{(1-x)^2}$
    当 $x = \dfrac{1}{2}$ 时,$\dfrac{1}{(1-x)^2} = \dfrac{1}{\left(1-\frac{1}{2}\right)^2} = 4$

    所以 $S(x) = 4$.

11. **知识点窍**　函数的凹凸性.

    解题过程　$y = x^3 - ax^2 + bx + 1$
    $y' = 3x^2 - 2ax + b, y'' = 6x - 2a$,过(-1,0)点时,
    $0 = -1 - a - b + 1, a + b = 0$,当 $x = -1$ 时,$y'' = 0, 0 = -6 - 2a \Rightarrow a = -3, b = 3$.

12. **知识点窍**　二阶常系数微分方程求解.

    解题过程　容易得知 $y_3 = -xe^{2x}$ 是该方程一个特解,而 $y_1 - y_3, y_2 - y_3$ 为该方程对应的齐次方程的两个线性无关的特解,根据二阶常系数非齐次线性微分方程解的结构得知,该方程通解为:
    $y = c_1e^x + c_2e^{3x} - xe^{2x}$.

    【方法点击】二阶常系数微分方程求解方法重在记忆,其出题形式不多变,多多练习熟悉即可.

三、解答题

13. **知识点窍**　定积分的求解.

解题过程 被积函数带有积分号,要先想办法去掉积分号,先使用分部积分.

原式 $= 2\int_0^1 f(x)\mathrm{d}\sqrt{x}$

$= 2f(x)\sqrt{x}\big|_0^1 - 2\int_0^1 \sqrt{x}\mathrm{d}f(x)$……(分部积分)

$= 2f(1) - 2\int_0^1 \sqrt{x}\mathrm{d}f(x)$

$= 0 - 2\int_0^1 \sqrt{x} \cdot \frac{\ln(1+x)}{x}\mathrm{d}x$……(积分上限函数求导)

$= -2\int_0^1 \frac{\ln(1+x)}{\sqrt{x}}\mathrm{d}x$

$= -4\int_0^1 \ln(1+x)\mathrm{d}\sqrt{x}$……(分部积分)

$= 4\int_0^1 \sqrt{x}\mathrm{d}\ln(1+x) - 4[\ln(1+x) \cdot \sqrt{x}]\big|_0^1$

$= 4\int_0^1 \frac{\sqrt{x}}{1+x}\mathrm{d}x - 4\ln 2$

通过计算后只需求得 $4\int_0^1 \frac{\sqrt{x}}{1+x}\mathrm{d}x$ 的值即可.

$4\int_0^1 \frac{\sqrt{x}}{1+x}\mathrm{d}x$

$= 4\int_0^1 \frac{t}{1+t^2}\mathrm{d}t^2 \quad (x=t^2)$

$= 4\int_0^1 \frac{2t^2}{1+t^2}\mathrm{d}t$

$= 8\int_0^1 \left(1 - \frac{1}{1+t^2}\right)\mathrm{d}t$

$= 8 - 8\arctan t\big|_0^1$

$= 8 - 2\pi$

综上所求,原式值为 $8 - 2\pi - 4\ln 2$.

【方法点击】换元积分法和分部积分法要熟练掌握,在准确记忆的基础上多多练习计算积分,就可以熟能生巧,要熟练掌握积分上下限函数求导方法.

14. **知识点窍** 微分中值定理考查.
    解题过程 证明 (1) 由于 $f(x)$ 为奇函数,则 $f(0) = 0$,由于 $f(x)$ 在 $[-1,1]$ 上具有二阶导数,依拉格朗日定理,存在 $\xi \in (0,1)$,使得 $f'(\xi) = \frac{f(1) - f(0)}{1 - 0} = 1$.
    (2) 由于 $f(x)$ 为奇函数,则 $f'(x)$ 为偶函数,由(1)可知,存在 $\xi \in (0,1)$,使得 $f'(\xi) = 1$.
    且 $f'(-\xi) = 1$.
    令 $\varphi(x) = e^x(f'(x) - 1)$,由条件显然可知 $\varphi(x)$ 在 $[-1,1]$ 上可导,且 $\varphi(-\xi) = \varphi(\xi) = 0$,
    由罗尔定理可知,存在 $\eta \in (-\xi, \xi) \subset (-1, 1)$,使

得 $\varphi'(\eta) = 0$,即 $f''(\eta) + f'(\eta) = 1$.

15. **知识点窍** 二元函数条件极值.
    解题过程 构造函数
    $L(x,y) = x^2 + y^2 + \lambda(x^3 - xy + y^3 - 1)$

    令 $\begin{cases} \frac{\partial L}{\partial x} = 2x + \lambda(3x^2 - y) = 0 \\ \frac{\partial L}{\partial y} = 2y + \lambda(3y^2 - x) = 0 \\ x^3 - xy + y^3 = 1 \end{cases}$

    得唯一驻点 $x = 1, y = 1$,即 $M_1(1,1)$.
    考虑边界上的点 $M_2(0,1), M_3(1,0)$,
    距离函数 $f(x,y) = \sqrt{x^2 + y^2}$ 在三点的取值分别为 $f(1,1) = \sqrt{2}, f(0,1) = 1, f(1,0) = 1$,
    所以最长距离为 $\sqrt{2}$,最短距离为 1.

    【方法点击】本题考查二元函数的条件极值的拉格朗日乘子法.

16. **知识点窍** 定积分的应用.
    解题过程 (1) 设切点的横坐标为 x_0,则曲线 $y = \ln x$ 在点 $(x_0, \ln x_0)$ 的切线方程是
    $$y = \ln x_0 + \frac{1}{x_0}(x - x_0).$$
    由该切线过原点知 $\ln x_0 - 1 = 0$,从而 $x_0 = e$. 所以该切线的方程为 $y = \frac{1}{e}x$.
    平面图形 D 的面积
    $$A = \int_0^1 (e^y - ey)\mathrm{d}y = \frac{1}{2}e - 1.$$
    (2) 切线 $y = \frac{1}{e}x$ 与 x 轴及直线 $x = e$ 所围成的三角形绕直线 $x = e$ 旋转所得的圆锥体积为
    $$V_1 = \frac{1}{3}\pi e^2.$$
    曲线 $y = \ln x$ 与 x 轴及直线 $x = e$ 所围成的图形绕直线 $x = e$ 旋转所得的旋转体体积为
    $$V_2 = \int_0^1 \pi(e - e^y)^2 \mathrm{d}y.$$
    因此所求旋转体的体积为
    $$V = V_1 - V_2 = \frac{1}{3}\pi e^2 - \int_0^1 \pi(e - e^y)^2 \mathrm{d}y$$
    $$= \frac{\pi}{6}(5e^2 - 12e + 3).$$

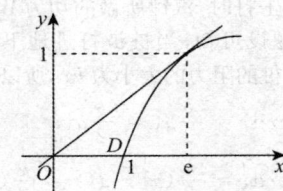

【方法点击】先求出切点坐标及切线方程,再用定积分求面积 D;旋转体体积可用一大立体(圆锥)体积减去一小立体体积进行计算,为了帮助理解,可画一草图.

17. **知识点窍** 幂级数展开.

    解题过程 因为 $f'(x)=-\dfrac{2}{1+4x^2}$

    $$=-2\sum_{n=0}^{\infty}(-1)^n 4^n x^{2n},\ x\in\left(-\dfrac{1}{2},\dfrac{1}{2}\right).$$

    又 $f(0)=\dfrac{\pi}{4}$,所以

    $$f(x)=f(0)+\int_0^x f'(t)\mathrm{d}t=\dfrac{\pi}{4}-2\int_0^x\left[\sum_{n=0}^{\infty}(-1)^n 4^n t^{2n}\right]\mathrm{d}t$$

    $$=\dfrac{\pi}{4}-2\sum_{n=0}^{\infty}\dfrac{(-1)^n 4^n}{2n+1}x^{2n+1},\ x\in\left(-\dfrac{1}{2},\dfrac{1}{2}\right).$$

    因为级数 $\sum_{n=0}^{\infty}\dfrac{(-1)^n}{2n+1}$ 收敛,函数 $f(x)$ 在 $x=\dfrac{1}{2}$ 处连续,所以

    $$f(x)=\dfrac{\pi}{4}-2\sum_{n=0}^{\infty}\dfrac{(-1)^n 4^n}{2n+1}x^{2n+1},\ x\in\left(-\dfrac{1}{2},\dfrac{1}{2}\right].$$

    令 $x=\dfrac{1}{2}$,得

    $$f\left(\dfrac{1}{2}\right)=\dfrac{\pi}{4}-2\sum_{n=0}^{\infty}\left[\dfrac{(-1)^n 4^n}{2n+1}\cdot\dfrac{1}{2^{2n+1}}\right]$$

    $$=\dfrac{\pi}{4}-\sum_{n=0}^{\infty}\dfrac{(-1)^n}{2n+1},$$

    再由 $f\left(\dfrac{1}{2}\right)=0$,得

    $$\sum_{n=0}^{\infty}\dfrac{(-1)^n}{2n+1}=\dfrac{\pi}{4}-f\left(\dfrac{1}{2}\right)=\dfrac{\pi}{4}.$$

    【方法点击】幂级数展开有直接法与间接法,一般考查间接法展开,即通过适当的恒等变形、求导或积分等,转化为可利用已知幂级数展开的情形.本题可先求导,再利用函数 $\dfrac{1}{1-x}$ 的幂级数展开 $\dfrac{1}{1-x}=1-x+x^2+\cdots+x^n\cdots$,然后取 x 为某特殊值,得所求级数的和.

18. **知识点窍** 定积分的应用.

    解题过程 (1) 设第 n 次击打后,桩被打进地下 x_n,第 n 次击打时,汽锤所做的功为 $W_n(n=1,2,3,\cdots)$,由题设可知,当桩被打进地下的深度为 x 时,土层对桩的阻力的大小为 kx,所以

    $$W_1=\int_0^{x_1}kx\mathrm{d}x=\dfrac{k}{2}x_1^2=\dfrac{k}{2}a^2,$$

    $$W_2=\int_{x_1}^{x_2}kx\mathrm{d}x=\dfrac{k}{2}(x_2^2-x_1^2)=\dfrac{k}{2}(x_2^2-a^2).$$

    由 $W_2=rW_1$ 可得 $x_2^2-a^2=ra^2$,

    即 $x_2^2=(1+r)a^2$,

    $$W_3=\int_{x_2}^{x_3}kx\mathrm{d}x=\dfrac{k}{2}(x_3^2-x_2^2)$$

    $$=\dfrac{k}{2}[x_3^2-(1+r)a^2].$$

    由 $W_3=rW_2=r^2W_1$ 可得

    $x_3^2-(1+r)a^2=r^2a^2$,

    从而 $x_3=\sqrt{1+r+r^2}a$,

    即汽锤击打 3 次后,可将桩打进地下 $\sqrt{1+r+r^2}a\ \text{m}$.

    (2) 依归纳法,设 $x_n=\sqrt{1+r+r^2+\cdots+r^{n-1}}a$,则

    $$W_{n+1}=\int_{x_n}^{x_{n+1}}kx\mathrm{d}x=\dfrac{k}{2}(x_{n+1}^2-x_n^2)$$

    $$=\dfrac{k}{2}[x_{n+1}^2-(1+r+\cdots+r^{n-1})a^2]$$

    由于 $W_{n+1}=rW_n=r^2W_{n-1}=\cdots=r^nW_1$,故得

    $x_{n+1}^2-(1+r+\cdots+r^{n-1})a^2=r^na^2$,

    从而 $x_{n+1}=\sqrt{1+r+\cdots+r^n}a=\sqrt{\dfrac{1-r^{n+1}}{1-r}}a$.

    于是 $\lim\limits_{n\to\infty}x_{n+1}=\sqrt{\dfrac{1}{1-r}}a$,

    即若击打次数不限,汽锤最多能将桩打进地下 $\sqrt{\dfrac{1}{1-r}}a\ \text{m}$.

    【方法点击】本题巧妙地将变力做功与数列极限两个知识点综合起来了,有一定难度.但用定积分求变力做功并不是什么新问题,何况本题的变力十分简单.

19. **知识点窍** 微分方程的求解.

    解题过程 将 $\dfrac{\mathrm{d}x}{\mathrm{d}y}$ 转化为 $\dfrac{\mathrm{d}y}{\mathrm{d}x}$ 比较简单,

    $\dfrac{\mathrm{d}x}{\mathrm{d}y}=\dfrac{1}{\dfrac{\mathrm{d}y}{\mathrm{d}x}}=\dfrac{1}{y'}$,关键是应注意:

    $$\dfrac{\mathrm{d}^2x}{\mathrm{d}y^2}=\dfrac{\mathrm{d}}{\mathrm{d}y}\left(\dfrac{\mathrm{d}x}{\mathrm{d}y}\right)=\dfrac{\mathrm{d}}{\mathrm{d}x}\left(\dfrac{1}{y'}\right)\cdot\dfrac{\mathrm{d}x}{\mathrm{d}y}$$

    $$=\dfrac{-y''}{y'^2}\cdot\dfrac{1}{y'}=-\dfrac{y''}{(y')^3}.$$

    (1) 由反函数的求导公式知 $\dfrac{\mathrm{d}x}{\mathrm{d}y}=\dfrac{1}{y'}$,于是有

    $$\dfrac{\mathrm{d}^2x}{\mathrm{d}y^2}=\dfrac{\mathrm{d}}{\mathrm{d}y}\left(\dfrac{\mathrm{d}x}{\mathrm{d}y}\right)=\dfrac{\mathrm{d}}{\mathrm{d}x}\left(\dfrac{1}{y'}\right)\cdot\dfrac{\mathrm{d}x}{\mathrm{d}y}=\dfrac{-y''}{y'^2}\cdot\dfrac{1}{y'}$$

    $$=-\dfrac{y''}{(y')^3}.$$

    代入原微分方程得 $y''-y=\sin x$. ($*$)

    (2) 方程($*$)所对应的齐次方程 $y''-y=0$ 的通解

为 $Y = C_1 e^x + C_2 e^{-x}$

设方程(*)的特解为
$$y^* = A\cos x + B\sin x,$$
代入方程(*),求得 $A = 0, B = -\dfrac{1}{2}$,

故 $y^* = -\dfrac{1}{2}\sin x$,从而 $y'' - y = \sin x$ 的通解是
$$y = Y + y^* = C_1 e^x + C_2 e^{-x} - \dfrac{1}{2}\sin x$$

由 $y(0) = 0, y'(0) = \dfrac{3}{2}$,得 $C_1 = 1, C_2 = -1$,故所求初值问题的解为
$$y = e^x - e^{-x} - \dfrac{1}{2}\sin x.$$

【方法点击】本题的核心是第一步方程变换.

20. **知识点窍**　定积分的证明.

　　解题过程　根据积分中值定理,存在 $\xi_1 \in (0, \pi)$,使得 $\int_0^\pi f(x)\mathrm{d}x = f(\xi_1)(\pi - 0) = 0$,即 $f(\xi_1) = 0$,假设 $f(x)$ 在 $(0, \pi)$ 内不存在不同于 ξ_1 的零点,即 $f(x)$ 在 $(0, \xi_1)$ 与 (ξ_1, π) 内都没有零点,
则 $f(x)$ 在 $(0, \xi_1)$ 与 (ξ_1, π) 内异号,(否则

$\int_0^\pi f(x)\mathrm{d}x = \int_0^{\xi_1} f(x)\mathrm{d}x + \int_{\xi_1}^\pi f(x)\mathrm{d}x \neq 0$),

不妨设在 $(0, \xi_1)$ 内 $f(x) < 0$,在 (ξ_1, π) 内 $f(x) > 0$.

由 $\int_0^\pi f(x)(\cos\xi_1 - \cos x)\mathrm{d}x$
$= \cos\xi_1 \int_0^\pi f(x)\mathrm{d}x - \int_0^\pi f(x)\cos x\mathrm{d}x$
$= \cos\xi_1 \cdot 0 - 0 = 0,$

且在 $(0, \xi_1)$ 内 $\cos x > \cos\xi_1$,
$f(x)(\cos\xi_1 - \cos x) > 0,$
在 (ξ_1, π) 内 $\cos x < \cos\xi_1$, $f(x)(\cos\xi_1 - \cos x) > 0,$

这与 $\int_0^\pi f(x)(\cos\xi_1 - \cos x)\mathrm{d}x = 0$ 矛盾,故 $f(x)$ 在 $(0, \pi)$ 内存在不同于 ξ_1 的零点 ξ_2,得证.

【方法点击】此题可改为函数 $f(x)$ 在 $[a, b]$ 上连续,$g(x)$ 在 $[a, b]$ 上严格单调,且 $\int_a^b f(x)\mathrm{d}x = 0, \int_a^b f(x)g(x)\mathrm{d}x = 0$.
试证明:在 (a, b) 内至少存在两个不同的点 ξ_1, ξ_2,使 $f(\xi_1) = f(\xi_2) = 0$.

期末同步测试(B)卷解析

一、选择题

题号	1	2	3	4	5	6
答案	D	A	C	D	A	C

1. **知识点窍**　间断点的判别与分类.

　　解题过程　$\lim_{x\to 0} g(x) = \lim_{x\to 0} f\left(\dfrac{1}{x}\right) = \lim_{u\to\infty} f(u) = a.$
当 $a = 0$ 时,$g(x)$ 在 $x = 0$ 处连续,当 $a \neq 0$ 时,间断,选择(D).

2. **知识点窍**　导数存在的充要条件.

　　解题过程　如取 $f(x) = x$,有 $\lim_{x\to +\infty} f(x) = +\infty$ 且 $\lim_{x\to -\infty} f(x) = -\infty$,但 $f'(x) = 1$,排除(B),(D).
又取 $f(x) = x^2$,有 $f'(x) = 2x, \lim_{x\to -\infty} f'(x) = -\infty$,但 $\lim_{x\to -\infty} f(x) = +\infty$,排除(C).
选择(A).

3. **知识点窍**　极值凹凸性及函数作图.

　　解题过程　根据导数的图形可知,一阶导数为零的点有 3 个,而 $x = 0$ 则是导数不存在的点,三个一阶导数为零的点左右两侧数符号不一致,必为极值点,且有两个极小值点和一个极大值点;在 $x = 0$ 处左侧一阶导数为正,右侧一阶导数为负,可见 $x = 0$ 为极值点,故 $f(x)$ 共有两个极小值点和两个极大

值点,应选(C).

【方法点击】答案与极值点个数有关,而可能的极值点应是导数为零或导数不存在的点,共 4 个,是极大值点还是极小值可进一步由取极值的第一或第二充分条件判定.

4. **知识点窍**　介值定理.

　　解题过程　因 $f(a + \Delta x) = f(a) + f'(a)\Delta x + o(\Delta x)$,若 $f'(a) > 0$,当 $\Delta x > 0$ 且很小时,$f(a + \Delta x) > f(a)$,$f(b + \Delta x) = f(b) + f'(b)\Delta x + o(\Delta x)$,若 $f'(b) < 0$,当 $\Delta x < 0$ 且很小时,$f(b + \Delta x) > f(b)$,
又因 $f'(a) > 0, f'(b) < 0$,对 $f'(x)$ 在 $[a, b]$ 上应用介值定理,存在 $x_0 \in (a, b)$,使得 $f'(x_0) = 0$,故 (A),(B),(C) 都正确,选择(D).

5. **知识点窍**　多元函数的连续和极值概念.

　　解题过程　由 $\lim_{x\to 0, y\to 0} \dfrac{f(x, y) - xy}{(x^2 + y^2)^2} = 1$ 知,分子的极限必为零,从而有 $f(0, 0) = 0$,且 $f(x, y) - xy \approx (x^2 + y^2)^2 (|x|, |y|$ 充分小时),
于是

— 113 —

$f(x,y)-f(0,0)\approx xy+(x^2+y^2)^2$

可见当 $y=x$ 且 $|x|$ 充分小时,$f(x,y)-f(0,0)\approx x^2+4x^4>0$;而当 $y=-x$ 且 $|x|$ 充分小时,$f(x,y)-f(0,0)\approx -x^2+4x^4<0$,故点 $(0,0)$ 不是 $f(x,y)$ 的极值点,应选(A).

【方法点击】由题设容易推知 $f(0,0)=0$,因此点 $(0,0)$ 是否为 $f(x,y)$ 的极值,关键看在点 $(0,0)$ 的充分小的区域内 $f(x,y)$ 是恒大于零、恒小于零还是变号.

6. **知识点窍** 傅里叶级数收敛定理.
   解题过程 注意观察本题目,和函数 $S(x)$ 形式为正弦级数,因此 $S(x)$ 是奇函数,同时观察 b_n 的形式,得知周期为 2,$S\left(-\dfrac{9}{4}\right)=S\left(-\dfrac{1}{4}\right)=-S\left(\dfrac{1}{4}\right)$,$\dfrac{1}{4}$ 为连续点,因此 $-S\left(\dfrac{1}{4}\right)=-f\left(\dfrac{1}{4}\right)=-\dfrac{1}{4}$.

【方法点击】傅里叶级数的题目类型比较单一,多数是考查和函数的求法和收敛定理的使用.

二、填空题

7. **知识点窍** 等价无穷小的应用.
   解题过程
   $\lim\limits_{n\to\infty}\ln\left[\dfrac{n-2na+1}{n(1-2a)}\right]^n = \lim\limits_{n\to\infty}\ln\left[1+\dfrac{1}{n(1-2a)}\right]^n$
   $= \lim\limits_{n\to\infty}\ln\left[1+\dfrac{1}{n(1-2a)}\right]^{n(1-2a)\cdot\frac{1}{1-2a}} = \ln e^{\frac{1}{1-2a}} = \dfrac{1}{1-2a}$.

8. **知识点窍** 隐函数求导.
   解题过程 两边取对数,得 $\ln x=y\ln y$,两边关于 x 求导,得 $\dfrac{1}{x}=y'\ln y+y\cdot\dfrac{1}{y}\cdot y'$,$y'=\dfrac{1}{x(1+\ln y)}$,$dy=\dfrac{1}{x(1+\ln y)}dx$.

9. **知识点窍** 傅里叶级数.
   解题过程 根据余弦级数的定义,有
   $a_2=\dfrac{2}{\pi}\int_0^\pi x^2\cdot\cos 2x dx=\dfrac{1}{\pi}\int_0^\pi x^2 d\sin 2x$
   $=\dfrac{1}{\pi}\left[x^2\sin 2x\Big|_0^\pi -\int_0^\pi \sin 2x\cdot 2x dx\right]$
   $=\dfrac{1}{\pi}\int_0^\pi x d\cos 2x=\dfrac{1}{\pi}\left[x\cos 2x\Big|_0^\pi -\int_0^\pi \cos 2x dx\right]$
   $=1$.

【方法点击】将 $f(x)=x^2\ (-\pi\leqslant x\leqslant\pi)$ 展开为余弦级数 $x^2=\sum\limits_{n=0}^\infty a_n\cos nx\ (-\pi\leqslant x\leqslant\pi)$,其系数计算公式为 $a_n=\dfrac{2}{\pi}\int_0^\pi f(x)\cos nx dx$.

10. **知识点窍** 极限求解.
    解题过程 因分子极限 $\lim\limits_{x\to 0}\sin x(\cos x-b)=0$,要使得原极限等于 5,必须有分母极限
    $\lim\limits_{x\to 0}(e^x-a)=1-a=0$,
    则 $a=1$,
    且 $\lim\limits_{x\to 0}\dfrac{\sin x}{e^x-a}(\cos x-b)\xlongequal{\frac{0}{0}}\lim\limits_{x\to 0}\dfrac{\cos x}{e^x}(\cos x-b)$
    $=1\cdot(1-b)=5$,
    得 $b=-4$.

11. **知识点窍** 多元函数求导.
    解题过程 $\dfrac{\partial z}{\partial x}=-\dfrac{1}{x^2}f(xy)+\dfrac{y}{x}f'(xy)+y\varphi'(x+y)$;
    $\dfrac{\partial^2 z}{\partial x\partial y}=-\dfrac{1}{x^2}f'(xy)x+\dfrac{1}{x}f'(xy)+\dfrac{y}{x}f''(xy)x+\varphi'(x+y)+y\varphi''(x+y)$
    $=yf''(xy)+\varphi'(x+y)+y\varphi''(x+y)$.

【方法点击】这是一道基本运算题,求复合函数的导数,依题意 f,φ 是一元函数.

12. **知识点窍** 求解规范的一阶微分方程.
    解题过程 令 $u=\dfrac{y}{x}$,有 $y=xu$,$\dfrac{dy}{dx}=u+x\dfrac{du}{dx}$,代入原方程,得 $u+x\dfrac{du}{dx}=u-\dfrac{1}{2}u^3$,分离变量得
    $-2\dfrac{du}{u^3}=\dfrac{dx}{x}$,
    两边积分 $\dfrac{1}{u^2}=\ln|x|+C$,有 $\dfrac{x^2}{y^2}=\ln|x|+C$,即
    $y^2=\dfrac{x^2}{\ln|x|+C}$,$y=\pm\dfrac{x}{\sqrt{\ln|x|+C}}$,
    由于 $y|_{x=1}=1$,即 $C=1$,且初始条件满足 $x>0$,$y>0$,所以所求特解为 $\dfrac{x}{\sqrt{\ln|x|+C}}$.

三、解答题

13. **知识点窍** 罗尔定理.
    解题过程 因 C 在直线 AB 上,斜率 $k_{AC}=k_{BC}$,即
    $\dfrac{f(c)-f(0)}{c-0}=\dfrac{f(1)-f(c)}{1-c}$,
    依已知条件,$f(x)$ 在 $[0,c]$、$[c,1]$ 上连续,在 $(0,c)$、$(c,1)$ 内可导,根据拉格朗日定理可知:

存在 $\xi_1 \in (0,c)$ 和 $\xi_2 \in (c,1)$,使得

$f'(\xi_1) = \dfrac{f(c)-f(0)}{c-0} = \dfrac{f(1)-f(c)}{1-c} = f'(\xi_2)$ 成立,

因 $f(x)$ 在 $(0,1)$ 内二阶可导,故 $f'(x)$ 在 $[\xi_1,\xi_2]$ 上连续,在 (ξ_1,ξ_2) 内可导,$f'(\xi_1) = f'(\xi_2)$,故由罗尔定理知至少存在一点 $\xi \in (\xi_1,\xi_2) \subset (0,1)$,使得 $f''(\xi) = 0$.

14. **知识点窍**　极值、最值、凹凸性及函数作图.

　　解题过程　定义域为 $(-\infty,0) \cup (0,+\infty)$,因 y'
$= 1 \cdot e^{\frac{1}{x}} + (x+6)e^{\frac{1}{x}} \cdot \left(-\dfrac{1}{x^2}\right) = \dfrac{x^2-x-6}{x^2}e^{\frac{1}{x}}$,

令 $y' = 0$,得 $x = -2$ 或 $x = 3$,

又因 $y'' = \dfrac{(2x-1) \cdot x^2 - 2x(x^2-x-6)}{x^4} \cdot e^{\frac{1}{x}} +$
$\dfrac{x^2-x-6}{x^2} e^{\frac{1}{x}} \cdot \left(-\dfrac{1}{x^2}\right) = \dfrac{13x+6}{x^4} e^{\frac{1}{x}}$,

令 $y'' = 0$,得 $x = -\dfrac{6}{13}$,

列表:

x	$(-\infty,-2)$	-2	$(-2,-6/13)$	$-6/13$	$(-6/13,0)$	$(0,3)$	3	$(3,+\infty)$
y'	$+$	0	$-$	$-$	$-$	$-$	0	$+$
y''	$-$	$-$	$-$	0	$+$	$+$	$+$	$+$
y	↗∩	极大	↘∩	拐点	↘∪	↘∪	极小	↗∪

则在 $(-\infty,-2)$ 与 $(3,+\infty)$ 内单调增加,在 $(-2,0)$ 与 $(0,3)$ 内单调减少,极大值 $y|_{x=-2} = 4e^{-\frac{1}{2}}$,极小值 $y|_{x=3} = 9e^{\frac{1}{3}}$;且在 $\left(-\infty,-\dfrac{6}{13}\right)$ 内下凹,在 $\left(-\dfrac{6}{13},0\right)$ 与 $(0,+\infty)$ 内上凹,拐点为 $\left(-\dfrac{6}{13},\dfrac{72}{13}e^{-\frac{13}{6}}\right)$.

因 $\lim\limits_{x \to \infty}(x+6)e^{\frac{1}{x}} = \infty$,即没有水平渐近线,

又因 $\lim\limits_{x \to 0^+}(x+6)e^{\frac{1}{x}} = \infty$,$\lim\limits_{x \to 0^-}(x+6)e^{\frac{1}{x}} = 0$,即存在铅直渐近线 $x = 0$,

又因 $\lim\limits_{x \to \infty}\dfrac{y}{x} = \lim\limits_{x \to \infty}\dfrac{x+6}{x}e^{\frac{1}{x}} = 1 \neq 0$,

设直线为 $y = ax + b$,

且 $b = \lim\limits_{x \to \infty}[(x+6)e^{\frac{1}{x}} - ax]$

$= \lim\limits_{x \to \infty}[x(e^{\frac{1}{x}}-1) + 6e^{\frac{1}{x}}] = \lim\limits_{x \to \infty}\dfrac{e^{\frac{1}{x}}-1}{\frac{1}{x}} + 6$

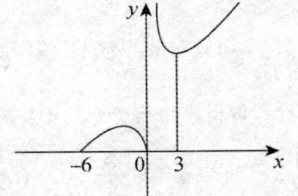

$\overset{\frac{0}{0}}{=} \lim\limits_{x \to \infty}\dfrac{e^{\frac{1}{x}}\left(-\frac{1}{x^2}\right)}{-\frac{1}{x^2}} + 6 = 7$,

则 $y = x + 7$ 是一条斜渐近线.

取特殊点 $(-6,0),(-1,5e^{-1})$ 等,作图(见上方).

15. **知识点窍**　拉格朗日中值定理.

　　解题过程　设 $F(x) = e^x f(x)$,$F(x)$ 在 $[a,b]$ 上连续,在 (a,b) 内可导,根据拉格朗日定理知:

存在 $\eta \in (a,b)$,使得 $F'(\eta) = \dfrac{e^b f(b) - e^a f(a)}{b-a}$,即

$e^\eta [f(\eta) + f'(\eta)] = \dfrac{e^b - e^a}{b-a}$,

因 e^x 在 $[a,b]$ 上连续,在 (a,b) 内可导,根据拉格朗日定理知:

存在 $\xi \in (a,b)$,使得 $e^\xi = \dfrac{e^b - e^a}{b-a}$,即 $e^\eta [f(\eta) + f'(\eta)] = e^\xi$,

故 $e^{\eta-\xi}[f(\eta) + f'(\eta)] = 1$.

16. **知识点窍**　不定积分求解.

　　解题过程　由于 $f(\sin^2 x) = \dfrac{x}{\sin x}$,

有 $f(x) = \dfrac{\arcsin\sqrt{x}}{\sqrt{x}}$,

则 $\int \dfrac{\sqrt{x}}{\sqrt{1-x}} f(x)dx = \int \dfrac{\arcsin\sqrt{x}}{\sqrt{1-x}}dx$,

令 $t = \arcsin\sqrt{x}$,有 $x = (\sin t)^2$,$dx = 2\sin t\cos t dt$,

原式 $= 2\int t\sin t dt$

$= 2\int t(-d\cos t) = -2t\cos t + 2\int \cos t dt$

$= -2t\cos t + 2\sin t + C$,

由于 $t = \arcsin\sqrt{x}$,有 $\sin t = \sqrt{x}$,$\cos t = \sqrt{1-x}$,

故原式 $= -2\sqrt{1-x}\arcsin\sqrt{x} + 2\sqrt{x} + C$.

17. **知识点窍**　多元函数极限求解.

　　解题过程　根据二元函数极值的必要条件,得到方程组:

$\begin{cases} f_x(x,y) = \left(y + \dfrac{x^3}{3} + x^2\right)e^{x+y} = 0 \\ f_y(x,y) = \left(y + \dfrac{x^3}{3} + 1\right)e^{x+y} = 0 \end{cases}$

求得驻点为 $\left(-1,-\dfrac{2}{3}\right)$,$\left(1,-\dfrac{4}{3}\right)$.

根据取得极值的充分条件:

$f_{xx}(x,y) = \left(2x + 2x^2 + y + \dfrac{x^3}{3}\right)e^{x+y}$

$f_{xy}(x,y) = \left(1 + x^2 + y + \dfrac{x^3}{3}\right)e^{x+y}$

$f_{yy}(x,y) = \left(1 + 1 + y + \dfrac{x^3}{3}\right)e^{x+y}$

在点 $(-1, -\frac{2}{3})$ 上，$AC-B^2 = -2\mathrm{e}^{-\frac{10}{3}} < 0$，所以函数在此点不存在极值．

在点 $(1, -\frac{4}{3})$ 上，$AC-B^2 = 2\mathrm{e}^{-\frac{1}{3}} > 0, A > 0$，所以函数在此点取得极小值，带入得函数值为 $-\mathrm{e}^{-\frac{1}{3}}$．

综上所述，函数在 $(1, -\frac{4}{3})$ 上取得极小值 $-\mathrm{e}^{-\frac{1}{3}}$．

【方法点击】对于多元函数极值求法，教材叙述较为详细，同时提醒一下容易被同学们忽略的地方：
(1) 极值问题除了要考虑函数的驻点外，也要考虑一些偏导数不存在的点．
(2) 对于条件极值和拉格朗日乘法也要熟练掌握．

18. **知识点窍** 幂级数收敛．
    解题过程 当 $x^2 < 1$ 时，即 $x \in (-1,1)$ 时，级数收敛，
    $\lim_{n\to\infty}\left|\frac{u_{n+1}}{u_n}\right| = \lim_{n\to\infty}\left|\frac{x^{2n+3}}{(n+1)(2n+1)} \cdot \frac{n(2n-1)}{x^{2n+1}}\right| = x^2$，
    当 $x = \pm 1$ 时，$\sum_{n=1}^{\infty}\frac{(-1)^{n-1}x^{2n+1}}{n(2n-1)} = \pm\sum_{n=1}^{\infty}\frac{(-1)^{n-1}}{n(2n-1)}$，收敛，故收敛域为 $x \in [-1,1]$；
    因 $S(x) = \sum_{n=1}^{\infty}\frac{(-1)^{n-1}x^{2n+1}}{n(2n-1)} = x\sum_{n=1}^{\infty}\frac{(-1)^{n-1}x^{2n}}{n(2n-1)}$，
    $x \in [-1,1]$，令 $f(x) = \sum_{n=1}^{\infty}\frac{(-1)^{n-1}x^{2n}}{n(2n-1)}$，
    $x \in [-1,1]$，
    则 $f'(x) = \sum_{n=1}^{\infty}\frac{(-1)^{n-1} \cdot 2nx^{2n-1}}{n(2n-1)}$
    $= \sum_{n=1}^{\infty}\frac{(-1)^{n-1} \cdot 2x^{2n-1}}{2n-1}, x \in (-1,1)$，
    且 $f''(x) = \sum_{n=1}^{\infty}\frac{(-1)^{n-1} \cdot 2(2n-1)x^{2n-2}}{2n-1}$
    $= \sum_{n=1}^{\infty}(-1)^{n-1} \cdot 2x^{2n-2}$
    $= \frac{2}{1+x^2}, x \in (-1,1)$，
    得 $f'(x) = f'(0) + \int_0^x f''(t)\mathrm{d}t = 0 + \int_0^x \frac{2}{1+t^2}\mathrm{d}t = 2\arctan t\Big|_0^x = 2\arctan x, x \in (-1,1)$．
    $f(x) = f(0) + \int_0^x f'(t)\mathrm{d}t = 0 + \int_0^x 2\arctan t\mathrm{d}t$
    $= 2t\arctan t\Big|_0^x - \int_0^x t \cdot \frac{2}{1+t^2}\mathrm{d}t$
    $= 2x\arctan x - \ln(1+t^2)\Big|_0^x$
    $= 2x\arctan x - \ln(1+x^2), x \in (-1,1)$，
    故根据和函数的连续性，可得
    $S(x) = xf(x)$
    $= 2x^2\arctan x - x\ln(1+x^2), x \in [-1,1]$．

19. **知识点窍** 多元函数极限的应用．
    解题过程 收益 $R(Q_1,Q_2) = p_1Q_1 + p_2Q_2$
    $= 18Q_1 - 2Q_1^2 + 12Q_2 - Q_2^2$，
    成本 $C(Q_1,Q_2) = 2Q + 5 = 2Q_1 + 2Q_2 + 5$，
    利润 $L(Q_1,Q_2) = R(Q_1,Q_2) - C(Q_1,Q_2)$
    $= 16Q_1 - 2Q_1^2 + 10Q_2 - Q_2^2 - 5$，
    (1) 令 $\begin{cases} L'_{Q_1} = 16 - 4Q_1 = 0 \\ L'_{Q_2} = 10 - 2Q_2 = 0 \end{cases}$，解得
    $Q_1 = 4, Q_2 = 5$，且 $L''_{Q_1Q_1} = -4, L''_{Q_1Q_2} = 0$，
    $L''_{Q_2Q_2} = -2$，
    则 $\Delta = (L''_{Q_1Q_2})^2 - L''_{Q_1Q_1}L''_{Q_2Q_2}$
    $= -8 < 0$ 且 $L''_{Q_1Q_1} = -4 < 0$，
    故 $Q_1 = 4, Q_2 = 5$ 是极大值点，此时
    $p_1 = 18 - 8 = 10, p_2 = 12 - 5 = 7$，
    故两个市场上该产品销售量 $Q_1 = 4, Q_2 = 5$，价格 $p_1 = 10, p_2 = 7$ 时，获得最大利润 $L = 52$．
    (2) 价格无差别，即 $p_1 = p_2$，有 $18 - 2Q_1 = 12 - Q_2$，即 $2Q_1 - Q_2 - 6 = 0$，
    设拉格朗日函数 $F(Q_1, Q_2, \lambda)$
    $= 16Q_1 - 2Q_1^2 + 10Q_2 - Q_2^2 - 5 + \lambda(2Q_1 - Q_2 - 6)$，
    令 $\begin{cases} F'_{Q_1} = 16 - 4Q_1 + 2\lambda = 0; \\ F'_{Q_2} = 10 - 2Q_1 - \lambda = 0; \\ F'_{\lambda} = 2Q_1 - Q_2 - 6 = 0. \end{cases}$
    解得 $Q_1 = 5, Q_2 = 4$，此时 $p_1 = p_2 = 8$ 且实际问题中最小值存在．
    故两个市场上该产品销售量 $Q_1 = 5, Q_2 = 4$，统一价格 $p_1 = p_2 = 8$ 时，获得最大利润 $L = 49$．
    可见企业实行价格差别策略时总利润更大．

20. **知识点窍** 求解微分方程通解．
    解题过程 设 $p = y'$，有 $p' - 2p = \mathrm{e}^{2x}$，且 $p|_{x=0} = 1$，
    则 $p = \mathrm{e}^{-\int(-2)\mathrm{d}x}\left[\int \mathrm{e}^{2x} \cdot \mathrm{e}^{\int(-2)\mathrm{d}x}\mathrm{d}x + C_1\right] = \mathrm{e}^{2x}(x + C_1)$，
    由于 $p|_{x=0} = 1$，得 $C_1 = 1$，即 $p = y' = (x+1)\mathrm{e}^{2x}$，
    有 $y = \int(x+1)\mathrm{e}^{2x}\mathrm{d}x = \int(x+1) \cdot \frac{1}{2}\mathrm{d}\mathrm{e}^{2x}$
    $= \frac{1}{2}(x+1)\mathrm{e}^{2x} - \frac{1}{2}\int \mathrm{e}^{2x}\mathrm{d}x$
    $= \frac{1}{2}(x+1)\mathrm{e}^{2x} - \frac{1}{4}\mathrm{e}^{2x} + C$，
    由于 $y(0) = 1$，得 $1 = \frac{1}{2} - \frac{1}{4} + C, C = \frac{3}{4}$，
    故 $y = \frac{1}{2}x\mathrm{e}^{2x} + \frac{1}{4}\mathrm{e}^{2x} + \frac{3}{4}$．

经济应用数学基础（一）

微积分（人大·第四版）
同步测试卷

主编 ◆ 黄淑森

中国水利水电出版社
www.waterpub.com.cn

目 录

前言

第一章 函数同步测试(A)卷 ·· 1

第一章 函数同步测试(B)卷 ·· 5

第二章 极限与连续同步测试(A)卷 ·· 9

第二章 极限与连续同步测试(B)卷 ·· 13

第三章 导数与微分同步测试(A)卷 ·· 17

第三章 导数与微分同步测试(B)卷 ·· 21

第四章 中值定理与导数的应用同步测试(A)卷 ·· 25

第四章 中值定理与导数的应用同步测试(B)卷 ·· 29

期中同步测试(A)卷 ·· 33

期中同步测试(B)卷 ·· 37

第五章 不定积分同步测试(A)卷 ·· 41

第五章 不定积分同步测试(B)卷 ·· 45

第六章 定积分同步测试(A)卷 ··· 49

第六章 定积分同步测试(B)卷 ··· 53

第七章 无穷级数同步测试(A)卷 ·· 57

第七章 无穷级数同步测试(B)卷 ·· 61

第八章 多元函数同步测试(A)卷 ·· 65

第八章 多元函数同步测试(B)卷 ·· 69

第九章 微分方程与差分方程简介同步测试(A)卷 ·· 73

第九章 微分方程与差分方程简介同步测试(B)卷 ·· 77

期末同步测试(A)卷 ·· 81

期末同步测试(B)卷 ·· 85

第一章 函数同步测试(A)卷

题 号	一	二	三	总 分
得 分				

一、单项选择题(每小题3分,共18分)

1. 设 $f(x)$ 定义域为 $(1,2)$,则 $f(\lg x)$ 的定义域为( ).

   A. $(0,\lg 2)$ B. $(0,\lg 2)$ C. $(10,100)$ D. $(1,2)$

2. $f(x)$ 和 $g(x)$ 不表示同一个函数的是( ).

   A. $f(x)=|x|$ 与 $g(x)=\sqrt{x^2}$ B. $f(x)=|x|$ 与 $g(x)=\begin{cases}x, x\neq 0\\ 0, x=0\end{cases}$

   C. $f(x)=\dfrac{1+x}{1-x}$ 与 $g(x)=\dfrac{1-x^2}{(1-x)^2}$ D. $f(x)=x^3\sqrt{x}$ 与 $g(x)=\sqrt[3]{x^4}$

3. 函数 $f(x)=1+x^3+x^5$,则 $f(x^3+x^5)$ 为( ).

   A. $1+x^3+x^5$ B. $1+2(x^3+x^5)$

   C. $1+x^6+x^{10}$ D. $1+(x^3+x^5)^3+(x^3+x^5)^5$

4. 函数 $y=\sqrt{x^2+1}(x<0)$ 的反函数是( ).

   A. $y=\sqrt{x^2-1}$ B. $y=-\sqrt{x^2-1}$

   C. $y=\sqrt{x^2+1}$ D. $y=-\sqrt{x^2+1}$

5. 设函数 $y=x\sin x$,则该函数是( ).

   A. 奇函数   B. 偶函数   C. 非奇非偶函数   D. 既奇又偶函数

6. 函数 $y=(x+1)^2$ 在区间 $(-2,2)$ 是( ).

   A. 单调增加   B. 单调减少

   C. 先单调增加后单调减少   D. 先单调减少后单调增加

二、填空题(每小题3分,共18分)

7. 设集合 $A=\{1,2,3,4\}$,$B=\{1,3,5\}$,则 $A\cup B=$_____,$A\cap B=$_____.

8. 设集合 D_1 为函数 $y=\dfrac{x^2-1}{x-1}$ 的定义域,D_2 为函数 $y=x+1$ 的定义域,则集合 D_1 与 D_2 的关系为_____.

9. 若 $f(x)=3x+1$,则 $f(1+x)=$_____.

19. 设函数 $f(x)$ 与 $g(x)$ 在 D 上有界，试证函数 $f(x)\pm g(x)$ 与 $f(x)g(x)$ 在 D 上也有界.

20. 某厂生产某种产品 1000 吨. 当销售量在 700 吨以内时，售价为 130 元/吨；销售量超过 700 吨时，超过部分按九折出售. 试将销售总收入表示成销售量的函数.

第一章　函数同步测试(B)卷

题 号	一	二	三	总 分
得 分				

一、单项选择题(每小题 3 分,共 18 分)

1. 已知函数 $f(x)$ 的定义域为 $[0,4]$,函数 $g(x)=f(x+1)+f(x-1)$ 的定义域是( ).
   A. $[1,3]$　　　　B. $[-1,5]$　　　　C. $[-1,3]$　　　　D. $[1,5]$

2. 下列函数为奇函数的是( ).
   A. $x\sin x$　　　　　　　　　　　　B. $\ln x$
   C. $x+x^2$　　　　　　　　　　　　D. $\ln(x+\sqrt{1+x^2})$

3. 函数 $y=x^2+1$ 在区间 $(-2,2)$ 上( ).
   A. 单调下降　　　　　　　　　　　　B. 先单调下降再单调上升
   C. 先单调上升再单调下降　　　　　　D. 单调上升

4. $f(x)=x^2+2x$,则 $f(x^2)=($).
   A. x^3+2x^2　　　　B. x^4+2x　　　　C. x^2+2x　　　　D. x^4+2x^2

5. 在 **R** 上,下列函数中为有界函数的是( ).
   A. e^x　　　　　　B. $1+\sin x$　　　　C. $\ln x$　　　　　D. $\tan x$

6. 函数 $f(x)=\dfrac{x}{1+x^2}$ 在定义域内为( ).
   A. 有上界无下界　　　　　　　　　　B. 有下界无上界
   C. 有界,且 $-\dfrac{1}{2}\leqslant f(x)\leqslant \dfrac{1}{2}$　　　D. 无界

二、填空题(每小题 3 分,共 18 分)

7. 函数 $y=\sqrt{4-x}+\lg(x-1)$ 的定义域是_____.

8. 设 $A=\{x|x^2-4x+3\geqslant 0\}$,$B=\{x|x-2\leqslant 0\}$,则 $A\cap B=$_____.

9. 设函数 $f(x)=\sin\left(x-\dfrac{17}{2}\pi\right)$,则对所有的 x,$f(x)$ 等于_____.

10. 设集合 $M=\{x|x^2-3x-4=0\}$,$N=\{x|x^2-x-2=0\}$,则 $M\cap N$ 等于_____.

11. 函数 $f(x)=\dfrac{x}{\ln(1+x)}$ 的定义域是_____.

12. 函数 $f(x+2)=x^2+4x+5$,则 $f(x)=$_____.

19. 已知函数 $f(x)$ 满足如下方程 $af(x)+bf\left(\dfrac{1}{x}\right)=\dfrac{c}{x}$, $x\neq 0$, 其中 a,b,c 为常数, 且 $|a|\neq|b|$. 求 $f(x)$, 并讨论 $f(x)$ 的奇偶性.

20. 某手表厂生产一只手表的可变成本为 15 元, 每天固定成本为 2000 元, 每只手表的出厂价为 20 元, 为了不亏本, 该厂每天至少应生产多少只手表?

第二章 极限与连续同步测试(A)卷

题 号	一	二	三	总 分
得 分				

一、单项选择题(每小题 3 分,共 18 分)

1. 函数 $f(x)$ 在点 x_0 处有定义,是极限 $\lim\limits_{x \to x_0} f(x)$ 存在的( ).

   A. 必要条件　　　　　　　　B. 充分条件

   C. 充分必要条件　　　　　　D. 无关条件

2. $\lim\limits_{x \to 1}(x-1)^2 e^{\frac{1}{x-1}}$ 是( ).

   A. 0　　　　B. $-\infty$　　　　C. $+\infty$　　　　D. 不存在但不是 ∞

3. 设 $f(x) = \dfrac{1-x}{1+x}$,$g(x) = 1 - \sqrt[3]{x}$,则当 $x \to 1$ 时,( ).

   A. $f(x)$ 与 $g(x)$ 为等价无穷小　　　　B. $f(x)$ 是比 $g(x)$ 高阶的无穷小

   C. $f(x)$ 是比 $g(x)$ 低阶的无穷小　　　D. $f(x)$ 与 $g(x)$ 为同阶但不等价的无穷小

4. 设有定义在 $(-\infty, +\infty)$ 上的函数,其中定义域上连续的函数是( ).

   A. $f(x) = \begin{cases} \dfrac{\sin x}{|x|}, & x \neq 0 \\ 1, & x = 0 \end{cases}$　　B. $g(x) = \begin{cases} \sin x, & x \leqslant 0 \\ \cos x - 1, & x > 0 \end{cases}$

   C. $h(x) = \begin{cases} (1+x)^{\frac{1}{x}}, & x \neq 0 \\ 1, & x = 0 \end{cases}$　　D. $m(x) = \begin{cases} \left(1 + \dfrac{1}{|x|}\right)^{\frac{1}{x}}, & x \neq 0 \\ 1, & x = 0 \end{cases}$

5. 若 $f(x)$ 在区间( )上连续,则 $f(x)$ 在该区间上一定取得最大值、最小值.

   A. (a,b)　　　　B. $[a,b]$　　　　C. $[a,b)$　　　　D. $(a,b]$

6. "$f(x)$ 在点 a 连续"是 $|f(x)|$ 在点 a 处连续的( )条件.

   A. 必要非充分　　　　　　　B. 充分非必要

   C. 充要　　　　　　　　　　D. 既非充分又非必要

二、填空题(每小题 3 分,共 18 分)

7. $\lim\limits_{x \to \infty} \dfrac{3x^2 \sin \dfrac{1}{x} + 2\sin x}{x} = $ _____.

8. $x \to 0$ 时,$\sqrt{1+x} - \sqrt{1-x}$ 是 x 的_____无穷小.

9. 设 $f(x) = \dfrac{|x|}{x}$,则 $x = 0$ 是 $f(x)$ 的_____间断点.

18. 求 $w = \lim\limits_{n\to\infty}\sum\limits_{i=1}^{n}\dfrac{n\tan\dfrac{i}{n}}{n^2+i}$.

19. 证明：若 $\lim\limits_{x\to x_0}f(x)=a$，则 $\lim\limits_{x\to x_0}|f(x)|=|a|$. 举例说明反之不一定成立.

20. 设 $f(x)=\begin{cases}x^2, & x\leqslant 1\\ 1-x, & x>1\end{cases}$，$g(x)=\begin{cases}x, & x\leqslant 2\\ 2(x-1), & 2<x\leqslant 5\\ x+3, & x>5\end{cases}$，讨论 $y=f[g(x)]$ 的连续性，若有间断点则指出其类型.

第二章 极限与连续同步测试(B)卷

题 号	一	二	三	总 分
得 分				

一、单项选择题(每小题3分,共18分)

1. 设 $f(x)=x-\sin x\cos x\cos 2x$, $g(x)=\begin{cases}\dfrac{\ln(1+\sin^4 x)}{x}, & x\neq 0\\ 0, & x=0\end{cases}$, 则当 $x\to 0$ 时 $f(x)$ 是 $g(x)$ 的( ).

   A. 高阶无穷小 B. 低价无穷小

   C. 同阶非等价无穷小 D. 等价无穷小

2. 下列叙述中,正确的是( ).

   A. 无界变量一定是无穷大

   B. 无界变量与无穷大的乘积是无穷大

   C. 两个无穷大的和仍是无穷大

   D. 两个无穷大的乘积仍是无穷大

3. 设 $f(x)$ 在 $x=a$ 处连续,$\varphi(x)$ 在 $x=a$ 处间断,又 $f(a)\neq 0$,则( ).

   A. $\varphi[f(x)]$ 在 $x=a$ 处间断 B. $f[\varphi(x)]$ 在 $x=a$ 处间断

   C. $[\varphi(x)]^2$ 在 $x=a$ 处间断 D. $\dfrac{\varphi(x)}{f(x)}$ 在 $x=a$ 处间断

4. 设函数 $f(x)=\begin{cases}1, x\neq 1\\ 0, x=1\end{cases}$,则 $\lim\limits_{x\to 1}f(x)=$( ).

   A. 0 B. 1 C. 不存在 D. ∞

5. 设 $f(x),g(x)$ 在 $x=x_0$ 均不连续,则在 $x=x_0$ 处( ).

   A. $f(x)+g(x),f(x)g(x)$ 均不连续

   B. $f(x)+g(x)$ 不连续,$f(x)g(x)$ 的连续性不确定

   C. $f(x)+g(x)$ 的连续不确定,$f(x)g(x)$ 不连续

   D. $f(x)+g(x),f(x)g(x)$ 的连续性均不确定

6. 若 $\lim\limits_{x\to 2}\dfrac{x^2+ax+b}{x^2-3x+2}=-1$,则( ).

   A. $a=-5,b=6$ B. $a=-5,b=-6$

   C. $a=5,b=6$ D. $a=5,b=-6$

18. 设 $x_n = \dfrac{1}{n^4}\prod\limits_{i=1}^{2n}(n^2+i^2)^{\frac{1}{n}}$，求 $\lim\limits_{n\to\infty}x_n$.

19. 证明下列方程在给定区间内至少存在一个根：
    (1) $x \cdot 3^x = 1, x \in [0,1]$；
    (2) $x^3 + px + q = 0 (p>0), x \in (-\infty, +\infty)$；
    (3) $x = a\sin x + b (a>0, b>0), x \in [0, a+b]$.

20. 设 $\lim\limits_{x\to a}f(x) = \lim\limits_{x\to a}g(x) = 0$，$\lim\limits_{x\to a}f^*(x) = \lim\limits_{x\to a}g^*(x) = 0$，且 $f(x) \sim f^*(x), g(x) \sim g^*(x)\ (x \to a)$.
    (1) 当 $x \to a$ 时 $f(x)$ 与 $g(x)$ 可比较，不等价 $\left(\lim\limits_{x\to a}\dfrac{f(x)}{g(x)} = r \neq 1,\text{ 或 }\lim\limits_{x\to a}\dfrac{f(x)}{g(x)} = \infty\right)$，求证：
    $f(x) - g(x) \sim f^*(x) - g^*(x)\ (x \to a)$；
    (2) 当 $0 < |x - a| < \delta$ 时 $f(x)$ 与 $f^*(x)$ 均为正值，求证：$\lim\limits_{x\to a}f(x)^{g(x)} = \lim\limits_{x\to a}f^*(x)^{g^*(x)}$
    (其中一端极限存在，则另一端极限也存在且相等).

第三章 导数与微分同步测试(A)卷

题 号	一	二	三	总 分
得 分				

一、单项选择题(每小题 3 分,共 18 分)

1. 设 $f(x_0)=0$,则 $f'(x_0)=0$ 是 $|f(x)|$ 在 x_0 可导的( )条件.

   A. 充分非必要　　　　　　　　　B. 充分必要

   C. 必要非充分　　　　　　　　　D. 非充分非必要

2. 设 $f(x)=\begin{cases}\dfrac{1}{x}(1-e^{-x^2}), & x\neq 0 \\ 0, & x=0\end{cases}$,则 $f'(0)=(\quad)$.

   A. 0　　　　　　　　　　　　　B. $\dfrac{1}{2}$

   C. 1　　　　　　　　　　　　　D. -1

3. 设 $f(x+1)=af(x)$ 总成立,$f'(0)=b$,a,b 为非零常数,则 $f(x)$ 在点 $x=1$ 处( ).

   A. 不可导　　　　　　　　　　　B. 可导且 $f'(1)=a$

   C. 可导且 $f'(1)=b$　　　　　　　D. 可导且 $f'(1)=ab$

4. 设 $f'(a)>0$,则 $\exists\delta>0$,有( ).

   A. $f(x)\geqslant f(a)(x\in(a-\delta,a+\delta))$

   B. $f(x)\leqslant f(a)(x\in(a-\delta,a+\delta))$

   C. $f(x)>f(a)(x\in(a,a+\delta))$,$f(x)<f(a)(x\in(a-\delta,a))$

   D. $f(x)<f(a)(x\in(a,a+\delta))$,$f(x)>f(a)(x\in(a-\delta),a)$

5. 设 $y=x^x$,则 $y''=(\quad)$.

   A. $(1+\ln x)x^x$　　　　　　　　B. $(1+\ln x)^2 x^x$

   C. $(1+\ln x)x^x+x^{x-1}$　　　　　D. $(1+\ln x)^2 x^x+x^{x-1}$

6. 设 $F(x)=\int_{\frac{1}{x}}^{\ln x} f(t)\mathrm{d}t$,$f(x)$ 连续,则 $F'(x)=(\quad)$.

   A. $\dfrac{1}{x}f(\ln x)+\dfrac{1}{x^2}f\left(\dfrac{1}{x}\right)$　　　B. $f(\ln x)+f\left(\dfrac{1}{x}\right)$

   C. $\dfrac{1}{x}f(\ln x)-\dfrac{1}{x^2}f\left(\dfrac{1}{x}\right)$　　　D. $f(\ln x)-f\left(\dfrac{1}{x}\right)$

18. 设 $y=e^x\sin x$,求 $y^{(n)}$.

19. 给定曲线 $y=x^2+5x+4$:

   (1)确定 b,使直线 $y=-\dfrac{1}{3}x+b$ 为曲线的法线;

   (2)求过点 $(0,3)$ 的切线.

20. 设 $f(x),g(x)$ 在 $x=x_0$ 处可导,且 $f(x_0)=g(x_0)$,令 $\varphi(x)=\begin{cases}f(x),x\leqslant x_0\\g(x),x>x_0\end{cases}$,讨论下述问题:

   (1)若 $f'(x_0)=g'(x_0)$,问 $\varphi'(x_0)$ 是否存在?

   (2)若 $\varphi'(x_0)$ 存在,问 $f'(x_0)$ 与 $g'(x_0)$ 是否存在?

第三章　导数与微分同步测试(B)卷

题　号	一	二	三	总　分
得　分				

一、单项选择题(每小题3分,共18分)

1. 设 $F(x)=g(x)\varphi(x)$, $\varphi(x)$ 在 $x=a$ 处连续但不可导,又 $g'(a)$ 存在,则 $g(a)=0$ 是 $F(x)$ 在 $x=a$ 可导的(　　)条件.

   A. 充分必要　　　B. 充分非必要　　　C. 必要非充分　　　D. 非充分非必要

2. 设 $f(x)=\begin{cases}1+x^2,& x<0\\ a^2,& x=0\\ a(a-1)xe^x+1,& x>0\end{cases}$,则下列结论中不正确的是(　　).

   A. a 为任意值时, $\lim\limits_{x\to 0}f(x)$ 存在

   B. $a=-1$ 或 $a=1$ 时, $f(x)$ 在 $x=0$ 处连续

   C. $a=1$ 时, $f(x)$ 在 $x=0$ 处可导

   D. $a=-1$ 时, $f(x)$ 在 $x=0$ 处可导

3. 设 $f(x)=\begin{cases}x^2\sin\dfrac{1}{x},& x>0\\ ax+b,& x\leq 0\end{cases}$ 在 $x=0$ 处可导,则 a,b 满足(　　).

   A. $a=0, b=0$ 　　　　　　　　B. $a=1, b=1$

   C. a 为 $\forall$ 常数, $b=0$ 　　　D. a 为 $\forall$ 常数, $b=1$

4. 设对任意 x, 皆有 $f(1+x)=2f(x)$, 且 $f(0)=1, f'(0)=a$(常数),则(　　).

   A. $f'(1)=0$ 　　　　　　　　B. $f'(1)=a$

   C. $f'(1)$ 不存在 　　　　　　D. $f'(1)=2a$

5. 设 $f(x)=\begin{cases}\sqrt{x},& x\geq 0\\ \sqrt{-x},& x<0\end{cases}$,则(　　).

   A. $f(x)$ 在 $x=0$ 处不连续

   B. $f'(0)$ 存在

   C. $f'(0)$ 不∃,曲线 $y=f(x)$ 在点 $(0,0)$ 处不∃切线

   D. $f'(0)$ 不∃,曲线 $y=f(x)$ 在点 $(0,0)$ 处有切线

18. 求下列函数的微分.

(1) $y = x^2 + \sqrt{x} + 1$; (2) $y = \dfrac{1}{\sqrt{x^2+1}}$;

(3) $y = \sin x - x\cos x$; (4) $y = \tan^2(1-x)$

19. 设 $y = \ln(3 + 7x - 6x^2)$,求 $y^{(n)}$.

20. 证明下列各题:

(1) 可导的偶函数,其导函数为奇函数;

(2) 可导的奇函数,其导函数为偶函数;

(3) 可导的周期函数,其导函数为周期相同的周期函数.

第四章 中值定理与导数的应用同步测试(A)卷

题 号	一	二	三	总 分
得 分				

一、单项选择题(每小题 3 分,共 18 分)

1. 设 $f(x)$ 分别满足下列条件: $f(x)$ 在 $x=0$ 处三阶可导,且 $\lim\limits_{x \to 0} \dfrac{f'(x)}{x^2}=1$. 下列说法正确的是( ).

   A. $f(0)$ 不是 $f(x)$ 的极值,$(0,f(0))$ 不是曲线 $y=f(x)$ 的拐点

   B. $f(0)$ 是 $f(x)$ 的极小值

   C. $(0,f(0))$ 是曲线 $y=f(x)$ 的拐点

   D. $f(0)$ 是 $f(x)$ 的极大值

2. 设函数 $f(x)$ 在开区间 (a,b) 内可导,$x_1,x_2(x_1<x_2)$ 是 (a,b) 内任意两点,则至少存在一点 ξ,使得下式( )成立.

   A. $f(b)-f(a)=f'(\xi)(b-a),\xi \in (a,b)$

   B. $f(b)-f(x_1)=f'(\xi)(b-x_1),\xi \in (x_1,b)$

   C. $f(x_2)-f(x_1)=f'(\xi)(x_2-x_1),\xi \in (x_1,x_2)$

   D. $f(x_2)-f(a)=f'(\xi)(x_2-a),\xi \in (a,x_2)$

3. 设 $f(x)$ 在 $x=a$ 处连续,且 $\lim\limits_{x \to a} \dfrac{f(x)}{(x-a)^4}=2$,则 $f(x)$ 在 $x=a$ 处( ).

   A. 不可导 B. 可导且 $f'(a) \neq 0$

   C. 有极大值 D. 有极小值

4. 设函数 $f(x)$ 和 $g(x)$ 在区间 (a,b) 内均可导,且 $g(x)>0,f'(x)g(x)-f(x)g'(x)<0$,则当 $x \in (a,b)$ 时,有( ).

   A. $f(x)g(a)>f(a)g(x)$ B. $f(x)g(a)<f(a)g(x)$

   C. $f(x)g(x)<f(a)g(a)$ D. $f(x)g(x)<f(b)g(b)$

5. 设 $f(x)$ 可导,恒正,且 $0<a<x<b$ 时恒有 $f(x)<xf'(x)$,则( ).

   A. $bf(a)>af(b)$ B. $afb(x)>x^2f(b)$

   C. $af(a)<xf(x)$ D. $abf(x)<x^2f(a)$

18. 求点$(0,a)$到曲线$x^2=4y$的最近距离.

19. 证明：设$f(x)$在(a,b)二阶可导，$\forall x_1,x_2\in(a,b),x_1\neq x_2,\forall t\in(0,1)$，则

   (1)若$f''(x)>0(\forall x\in(a,b))$，有$f[tx_1+(1-t)x_2]<tf(x_1)+(1-t)f(x_2)$，特别有
   $f\left(\dfrac{x_1+x_2}{2}\right)<\dfrac{1}{2}[f(x_1)+f(x_2)]$；

   (2)若$f''(x)<0(\forall x\in(a,b))$，有$f[tx_1+(1-t)x_2]>tf(x_1)+(1-t)f(x_2)$，特别有
   $f\left(\dfrac{x_1+x_2}{2}\right)>\dfrac{1}{2}[f(x_1)+f(x_2)]$.

20. 讨论下列函数的零点个数.
    (1)$f(x)=\sin x-x$；(2)$f(x)=\ln x-ax$ $(a>0)$.

第四章 中值定理与导数的应用同步测试(B)卷

题 号	一	二	三	总 分
得 分				

一、单项选择题(每小题 3 分,共 18 分)

1. 设 $f(x)$ 满足下列条件: $f(x)$ 在 $x=0$ 处邻域二阶可导, $f'(0)=0$, 且 $(\sqrt[3]{1+x}-1)f''(x)-xf'(x)=e^x-1$, 则下列说法正确的是( ).

   A. $f(0)$ 不是 $f(x)$ 的极值, $(0,f(0))$ 不是曲线 $y=f(x)$ 的拐点

   B. $f(0)$ 是 $f(x)$ 的极小值

   C. $(0,f(0))$ 是曲线 $y=f(x)$ 的拐点

   D. $f(0)$ 是 $f(x)$ 的极大值

2. 设函数 $f(x)$ 一阶连续可导, 且 $f(0)=f'(0)=1$, 则 $\lim\limits_{x\to 0}\dfrac{f(x)-\cos x}{\ln f(x)}=$( ).

   A. 1　　　　B. -1　　　　C. 0　　　　D. ∞

3. 若 $xf''(x)+3x[f'(x)]^2=1-e^x$ 且 $f'(0)=0$, $f''(x)$ 在 $x=0$ 处连续, 则下列正确的是( ).

   A. $(0,f(0))$ 是曲线 $y=f(x)$ 的拐点

   B. $f(0)$ 是 $f(x)$ 的极小值

   C. $f(0)$ 不是 $f(x)$ 的极值, $(0,f(0))$ 也不是 $y=f(x)$ 的拐点

   D. $f(0)$ 是 $f(x)$ 的极大值

4. 函数 $f(x)=\sqrt{x}-\sqrt{x-1}$ 在区间 $[1,+\infty]$ 上是( ).

   A. 单调增加　　B. 单调减少　　C. 有极大值　　D. 有极小值

5. 设 $f(x)$ 在 (a,b) 定义, $x_0\in(a,b)$, 则下列命题中正确的是( ).

   A. 若 $f(x)$ 在 (a,b) 单调增加且可导, 则 $f'(x)>0\ (x\in(a,b))$

   B. 若 $(x_0,f(x_0))$ 是曲线 $y=f(x)$ 的拐点, 则 $f''(x_0)=0$

   C. 若 $f'(x_0)=0$, $f''(x_0)=0$, $f'''(x_0)\ne 0$, 则 x_0 一定不是 $f(x)$ 的极值点

   D. 若 $f(x)$ 在 $x=x_0$ 处取极值, 则 $f'(x_0)=0$

6. 函数 $y=\dfrac{x^3}{(x-1)^2}$ 共有渐近线( ).

   A. 一条　　　　B. 二条　　　　C. 三条　　　　D. 0 条

18. 描绘下列函数图形.

(1) $y=e^{-(x-1)^2}$;　　(2) $y=\dfrac{x}{(1+x^2)}$.

19. 就 a 的不同取值情况,确定方程 $\ln x = x^a (a>0)$ 实根的个数.

20. 证明下列不等式.

(1) $1+x\ln(x+\sqrt{1+x^2}) > \sqrt{1+x^2}$ $(x>0)$;

(2) $\sin x + \tan x > 2x$ $\left(0<x<\dfrac{\pi}{2}\right)$;

(3) $\tan x > x + \dfrac{1}{3}x^3$ $\left(0<x<\dfrac{\pi}{2}\right)$.

期中同步测试(A)卷

一、选择题(每小题3分,共18分)

1. 已知极限 $\lim\limits_{x\to 0}\dfrac{x-\arctan x}{x^k}=c$,其中 k,c 为常数,且 $c\neq 0$,则( ).

   A. $k=2, c=-\dfrac{1}{2}$ 　　　　　　　B. $k=\dfrac{1}{2}, c=\dfrac{1}{2}$

   C. $k=3, c=-\dfrac{1}{3}$ 　　　　　　　D. $k=3, c=\dfrac{1}{3}$

2. 设 $0<a<b$,则 $\lim\limits_{n\to\infty}(a^{-n}-b^{-n})^{\frac{1}{n}}=$( ).

   A. a 　　　　B. a^{-1} 　　　　C. b 　　　　D. b^{-1}

3. 设周期函数 $f(x)$ 在 $(-\infty,+\infty)$ 内可导,周期为 4,又 $\lim\limits_{x\to 0}\dfrac{f(1)-f(1-x)}{2x}=-1$,则曲线 $y=f(x)$ 在点 $(5,f(5))$ 处的切线的斜率为( ).

   A. $\dfrac{1}{2}$ 　　　　B. 0 　　　　C. -1 　　　　D. -2

4. 设函数 $f(x)$ 在 $x=0$ 处连续,下列命题错误的是( ).

   A. 若 $\lim\limits_{x\to 0}\dfrac{f(x)}{x}$ 存在,则 $f(0)=0$ 　　B. 若 $\lim\limits_{x\to 0}\dfrac{f(x)+f(-x)}{x}$ 存在,则 $f(0)=0$

   C. 若 $\lim\limits_{x\to 0}\dfrac{f(x)}{x}$ 存在,则 $f'(0)$ 存在 　　D. 若 $\lim\limits_{x\to 0}\dfrac{f(x)-f(-x)}{x}$ 存在,则 $f'(0)$ 存在

5. 设 $f(x)$ 的导数在 $x=a$ 处连续,又 $\lim\limits_{x\to a}\dfrac{f'(x)}{x-a}=-1$,则( ).

   A. $x=a$ 是 $f(x)$ 的极小值点

   B. $x=a$ 是 $f(x)$ 的极大值点

   C. $(a,f(a))$ 是曲线 $y=f(x)$ 的拐点

   D. $x=a$ 不是 $f(x)$ 的极值点,$(a,f(a))$ 也不是曲线 $y=f(x)$ 的拐点

6. 曲线 $y=\dfrac{1}{x}+\ln(1+e^x)$ 的渐近线的条数为( ).

   A. 0 　　　　B. 1 　　　　C. 2 　　　　D. 3

二、填空题(每小题3分,共18分)

7. $\lim\limits_{x\to\infty}\dfrac{3x^2+5}{5x+3}\sin\dfrac{2}{x}=$ _____.

8. 设函数 $f(x)=\begin{cases}x^2+1, & |x|\leqslant c \\ \dfrac{2}{|x|}, & |x|>c\end{cases}$ 在 $(-\infty,+\infty)$ 内连续,则 $c=$ _____.

9. 设函数 $y=\dfrac{1}{2x+3}$,则 $y^{(n)}(0)=$ _____.

18. 证明:当 $0 < x < \pi$ 时,有 $\sin\frac{x}{2} > \frac{x}{\pi}$.

19. 证明 $4\arctan x - x + \frac{4\pi}{3} - \sqrt{3} = 0$ 恰有两个实根.

20. 证明:$x\ln\frac{1+x}{1-x} + \cos x \geqslant 1 + \frac{x^2}{2}$, $-1 < x < 1$.

期中同步测试(B)卷

一、选择题(每小题 3 分,共 18 分)

1. $x \to 0^+$ 时,与 $\sqrt{x}$ 等价的无穷小量是( ).

   A. $1 - e^{\sqrt{x}}$　　　　　　　　　　B. $\ln(1+\sqrt{x})$

   C. $\sqrt{1+\sqrt{x}} - 1$　　　　　　　D. $1 - \cos\sqrt{x}$

2. 设 $f(x)$ 为不恒等于零的奇函数,且 $f'(0)$ 存在,则函数 $g(x) = \dfrac{f(x)}{x}$ ( ).

   A. 在 $x = 0$ 处左极限不存在　　　B. 有跳跃间断点 $x = 0$

   C. 在 $x = 0$ 处右极限不存在　　　D. 有可去间断点 $x = 0$

3. 函数 $f(x) = \dfrac{x - x^3}{\sin \pi x}$ 的可去间断点的个数为( ).

   A. 1　　　　　B. 2　　　　　C. 3　　　　　D. 无穷多个

4. 设周期函数 $f(x)$ 在 $(-\infty, +\infty)$ 内可导,周期为 4,又 $\lim\limits_{x \to 0} \dfrac{f(1) - f(1-x)}{2x} = -1$,则曲线 $y = f(x)$ 在点 $(5, f(5))$ 处的切线的斜率为( ).

   A. $\dfrac{1}{2}$　　　　B. 0　　　　C. -1　　　　D. -2

5. 设 $f(x) = |x|(1-x)$,则( ).

   A. $x = 0$ 是 $f(x)$ 的极值点,但 $(0,0)$ 不是曲线 $y = f(x)$ 的拐点.

   B. $x = 0$ 不是 $f(x)$ 的极值点,但 $(0,0)$ 是曲线 $y = f(x)$ 的拐点.

   C. $x = 0$ 是 $f(x)$ 的极值点,且 $(0,0)$ 是曲线 $y = f(x)$ 的拐点.

   D. 不是 $f(x)$ 的极值,$(0,0)$ 也不是曲线 $y = f(x)$ 的拐点.

6. 设 $f'(x)$ 在 $[a,b]$ 上连续,且 $f'(a) > 0, f'(b) < 0$,则下列结论中错误的是( ).

   A. 至少存在一点 $x_0 \in (a,b)$,使得 $f(x_0) > f(a)$.

   B. 至少存在一点 $x_0 \in (a,b)$,使得 $f(x_0) > f(b)$.

   C. 至少存在一点 $x_0 \in (a,b)$,使得 $f'(x_0) = 0$.

   D. 至少存在一点 $x_0 \in (a,b)$,使得 $f(x_0) = 0$.

二、填空题(每小题 3 分,共 18 分)

7. 设 $f(x) = \begin{cases} x^\lambda \cos \dfrac{1}{x}, & x \neq 0 \\ 0, & x = 0 \end{cases}$,其导函数在 $x = 0$ 处连续,则 λ 的取值范围是_____.

8. $\lim\limits_{n \to \infty} \left(\dfrac{n+1}{n} \right)^{(-1)^n} = $ _____.

9. 极限 $\lim\limits_{x \to \infty} x \sin \dfrac{2x}{x^2+1} = $ _____.

18. 设 $a>1$, $f(t)=a^t-at$ 在 $(-\infty,+\infty)$ 内的驻点为 $t(a)$,问 a 为何值时, $t(a)$ 最小,并求出最小值.

19. 确定常数 A,B,C 的值,使得 $e^x(1+Bx+Cx^2)=1+Ax+o(x^3)$,其中 $o(x^3)$ 是当 $x\to 0$ 时此 x^3 高阶的无穷小.

20. 证明:当 $0<a<b<\pi$ 时, $b\sin b+2\cos b+\pi b>a\sin a+2\cos a+\pi a$.

第五章 不定积分同步测试(A)卷

题 号	一	二	三	总 分
得 分				

一、单项选择题(每小题3分,共18分)

1. $\int \dfrac{\mathrm{d}x}{1+x^2} \neq ($).

   A. $\arctan \dfrac{1}{x} + C$ B. $\operatorname{arccot} \dfrac{1}{x} + C$

   C. $-\operatorname{arccot} x + C$ D. $\dfrac{1}{2}\arctan \dfrac{2x}{1-x^2} + C$

2. 若 $\int f'(x^3)\mathrm{d}x = x^3 + C$,则 $f(x) = ($).

   A. $\dfrac{6}{5} x^{\frac{5}{3}} + C$ B. $\dfrac{9}{5} x^{\frac{5}{3}} + C$

   C. $x^3 + C$ D. $x + C$

3. 若 $\int x f(x)\mathrm{d}x = x^2 \mathrm{e}^x + C$,则 $\int \dfrac{f(\ln x)}{x}\mathrm{d}x = ($).

   A. $x\ln x + C$ B. $x\ln x - x + C$

   C. $3x + x\ln x + C$ D. $x + x\ln x + C$

4. $\int \dfrac{\mathrm{e}^x - 1}{\mathrm{e}^x + 1}\mathrm{d}x = ($).

   A. $\ln|\mathrm{e}^x + 1| + c$ B. $\ln|\mathrm{e}^x - 1| + c$

   C. $x - 2\ln|\mathrm{e}^x + 1| + c$ D. $2\ln|\mathrm{e}^x + 1| - x + c$

5. 设 $f'(\sin x) = \cos^2 x$,则 $\int f(x)\mathrm{d}x = ($).

   A. $\dfrac{x^2}{2} - \dfrac{1}{3} x^3 + C$ B. $\dfrac{x^2}{2} - \dfrac{x^4}{12} + C$

   C. $\dfrac{x^2}{2} - \dfrac{1}{3} x^3 + C_1 x + C$ D. $\dfrac{x^2}{2} - \dfrac{1}{12} x^4 + C_1 x + C$

6. $\int \dfrac{3 \cdot 2^x - 2 \cdot 3^x}{2^x}\mathrm{d}x = ($).

   A. $3x - 2\ln \dfrac{3}{2} \cdot \left(\dfrac{3}{2}\right)^x + C$ B. $3x - 2x \cdot \left(\dfrac{3}{2}\right)^{x-1} + C$

   C. $3 - \dfrac{2}{\ln 3 - \ln 2} \cdot \left(\dfrac{3}{2}\right)^x + C$ D. $3x - \dfrac{2}{\ln 3 - \ln 2} \cdot \left(\dfrac{3}{2}\right)^x + C$

19. 设 $I_n = \int \tan^n x \, dx$,求证 $I_n = \dfrac{1}{n-1}\tan^{n-1}x - I_{n-2}$,并求 $\int \tan^5 x \, dx$.

20. 已知曲线 $y = f(x)$ 过点 $(0,2)$,且其上任意点的斜率为 $\dfrac{1}{2}x + 3e^x$,求曲线方程.

第五章　不定积分同步测试(B)卷

题　号	一	二	三	总　分
得　分				

一、单项选择题(每小题3分,共18分)

1. 若 $\int \sin f(x) \mathrm{d}x = x\sin f(x) - \int \cos f(x) \mathrm{d}x$ 且 $f(1)=0$,则 $\int \sin f(x)\mathrm{d}x = ($　　$)$.

   A. $x\sin\ln x - \cos\ln x + C$　　　　B. $x\sin\ln x + x\cos\ln x + C$

   C. $\dfrac{x}{2}\sin\ln x - \dfrac{x}{2}\cos\ln x + C$　　D. $\dfrac{x}{2}\sin\ln x + \dfrac{x}{2}\cos\ln x + C$

2. 设 $f(x)$ 的一个原函数为 $x\ln x$,则 $\int xf(x)\mathrm{d}x = ($　　$)$.

   A. $x^2\left(\dfrac{1}{2} + \dfrac{1}{4}\ln x\right) + C$　　B. $x^2\left(\dfrac{1}{4} + \dfrac{1}{2}\ln x\right) + C$

   C. $x^2\left(\dfrac{1}{4} - \dfrac{1}{2}\ln x\right) + C$　　D. $x^2\left(\dfrac{1}{2} - \dfrac{1}{4}\ln x\right) + C$

3. 若 $\int f(x)\mathrm{d}x = \sin x^2 + C$,则 $\int \dfrac{xf(\sqrt{3x^2-1})}{\sqrt{3x^2-1}}\mathrm{d}x = ($　　$)$.

   A. $\dfrac{1}{6}\sin(3x^2-1) + C$　　　B. $\dfrac{1}{3}\sin(3x^2-1) + C$

   C. $\dfrac{1}{2}\sin(3x^2-1)^2 + C$　　D. $\dfrac{1}{4}\sin(3x^2-1)^2 + C$

4. $F'(x) = f(x)$,$f(x)$ 为可导函数,且 $f(0)=1$,又 $F(x) = xf(x) + x^2$,则 $f(x) = ($　　$)$.

   A. $-2x-1$　　　　　　　　B. $-x^2+1$

   C. $-2x+1$　　　　　　　　D. $-x^2-1$

5. 下列函数中在 $[-2,3]$ 不存在原函数的是($\quad$).

   A. $f(x) = \begin{cases} \dfrac{\ln(1+x^2)-x^2}{x^4}, & x \neq 0 \\ -\dfrac{1}{2}, & x = 0 \end{cases}$　　B. $f(x) = \max\{|x|, 1\}$

   C. $f(x) = \begin{cases} \dfrac{\ln(1+x)-x}{x^2}, & x>0 \\ 0, & x=0 \\ \dfrac{\tan x - \sin x}{x^3}, & x<0 \end{cases}$　　D. $f(x) = \int_0^x g(t)\mathrm{d}t, g(x) = \begin{cases} \dfrac{1}{2}(x^2+1), & x<1 \\ \dfrac{1}{3}(x-1), & x \geq 1 \end{cases}$

18. 设 $F(x)=\int\dfrac{\sin^2 x}{\sin x+\cos x}dx, G(x)=\int\dfrac{\cos^2 x}{\sin x+\cos x}dx$,求 $F(x)+G(x), G(x)-F(x)$, $F(x), G(x)$.

19. 已知 $\dfrac{\sin x}{x}$ 是 $f(x)$ 的原函数,求 $\int xf'(x)dx$.

20. 设 $I_n=\int\dfrac{dx}{\sin^n x},(n\geqslant 2)$,证明:$I_n=-\dfrac{1}{n-1}\cdot\dfrac{\cos x}{\sin^{n-1}x}+\dfrac{n-2}{n-1}I_{n-2}$.

第六章 定积分同步测试（A）卷

题 号	一	二	三	总 分
得 分				

一、单项选择题（每小题 3 分，共 18 分）

1. 设 $M = \int_0^{\frac{\pi}{2}} \sin(\sin x) \, dx$，$N = \int_0^{\frac{\pi}{2}} \cos(\cos x) \, dx$，则有（　　）.

   A. $M < 1 < N$　　　　　　　　　　B. $M < N < 1$.

   C. $N < M < 1$　　　　　　　　　　D. $1 < M < N$

2. 设函数 $f(x)$ 在 $(-\infty, +\infty)$ 内连续，且在 $x \neq 0$ 时可导，$F(x) = x\int_0^x f(t) \, dt$，则下列结论正确的是（　　）.

   A. $F''(x)$ 不存在　　　　　　　　B. $F''(x)$ 是否存在不能确定

   C. $F''(x)$ 存在，且 $F''(0) = 2f(0)$　　D. $F''(x)$ 存在，且 $F''(0) = 0$

3. 下列可表示由双纽线 $(x^2 + y^2)^2 = x^2 - y^2$ 围成平面区域的面积的是（　　）.

   A. $2\int_0^{\frac{\pi}{4}} \cos 2\theta \, d\theta$　　　　　　　B. $4\int_0^{\frac{\pi}{4}} \cos 2\theta \, d\theta$

   C. $2\int_0^{\frac{\pi}{2}} \sqrt{\cos 2\theta} \, d\theta$　　　　　D. $\frac{1}{2}\int_0^{\frac{\pi}{4}} (\cos 2\theta)^2 \, d\theta$

4. 设 $F(x) = \int_x^{x+2\pi} e^{\sin t} \sin t \, dt$，则 $F(x)$（　　）.

   A. 为正常数　　　　　　　　　　B. 为负常数

   C. 恒为零　　　　　　　　　　　D. 不是常数

5. 下列函数中在 $[-1, 2]$ 不存在定积分的是（　　）.

   A. $f(x) = \begin{cases} e^{-\frac{1}{x^2}}, & x \neq 0 \\ 0, & x = 0 \end{cases}$　　　　B. $f(x) = \begin{cases} \sin\frac{1}{x}, & x \neq 0 \\ 0, & x = 0 \end{cases}$

   C. $f(x) = \begin{cases} x^2 + 1, & x > \frac{1}{2} \\ x, & |x| \leq \frac{1}{2} \\ -x^2 + 1, & x < -\frac{1}{2} \end{cases}$　　D. $f(x) = \begin{cases} \frac{d}{dx}\left(x\sin\frac{1}{x}\right), & x \neq 0 \\ 0, & x = 0 \end{cases}$

18. 求由方程 $\int_0^y e^t dt + \int_0^x \cos t \, dt = 0$ 所确定的隐函数 $y = y(x)$ 的导数 $\dfrac{dy}{dx}$.

19. 求曲线 $x = a\cos^3 t, y = a\sin^3 t$ 绕直线 $y = x$ 旋转一周所得曲面的面积.

20. 设常数 $a \leqslant \alpha < \beta \leqslant b$, 曲线 $\Gamma: y = \sqrt{(x-a)(b-x)}$ $(x \in [\alpha, \beta])$ 的弧长为 l.

   (1) 求证: $l = \dfrac{b-a}{2} \int_\alpha^\beta \dfrac{dx}{\sqrt{(x-a)(b-x)}}$;

   (2) 求定积分 $J = \int_a^{\frac{a+b}{2}} \dfrac{dx}{\sqrt{(x-a)(b-x)}}$.

第六章 定积分同步测试(B)卷

题 号	一	二	三	总 分
得 分				

一、单项选择题(每小题3分,共18分)

1. 设 $f(x)$ 是连续函数,$F(x)$ 是 $f(x)$ 的原函数,则下列结论正确的是(　　).

   A. 当 $f(x)$ 为偶函数时,$F(x)$ 必为奇函数

   B. 当 $f(x)$ 为奇函数时,$F(x)$ 必为偶函数

   C. 当 $f(x)$ 为周期函数时,$F(x)$ 必为周期函数

   D. 当 $f(x)$ 为单调增函数时,$F(x)$ 必为单调减函数

2. 函数 $f(x)=\int_{x}^{x+2\pi}f(x)\mathrm{d}t$,其中 $f(t)=\mathrm{e}^{\sin^{2}t}(1+\sin^{2}t)\cos 2t$,则 $F(x)$(　　).

   A. 为正数　　　B. 为负数　　　C. 恒为零　　　D. 不是常数

3. 设函数 $f(x)=\int_{0}^{1-\cos x}\sin t^{2}\mathrm{d}t$,$g(x)=\dfrac{x^{5}}{5}+\dfrac{x^{6}}{6}$,则当 $x\to 0$ 时,$f(x)$ 是 $g(x)$ 的(　　).

   A. 低阶无穷小　　　　　　　　　B. 高阶无穷小

   C. 等价无穷小　　　　　　　　　D. 同阶无穷小,但不等价

4. 设 $f(x)$ 为连续函数 $I=t\int_{0}^{\frac{s}{t}}f(tx)\mathrm{d}x$,其中 $t>0,s>0$,则 I 的值(　　).

   A. 依赖于 s 和 t　　　　　　　　B. 依赖于 s,t,x

   C. 依赖于 t,x 不依赖于 s　　　　D. 依赖于 s,不依赖于 t

5. 设 $M=\int_{-\frac{\pi}{2}}^{\frac{\pi}{2}}\dfrac{\sin x}{1+x^{2}}\cos^{4}x\mathrm{d}x$,$N=\int_{-\frac{\pi}{2}}^{\frac{\pi}{2}}(\sin^{3}x+\cos^{4}x)\mathrm{d}x$,$P=\int_{-\frac{\pi}{2}}^{\frac{\pi}{2}}(x^{2}\sin^{3}x-\cos^{4}x)\mathrm{d}x$,则有(　　).

   A. $N<P<M$　　B. $M<P<N$　　C. $N<M<P$　　D. $P<M<N$

6. 下列函数中在 $[-2,3]$ 不存在原函数的是(　　).

   A. $f(x)=\begin{cases}\dfrac{\ln(1+x^{2})-x^{2}}{x^{4}}, & x\neq 0 \\ -\dfrac{1}{2}, & x=0\end{cases}$

   B. $f(x)=\max\{|x|,1\}$

   C. $f(x)=\begin{cases}\dfrac{\ln(1+x)-x}{x^{2}}, & x>0 \\ 0, & x=0 \\ \dfrac{\tan x-\sin x}{x^{3}}, & x<0\end{cases}$

18. 函数 $f(x), g(x)$ 在 $(-\infty, +\infty)$ 上连续,且满足等式 $f(x) = 3x^2 + \int_0^2 g(x)dx, g(x) = -x^3 + 3x^2 \int_0^2 f(x)dx$. 求 $f(x)$ 和 $g(x)$.

19. 求下列旋转体的体积 V:
   (1) 由曲线 $x^2 + y^2 \leqslant 2x$ 与 $y \geqslant x$ 确定的平面图形绕直线 $x = 2$ 旋转而成的旋转体;
   (2) 由曲线 $y = 3 - |x^2 - 1|$ 与 x 轴围成封闭图形绕直线 $y = 3$ 旋转而成的旋转体.

20. 求功:
   (1) 设半径为 1 的球正好有一半沉入水中,球的比重为 1,现将球从水中取出,问要做多少功?
   (2) 半径为 R 的半径形水池充满了水,要把池内的水全部取尽需做多少功?

第七章 无穷级数同步测试（A）卷

题 号	一	二	三	总 分
得 分				

一、单项选择题（每小题3分，共18分）

1. 设常数 $a > 2$，则级数 $\sum\limits_{n=1}^{\infty}(-1)^n \dfrac{\ln n!}{n^a}$（　　）．

   A. 发散　　　　　B. 条件收敛　　　　　C. 绝对收敛　　　　　D. 敛散性与 a 有关

2. 下列"结论"中，正确的是（　　）．

   A. 若 $\sum\limits_{n=1}^{\infty}u_n$ 与 $\sum\limits_{n=1}^{\infty}v_n$ 都发散，则 $\sum\limits_{n=1}^{\infty}(u_n+v_n)$ 发散

   B. 若 $\sum\limits_{n=1}^{\infty}(u_n+v_n)$ 收敛，则 $\sum\limits_{n=1}^{\infty}u_n$ 与 $\sum\limits_{n=1}^{\infty}v_n$ 都收敛

   C. 若 $\sum\limits_{n=1}^{\infty}u_n$ 与 $\sum\limits_{n=1}^{\infty}v_n$ 都收敛，则 $\sum\limits_{n=1}^{\infty}(u_n+v_n)$ 收敛

   D. 若 $\sum\limits_{n=1}^{\infty}u_n$ 收敛，$\sum\limits_{n=1}^{\infty}v_n$ 发散，则 $\sum\limits_{n=1}^{\infty}(u_n+v_n)$ 的敛散性不确定

3. 下列各项正确的是（　　）．

   A. 若 $\sum u_n^2$ 和 $\sum v_n^2$ 都收敛，则 $\sum(u_n+v_n)^2$ 收敛

   B. 若 $\sum |u_n v_n|$ 收敛，则 $\sum u_n^2$ 与 $\sum v_n^2$ 都收敛

   C. 若正项级数 $\sum\limits_{n=1}^{\infty}u_n$ 发散，则 $u_n \geqslant \dfrac{1}{n}$

   D. 若级数 $\sum\limits_{n=1}^{\infty}u_n$ 收敛且 $u_n \geqslant v_n (n=1,2,\cdots)$，则级数 $\sum\limits_{n=1}^{\infty}v_n$ 也收敛

4. 下列级数中，发散的级数是（　　）．

   A. $\sum\limits_{n=1}^{\infty}\left(\dfrac{a-1}{a}\right)^n (a>1)$　　　　　B. $\sum\limits_{n=1}^{\infty}\ln\left(1+\dfrac{1}{n}\right)$

   C. $\sum\limits_{n=1}^{\infty}(\sqrt{n+2}-2\sqrt{n+1}+\sqrt{n})$　　　　　D. $\sum\limits_{n=1}^{\infty}\dfrac{n^2}{n!}$

5. 下列命题中正确的是（　　）．

   A. 若幂级数 $\sum\limits_{n=0}^{\infty}a_n x^n$ 的收敛半径 $R \neq 0$，则 $\lim\limits_{n\to\infty}\left|\dfrac{a_{n+1}}{a_n}\right|=R^{-1}$

   B. 若 $\lim\limits_{n\to\infty}\left|\dfrac{a_{n+1}}{a_n}\right|$ 不∃，则 $\sum\limits_{n=0}^{\infty}a_n x^n$ 不存在收敛半径

18. 求级数 $\sum_{n=1}^{\infty} \dfrac{2n-1}{2^n} x^{2n-2}$ 收敛域及和函数,并求常数项级数 $\sum_{n=1}^{\infty} \dfrac{2n-1}{2^n}$ 的和.

19. 设函数 $f(x)$ 在 $|x| \leqslant 1$ 时有定义,在 $x=0$ 的某个领域内具有二阶连续导数,且 $\lim\limits_{x \to 0} \dfrac{f(x)}{x} = 0$,试证:级数 $\sum_{n=1}^{\infty} f\left(\dfrac{1}{n}\right)$ 绝对收敛.

20. 设 $a_n = \int_0^1 x^2 (1-x)^n \mathrm{d}x$,求 $\sum_{n=1}^{\infty} a_n$.

第七章 无穷级数同步测试(B)卷

题 号	一	二	三	总 分
得 分				

一、单项选择题(每小题 3 分,共 18 分)

1. 设 $a > 0$ 为常数,则级数 $\sum_{n=1}^{\infty} \dfrac{(-1)^n n^{n-1}}{n^n + a^n n}$ ( ).

   A. 发散　　　　　　　　　　　　　　B. 条件收敛

   C. 绝对收敛　　　　　　　　　　　　D. 敛散性与 a 有关

2. 已知 $\lim\limits_{n\to\infty} a_n = a$,则级数 $\sum_{n=1}^{\infty}(a_n - a_{n+1})$ ( ).

   A. 收敛且其和为 a_1　　　　　　　　B. 收敛且其和为 $-a$

   C. 收敛且其和为 $a_1 - a$　　　　　　D. 发散

3. 已知 $a_n > 0 (n = 1, 2, \cdots)$,且 $\sum_{n=1}^{\infty}(-1)^{n-1} a_n$ 条件收敛,记 $b_n = 2a_{2n-1} - a_{2n}$,则级数 $\sum_{n=1}^{\infty} b_n$ ( ).

   A. 绝对收敛　　　　　　　　　　　　B. 条件收敛

   C. 发散　　　　　　　　　　　　　　D. 收敛或发散取决于 a_n 的具体形式

4. 设 $\lim\limits_{n\to\infty}\left|\dfrac{a_{n+1}}{a_n}\right| = a$,则幂级数 $\sum_{n=0}^{\infty} a_n x^{bn} (b > 1)$ 的收敛半径 $R =$ ( ).

   A. a　　　　B. $a^{1/b}$　　　　C. $1/a$　　　　D. $\left(\dfrac{1}{a}\right)^{1/b}$

5. 级数 $\sum_{n=1}^{\infty}(-1)^n \dfrac{n+a}{n+1} \cdot \dfrac{1}{\sqrt{n}}$ ( ).

   A. 绝对收敛　　B. 条件收敛　　C. 发散　　D. 敛散性与 a 有关

6. 正项级数 $\sum_{n=1}^{\infty} u_n$ 收敛的充分必要条件是( ).

   A. $\lim\limits_{n\to\infty} u_n = 0$　　　　　　　　B. 数列 $\{u_n\}$ 单调有界

   C. 部分和数列 $\{S_n\}$ 有上界　　　D. $\lim\limits_{n\to\infty}\dfrac{u_{n+1}}{u_n} = \rho < 1$

二、填空题(每小题 3 分,共 18 分)

7. $\sum_{n=1}^{\infty} \dfrac{1}{1+x^n}$ 的收敛域 $=$ _____.

8. $\sum_{n=1}^{\infty} \dfrac{3^n + (-2)^n}{n}(x+1)^n$ 的收敛域 $=$ _____.

18. 求幂级数 $\sum\limits_{n=1}^{\infty} n(n+1)x^n$ 的收敛域及和函数，并求常数项级数 $\sum\limits_{n=1}^{\infty} \dfrac{n(n+1)}{2^n}$ 的和.

19. 求 $\sum\limits_{n=0}^{\infty} \dfrac{(-1)^n n^2}{(n+1)!} x^n$ 的收敛域及和函数.

20. 设有级数 $\sum\limits_{n=1}^{\infty} u_n$，

(1) 若 $\lim\limits_{n\to\infty} u_n = 0$，又 $\sum\limits_{n=1}^{\infty}(u_{2n-1}+u_{2n}) = (u_1+u_2)+(u_3+u_4)+\cdots$ 收敛，求证：$\sum\limits_{n=1}^{\infty} u_n$ 收敛；

(2) 设 $u_{2n-1} = \dfrac{1}{n}$，$u_{2n} = \displaystyle\int_n^{n+1} \dfrac{\mathrm{d}x}{x}(n=1,2,\cdots)$，求证：$\sum\limits_{n=1}^{\infty}(-1)^{n-1}u_n$ 收敛.

第八章　多元函数同步测试(A)卷

题　号	一	二	三	总　分
得　分				

一、单项选择题(每小题 3 分,共 18 分)

1. 下列函数在 $(0,0)$ 处不连续的是(　　).

   A. $f(x,y)=\begin{cases} \dfrac{xy}{\sqrt{x^2+y^2}}, & (x,y)\neq(0,0) \\ 0, & (x,y)=(0,0) \end{cases}$

   B. $f(x,y)=\begin{cases} \dfrac{x^3-y^3}{x^2+y^2}, & (x,y)\neq(0,0) \\ 0, & (x,y)=(0,0) \end{cases}$

   C. $f(x,y)=\begin{cases} \dfrac{xy}{\sqrt{x^4+y^4}}, & (x,y)\neq(0,0) \\ 0, & (x,y)=(0,0) \end{cases}$

   D. $f(x,y)=\begin{cases} \sqrt{x^2+y^2}\sin\dfrac{1}{x^2+y^2}, & (x,y)\neq(0,0) \\ 0, & (x,y)=(0,0) \end{cases}$

2. 函数 $f(x,y)$ 在点 $P(x,y)$ 的某领域内存在偏导数且连续是 $f(x,y)$ 在该点处可微的(　　).

   A. 必要条件,但不是充分条件

   B. 充分条件,但不是必要条件

   C. 充分必要条件

   D. 既不是充分条件,也不是必要条件

3. 设 $u(x,y)$ 在 M_0 取极大值,并 $\exists \dfrac{\partial^2 u(M_0)}{\partial x^2}, \dfrac{\partial^2 u(M_0)}{\partial y^2}$,则(　　).

   A. $\dfrac{\partial^2 u(M_0)}{\partial x^2}\geqslant 0, \dfrac{\partial^2 u(M_0)}{\partial y^2}\geqslant 0$ 　　　　B. $\dfrac{\partial^2 u(M_0)}{\partial x^2}< 0, \dfrac{\partial^2 u(M_0)}{\partial y^2}< 0$

   C. $\dfrac{\partial^2 u(M_0)}{\partial x^2}\leqslant 0, \dfrac{\partial^2 u(M_0)}{\partial y^2}\leqslant 0$ 　　　　D. $\dfrac{\partial^2 u(M_0)}{\partial x^2}\leqslant 0, \dfrac{\partial^2 u(M_0)}{\partial y^2}\geqslant 0$

4. 函数 $z=(1+e^y)\cos x-ye^y$ 的极值点情况是(　　).

   A. 无极值点　　　　　　　　　　　　　B. 有有限个极值点

   C. 有无穷多个极大值点　　　　　　　　D. 有无穷多个极小值点

5. 设 D 是有界闭区域,下列命题中错误的是(　　).

   A. 若 $f(x,y)$ 在 D 连续,对 D 的任何子区域 D_0 均有 $\iint\limits_{D_0}f(x,y)\mathrm{d}\sigma=0$,则 $f(x,y)\equiv 0(\forall (x,$

18. 将极坐标系中的累次积分转换成直角坐标系中的累次积分：

(1) 将 $\int_{\frac{\pi}{2}}^{\pi} d\theta \int_{0}^{\sin\theta} f(r\cos\theta, r\sin\theta) r dr$ 写成直角坐标系下先对 y 后对 x 积分的累次积分；

(2) 计算 $\int_{0}^{\frac{\sqrt{2}}{2}R} e^{-y^2} dy \int_{0}^{y} e^{-x^2} dx + \int_{\frac{\sqrt{2}}{2}R}^{R} e^{-y^2} dy \int_{0}^{\sqrt{R^2-y^2}} e^{-x^2} dx.$

19. 求下列二重积分：

(1) $I = \iint_{D} \dfrac{dxdy}{(1+x^2+y^2)^{3/2}}$，其中 D 为正方形域：$0 \leqslant x \leqslant 1, 0 \leqslant y \leqslant 1$；

(2) $I = \iint_{D} |3x+4y| dxdy$，其中 $D: x^2+y^2 \leqslant 1.$

20. 计算 $I = \iint_{D} |\sin(x-y)| dxdy$，其中 $D: 0 \leqslant x \leqslant y \leqslant 2\pi.$

第八章　多元函数同步测试(B)卷

题　号	一	二	三	总　分
得　分				

一、单项选择题(每小题 3 分,共 18 分)

1. 在下列二元函数中,$f''_{xy}(0,0) \neq f''_{yx}(0,0)$ 的二元函数是( ).

   A. $f(x,y) = x^4 + 2x^2y^2 + y^{10}$

   B. $f(x,y) = \ln(1+x^2+y^2) + \cos xy$

   C. $f(x,y) = \begin{cases} xy\dfrac{x^2-y^2}{x^2+y^2}, & (x,y) \neq (0,0) \\ 0, & (x,y) = (0,0) \end{cases}$

   D. $f(x,y) = \begin{cases} xy^2\dfrac{x^2-y^2}{x^2+y^2}, & (x,y) \neq (0,0) \\ 0, & (x,y) = (0,0) \end{cases}$

2. 已知 $(axy^3 - y^2\cos x)\mathrm{d}x + (1 + by\sin x + 3x^2y^2)\mathrm{d}y$ 为某一函数的全微分,则 a, b 的值分别为( ).

   A. -2 和 2　　　　B. 2 和 -2　　　　C. -3 和 3　　　　D. 3 和 -3

3. 设 $f(x,y) = |x-y|\varphi(x,y)$,其中 $\varphi(x,y)$ 在 $(0,0)$ 连续且 $\varphi(0,0) = 0$,则( ).

   A. $f(x,y)$ 在点 $(0,0)$ 处连续,$\dfrac{\partial f(0,0)}{\partial x}$,$\dfrac{\partial f(0,0)}{\partial y}$ 不存在

   B. $f(x,y)$ 在点 $(0,0)$ 处连续,$f(x,y)$ 在点 $(0,0)$ 处不可微

   C. $\dfrac{\partial f(0,0)}{\partial x}$,$\dfrac{\partial f(0,0)}{\partial y}$ 存在,$f(x,y)$ 在点 $(0,0)$ 处不可微

   D. $f(x,y)$ 在点 $(0,0)$ 处可微

4. 已知函数的全微分 $\mathrm{d}f(x,y) = (x^2+2xy-y^2)\mathrm{d}x + (x^2-2xy-y^2)\mathrm{d}y$,则 $f(x,y) = $ ( ).

   A. $\dfrac{x^3}{3} - x^2y + xy^2 - \dfrac{y^3}{3} + C$　　　　B. $\dfrac{x^3}{3} - x^2y - xy^2 - \dfrac{y^3}{3} + C$

   C. $\dfrac{x^3}{3} + x^2y + xy^2 - \dfrac{y^3}{3} + C$　　　　D. $\dfrac{x^3}{3} + x^2y - xy^2 - \dfrac{y^3}{3} + C$

5. 设 $f(x,y) = \begin{cases} \dfrac{x^3y}{x^6+y^2}, & (x,y) \neq (0,0) \\ 0, & (x,y) = (0,0) \end{cases}$,则 $f(x,y)$ 在 $(0,0)$ 处( ).

   A. 连续,偏导数存在　　　　　　　　　B. 连续,偏导数不存在

   C. 不连续,偏导数存在　　　　　　　　D. 不连续,偏导数不存在

17. 设 $z = z(x,y)$ 满足 $\left(\dfrac{\partial z}{\partial y}\right)^2 \dfrac{\partial^2 z}{\partial x^2} - 2\dfrac{\partial z}{\partial x}\dfrac{\partial z}{\partial y}\dfrac{\partial^2 z}{\partial x \partial y} + \left(\dfrac{\partial z}{\partial x}\right)^2 \dfrac{\partial^2 z}{\partial y^2} = 0$，又 $\dfrac{\partial z}{\partial y} \neq 0$，由 $z = z(x,y)$ 可解出 $y = y(z,x)$. 求：(1) $\dfrac{\partial^2 y}{\partial x^2}$；(2) $y = y(z,x)$.

18. 计算二重积分 $\iint\limits_{D} ||x+y|-2|\,\mathrm{d}x\mathrm{d}y$，其中 $D: 0 \leqslant x \leqslant 2, -2 \leqslant y \leqslant 2$.

19. 求二重积分：$I = \iint\limits_{D} y\,\mathrm{d}x\mathrm{d}y$，其中 D 由直线 $x = -2, y = 0, y = 2$ 及曲线 $x = -\sqrt{2y-y^2}$ 所围成.

20. 设 $a > 0$ 为常数，求积分 $I = \iint\limits_{D} xy^2\,\mathrm{d}\sigma$，其中 $D: x^2 + y^2 \leqslant ax$.

第九章　微分方程与差分方程简介同步测试（A）卷

题　号	一	二	三	总　分
得　分				

一、单项选择题（每小题3分，共18分）

1. 设函数 $y_1(x), y_2(x), y_3(x)$ 线性无关，而且都是非齐次线性方程 $y'' + p(x)y' + q(x)y = f(x)$ 的解，C_1, C_2 为任意常数，则该非齐次方程的通解是（　　）.

   A. $C_1 y_1 + C_2 y_2 + y_3$.　　　　　　　　　B. $C_1 y_1 + C_2 y_2 - (C_1 + C_2) y_3$.

   C. $C_1 y_1 + C_2 y_2 - (1 - C_1 - C_2) y_3$.　　D. $C_1 y_1 + C_2 y_2 + (1 - C_1 - C_2) y_3$

2. 设二阶线性常系数齐次微分方程 $y'' + by' + y = 0$ 的每一个解 $y(x)$ 都在区间 $(0, +\infty)$ 上有界，则实数 b 的取值范围是（　　）.

   A. $[0, +\infty)$　　　　　　　　　　　　　B. $(-\infty, 0)$

   C. $(-\infty, 4]$　　　　　　　　　　　　　D. $(+\infty, +\infty)$

3. 已知函数 $y = y(x)$ 在任意点 x 处的增量 $\Delta y = \dfrac{y}{1+x^2}\Delta x + \alpha$，且当 $\Delta x \to 0$ 时，α 是 Δx 的高阶无穷小，$y(0) = \pi$，则 $y(1)$ 等于（　　）.

   A. 2π　　　　B. π　　　　C. $e^{\frac{\pi}{4}}$　　　　D. $\pi e^{\frac{\pi}{4}}$

4. 方程 $y' \sin x = y \ln y$ 满足条件 $y\left(\dfrac{\pi}{2}\right) = e$ 的特解是（　　）.

   A. $\dfrac{e}{\sin x}$　　B. $e^{\sin x}$　　C. $\dfrac{e}{\tan\dfrac{x}{2}}$　　D. $e^{\tan\frac{x}{2}}$

5. 微分方程 $y'' + 4y = \sin 2x$ 的一个特解形式是（　　）.

   A. $C\cos 2x + D\sin 2x$　　　　　　　　B. $D\sin 2x$

   C. $x(C\cos 2x + D\sin 2x)$　　　　　　D. $x \cdot D\sin 2x$

6. 方程 $y'' - 2y' + 3y = e^x \sin(\sqrt{2}x)$ 的特解的形式为（　　）.

   A. $e^x[A\cos(\sqrt{2}x) + B\sin(\sqrt{2}x)]$　　B. $xe^x[A\cos(\sqrt{2}x) + B\sin(\sqrt{2}x)]$

   C. $Ae^x \sin(\sqrt{2}x)$　　　　　　　　　　D. $Ae^x \cos(\sqrt{2}x)$

二、填空题（每小题3分，共18分）

7. 微分方程 $x(y^2 - 1)dx + y(x^2 - 1)dy = 0$ 的通解 = _____.

18. 某种飞机在机场降落时,为了减少滑行距离,在触地瞬间,飞机尾部张开减速伞,以增大阻力,使飞机迅速减速并停下.现有一质量为9000kg的飞机,着陆时的水平速度为700km/h.经测试,减速伞打开后,飞机所受的阻力与飞机的速度成正比(比例系数$k=6.0\times10^6$).问从着陆点算起,飞机滑行的最大距离是多少?注:kg 表示千克,km/h 表示千米/小时.

19. 求方程 $xy'' - y' = x^2$ 的通解.

20. 求下列方程的通解或特解:

(1) $\dfrac{d^2y}{dx^2} - 4y = 4x^2, y(0) = -\dfrac{1}{2}, y'(0) = 2$;

(2) $\dfrac{d^2y}{dx^2} + 3\dfrac{dy}{dx} + 2y = e^{-x}\cos x$.

第九章 微分方程与差分方程简介同步测试(B)卷

题 号	一	二	三	总 分
得 分				

一、单项选择题(每小题3分,共18分)

1. 设 $y_1(x)$、$y_2(x)$ 为二阶变系数齐次线性方程 $y'' + p(x)y' + q(x)y = 0$ 的两个特解,则 $C_1 y_1(x) + C_2 y_2(x)$(C_1,C_2 为任意常数)是该方程通解的充分条件为(   ).

   A. $y_1(x)y_2'(x) - y_2(x)y'(x) = 0$ B. $y_1(x)y_2' - y_2(x)y_1'(x) \neq 0$

   C. $y_1(x)y_2'(x) + y_2(x)y_1'(x) = 0$ D. $y_1(x)y_2'(x) + y_2(x)y_1'(x) \neq 0$.

2. 若连续函数 $f(x)$ 满足关系式 $f(x) = \int_0^{2x} f\left(\dfrac{t}{2}\right) \mathrm{d}t + \ln 2$,则 $f(x)$ 等于(   ).

   A. $e^x \ln 2$ B. $e^{2x} \ln 2$ C. $e^x + \ln 2$ D. $e^{2x} + \ln 2$

3. 设线性无关的函数 y_1,y_2,y_3 都是二阶非齐次线性方程 $y'' + p(x)y' + q(x)y = f(x)$ 的解, C_1,C_2 是任意常数,则该非齐次线性方程的通解是(   ).

   A. $C_1 y_1 + C_2 y_2 + y_3$ B. $C_1 y_1 + C_2 y_2 - (C_1 + C_2) y_3$

   C. $C_1 y_1 + C_2 y_2 - (1 - C_1 - C_2) y_3$ D. $C_1 y_1 + C_2 y_2 + (1 - C_1 - C_2) y_3$

4. 以下可以看作某个二阶方程的通解的函数是(   ).

   A. $y = C_1 x^2 + C_2 x + C_3$ B. $x^2 + y^2 = C$

   C. $y = \ln(C_1 x) + \ln(C_1 \sin x)$ D. $y = C_1 \sin^2 x + C_2 \cos^2 x$

5. 微分方程 $y'' + y = x^2 + 1 + \sin x$ 的特解形式可设为(   ).

   A. $y^* = ax^2 + bx + c + x(A\sin x + B\cos x)$ B. $y^* = x(ax^2 + bx + c + A\sin x + B\cos x)$

   C. $y^* = ax^2 + bx + c + A\sin x$ D. $y^* = ax^2 + bx + c + A\cos x$

6. 设三个线性无关函数 y_1,y_2,y_3 都是二阶线性非齐次微分方程 $y'' + Py' + Qy = f(x)$ 的解, C_1,C_2 是独立的任意常数,则该方程的通解是(   ).

   A. $C_1 y_1 + C_2 y_2 + y_3$ B. $C_1 y_1 + C_2 y_2 - (C_1 + C_2) y_3$

   C. $C_1 y_1 + C_2 y_2 - (1 - C_1 - C_2) y_3$ D. $C_1 y_1 + C_2 y_2 + (1 - C_1 - C_2) y_3$

二、填空题(每小题3分,共18分)

7. 方程 $xy'' = y' \ln y'$ 的通解 = _____.

8. 微分方程 $xy' + 2y = x \ln x$ 满足 $y(1) = -\dfrac{1}{9}$ 的通解为 _____.

18. 当 $\Delta x \to 0$ 时 α 是比 Δx 较高阶的无穷小量,函数 $y(x)$ 在任意点 x 处的增量 $\Delta y = \dfrac{y\Delta x}{x^2+x+1} + \alpha$,且 $y(0) = \pi$,求 $y(1)$.

19. 解下列微分方程:

(1) 求 $y'' - 7y' + 12y = x$ 满足初始条件 $y(0) = \dfrac{7}{144}, y'(0) = \dfrac{7}{12}$ 的特解;

(2) 求 $y'' + a^2 y = 8\cos bx$ 的通解,其中 $a > 0, b > 0$ 为常数.

20. 求解初值问题 $\begin{cases} y^3 \dfrac{\mathrm{d}^2 y}{\mathrm{d}x^2} + 1 = 0 \\ y(1) = 1, y'(1) = 0 \end{cases}$.

期末同步测试（A）卷

一、单项选择题（每小题 3 分，共 18 分）

1. 设函数 $f(x) = \lim\limits_{n \to \infty} \dfrac{1+x}{1+x^{2n}}$，讨论函数 $f(x)$ 的间断点，其结论为(　　).

   A. 不存在间断点　　　　　　　　　　B. 存在间断点 $x=1$

   C. 存在间断点 $x=0$　　　　　　　　D. 存在间断点 $x=-1$

2. 设函数 $f(x) = \begin{cases} \sqrt{|x|}\sin\dfrac{1}{x}, & x \neq 0 \\ 0, & x = 0 \end{cases}$，则 $f(x)$ 在点 $x=0$ 处(　　).

   A. 极限不存在　　　　　　　　　　　B. 极限存在但不连续

   C. 连续但不可导　　　　　　　　　　D. 可导

3. 曲线 $y = \dfrac{1}{x} + \ln(1+e^x)$ 的渐近线的条数为(　　).

   A. 0　　　　　　B. 1　　　　　　C. 2　　　　　　D. 3

4. 设 $f(x)$ 是连续函数，$F(x)$ 是 $f(x)$ 的原函数，则(　　).

   A. 当 $f(x)$ 是奇函数时，$F(x)$ 必为偶函数

   B. 当 $f(x)$ 是偶函数时，$F(x)$ 必为奇函数

   C. 当 $f(x)$ 是周期函数时，$F(x)$ 必为周期函数

   D. 当 $f(x)$ 是单调增函数时，$F(x)$ 必为单调增函数

5. 设 $f(x)$ 为连续函数，且 $F(x) = \int_{\frac{1}{x}}^{\ln x} f(t)\,dt$，则 $F'(x)$ 等于(　　).

   A. $\dfrac{1}{x}f(\ln x) + \dfrac{1}{x^2}f\left(\dfrac{1}{x}\right)$　　　　B. $f(\ln x) + f\left(\dfrac{1}{x}\right)$

   C. $\dfrac{1}{x}f(\ln x) - \dfrac{1}{x^2}f\left(\dfrac{1}{x}\right)$　　　　D. $f(\ln x) - f\left(\dfrac{1}{x}\right)$

6. 若级数 $\sum\limits_{n=1}^{\infty} a_n$ 条件收敛，则 $x = \sqrt{3}$ 与 $x=3$ 依次为幂级数 $\sum\limits_{n=1}^{\infty} n a_n (x-1)^n$ 的(　　).

   A. 收敛点，收敛点　　　　　　　　　B. 收敛点，发散点

   C. 发散点，收敛点　　　　　　　　　D. 发散点，发散点

二、填空题（每小题 3 分，共 18 分）

7. $\lim\limits_{x \to \infty}\left(\dfrac{3x^2+5}{5x+3}\sin\dfrac{2}{x}\right)$ _____.

8. $\int_{-\frac{\pi}{2}}^{\frac{\pi}{2}}\left(\dfrac{\sin x}{1+\cos x} + |x|\right)dx$ _____.

18. 某建筑工程打地基时,需用汽锤将桩打进土层,汽锤每次击打,都将克服土层对桩的阻力而做功,设土层对桩的阻力的大小与桩被打进地下的深度成正比(比例系数为 k, $k>0$),汽锤第一次击打将桩打进地下 a m. 根据设计方案,要求汽锤每次击打桩时所做的功与前一次击打时所做的功之比为常数 $r(0<r<1)$. 问

   (1) 汽锤击打桩 3 次后,可将桩打进地下多深?

   (2) 若击打次数不限,汽锤最多能将桩打进地下多深?

   (注:m 表示长度单位米)

19. 设函数 $y=y(x)$ 在 $(-\infty,+\infty)$ 内具有二阶导数,且 $y'\neq 0$, $x=x(y)$ 是 $y=y(x)$ 的反函数.

   (1) 试将 $x=x(y)$ 所满足的微分方程 $\dfrac{d^2 x}{dy^2}+(y+\sin x)\left(\dfrac{dx}{dy}\right)^3=0$ 变换为 $y=y(x)$ 满足的微分方程;

   (2) 求变换后的微分方程满足初始条件 $y(0)=0$, $y'(0)=\dfrac{3}{2}$ 的解.

20. 设函数 $f(x)$ 在 $[0,\pi]$ 上连续,且 $\displaystyle\int_0^\pi f(x)dx=0$, $\displaystyle\int_0^\pi f(x)\cos x\,dx=0$.

   试证明:在 $(0,\pi)$ 内至少存在两个不同的点 ξ_1, ξ_2, 使 $f(\xi_1)=f(\xi_2)=0$.

期末同步测试(B)卷

一、选择题(每小题3分,共18分)

1. 设 $f(x)$ 在 $(-\infty,+\infty)$ 内有定义,且 $\lim\limits_{x\to\infty}f(x)=a, g(x)=\begin{cases}f\left(\dfrac{1}{x}\right),& x\neq 0\\ 0,& x=0\end{cases}$,则( ).

   A. $x=0$ 必是 $g(x)$ 的第一类间断点　　B. $x=0$ 必是 $g(x)$ 的第二类间断点

   C. $x=0$ 必是 $g(x)$ 的连续　　　　　　D. $g(x)$ 在点 $x=0$ 的连续与 a 的取值有关

2. 设 $f(x)$ 处处可导,则( ).

   A. 当 $\lim\limits_{x\to+\infty}f'(x)=+\infty$ 时,必有 $\lim\limits_{x\to+\infty}f(x)=+\infty$

   B. 当 $\lim\limits_{x\to+\infty}f(x)=+\infty$ 时,必有 $\lim\limits_{x\to+\infty}f'(x)=+\infty$

   C. 当 $\lim\limits_{x\to-\infty}f'(x)=-\infty$ 时,必有 $\lim\limits_{x\to-\infty}f(x)=-\infty$

   D. 当 $\lim\limits_{x\to-\infty}f(x)=-\infty$ 时,必有 $\lim\limits_{x\to-\infty}f'(x)=-\infty$

3. 设函数 $f(x)$ 在 $(-\infty,+\infty)$ 内连续,其导数的图形如图所示,则 $f(x)$ 有( ).

   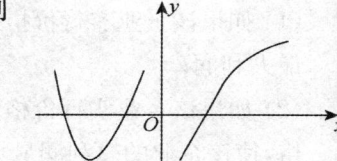

   A. 一个极小值点和两个极大值点

   B. 两个极小值点和一个极大值点

   C. 两个极小值点和两个极大值点

   D. 三个极小值点和一个极大值点

4. 设 $f'(x)$ 在 $[a,b]$ 上连续,且 $f'(a)>0, f'(b)<0$,则下列结论中错误的是( ).

   A. 至少存在一点 $x_0\in(a,b)$,使得 $f(x_0)>f(a)$

   B. 至少存在一点 $x_0\in(a,b)$,使得 $f(x_0)>f(b)$

   C. 至少存在一点 $x_0\in(a,b)$,使得 $f'(x_0)=0$

   D. 至少存在一点 $x_0\in(a,b)$,使得 $f(x_0)=0$

5. 已知函数 $f(x,y)$ 在点 $(0,0)$ 的某个领域内连续,且 $\lim\limits_{x\to 0,y\to 0}\dfrac{f(x,y)-xy}{(x^2+y^2)^2}=1$,则( ).

   A. 点 $(0,0)$ 不是 $f(x,y)$ 的极值点

   B. 点 $(0,0)$ $f(x,y)$ 的极大值点

   C. 点 $(0,0)$ 是 $f(x,y)$ 的极小值点

   D. 根据所给条件无法判断点 $(0,0)$ 是否为 $f(x,y)$ 的极值点

6. 设 $f(x)=\left|x-\dfrac{1}{2}\right|, b_n=2\displaystyle\int_0^1 f(x)\sin n\pi x\,dx(n=1,2,\cdots)$,令 $S(x)=\displaystyle\sum_{n=1}^{\infty}b_n\sin n\pi x$,则 $S\left(-\dfrac{4}{9}\right)=($).

   A. $\dfrac{3}{4}$　　　　B. $\dfrac{1}{4}$　　　　C. $-\dfrac{1}{4}$　　　　D. $-\dfrac{3}{4}$

18. 求幂级数 $\sum\limits_{n=1}^{\infty} \dfrac{(-1)^{n-1} x^{2n+1}}{n(2n-1)}$ 的收敛域及和函数 $S(x)$.

19. 假设某企业在两个相互分割的市场上出售同一种产品,两个市场的需求函数分别是 $p_1=18-2Q_1$, $p_2=12-Q_2$,其中 p_1 和 p_2 分别表示该产品在两个市场的价格(单位:万元/吨),Q_1 和 Q_2 分别表示该产品在两个市场的销售量(即需求量,单位:吨),并且该企业生产这种产品的总成本函数是 $C=2Q+5$,其中 Q 表示该产品在两个市场的销售总量,即 $Q=Q_1+Q_2$.
(1) 如果该企业实行价格差别策略,试确定两个市场上该产品销售和价格,使该企业获得最大利润;
(2) 如果该企业实行价格无差别策略,试确定两个市场上该产品的销售量及其统一的价格,使该企业的总利润最大化,并比较两种价格策略下的总利润大小.

20. 求微分方程 $y''-2y'-e^{2x}=0$ 满足条件 $y(0)=1, y'(0)=1$ 的解.

15. 设 $f(x)$ 在 $[a,b]$ 上连续,在 (a,b) 内可导,$f(a)=f(b)=1$,试证存在 $\xi,\eta \in (a,b)$,使得 $e^{\eta-\xi}[f(\eta)+f'(\eta)]=1$.

16. 设 $f(\sin^2 x)=\dfrac{x}{\sin x}$,求 $\displaystyle\int \dfrac{\sqrt{x}}{\sqrt{1-x}}f(x)\mathrm{d}x$.

17. 求函数 $f(x,y)=\left(y+\dfrac{x^3}{3}\right)e^{x+y}$ 的极值.

二、填空题（每小题3分，共18分）

7. 设常数 $a \neq \dfrac{1}{2}$，则 $\lim\limits_{n\to\infty}\ln\left[\dfrac{n-2na+1}{n(1-2a)}\right]^n=$ _____ .

8. 设有方程 $x=y^y$，y 是 x 的函数，则 $dy=$ _____ .

9. 设 $x^2=\sum\limits_{n=0}^{\infty}a_n\cos nx\,(-\pi\leqslant x\leqslant\pi)$，则 $a_2=$ _____ .

10. 若 $\lim\limits_{x\to 0}\dfrac{\sin x}{e^x-a}(\cos x-b)=5$，则 $a=$ _____ ，$b=$ _____ .

11. 设 $z=\dfrac{1}{x}f(xy)+y\varphi(x+y)$，$f,\varphi$ 具有二阶连续导数，则 $\dfrac{\partial^2 z}{\partial x\partial y}=$ _____ .

12. 微分方程 $\dfrac{dy}{dx}=\dfrac{y}{x}-\dfrac{1}{2}\left(\dfrac{y}{x}\right)^3$ 满足 $y|_{x=1}=1$ 的特解为 $y=$ _____ .

三、解答题（每小题8分，共64分）

13. 假设函数 $f(x)$ 在 $[0,1]$ 上连续，在 $(0,1)$ 内二阶可导，过点 $A(0,f(0))$ 与 $B(1,f(1))$ 的直线与曲线 $y=f(x)$ 相交于点 $C(c,f(c))$，其中 $0<c<1$，证明：在 $(0,1)$ 内至少存在一点 ξ，使 $f''(\xi)=0$.

14. 运用导数的知识作函数 $y=(x+6)e^{\frac{1}{x}}$ 的图形.

15. 求曲线 $x^3 - xy + y^3 = 1(x \geqslant 0, y \geqslant 0)$ 上的点到坐标原点的最长距离和最短距离.

16. 过坐标原点作曲线 $y = \ln x$ 的切线,该切线与曲线 $y = \ln x$ 及 x 轴围成平面图形 D.
    (1) 求 D 的面积 A;
    (2) 求 D 绕直线 $x = e$ 旋转一周所得旋转体的体积 V.

17. 将函数 $f(x) = \arctan \dfrac{1-2x}{1+2x}$ 展开成 x 的幂级数,并求级数 $\sum\limits_{n=0}^{\infty} \dfrac{(-1)^n}{2n+1}$ 的和.

9. 由方程 $xyz+\sqrt{x^2+y^2+z^2}=\sqrt{2}$ 所确定的函数 $z=z(x,y)$ 在点 $(1,0,-1)$ 处的全微分 $dz=$ _____.

10. $\sum_{n=1}^{\infty} n\left(\dfrac{1}{2}\right)^{n-1}=$ _____.

11. 若曲线 $y=x^3-ax^2+bx+1$ 有拐点 $(-1,0)$，则 $b=$ _____.

12. 已知 $y_1=e^{3x}-xe^{2x}$，$y_2=e^x-xe^{2x}$，$y_3=-xe^{2x}$ 是某二阶常系数非齐次线性微分方程的 3 个解，则该方程的通解 $y=$ _____.

三、解答题（每小题 8 分，共 64 分）

13. 计算 $\displaystyle\int_0^1 \dfrac{f(x)}{\sqrt{x}}dx$，其中 $f(x)=\displaystyle\int_1^x \dfrac{\ln(t+1)}{t}dt$.

14. 设奇函数 $f(x)$ 在 $[-1,1]$ 上具有二阶导数，且 $f(1)=1$，证明：
   (1) 存在 $\xi\in(0,1)$，使得 $f'(\xi)=1$；
   (2) 存在 $\eta\in(-1,1)$，使得 $f''(\eta)+f'(\eta)=1$.

15. 要设计一形状为旋转体水泥桥墩,桥墩高为 h,上底面直径为 $2a$,要求桥墩在任意水平截面上所受上部桥墩的平均压强为常数 p. 设水泥的比重为 ρ,试求桥墩的形状.

16. 求下列方程的通解:
(1) $y' = [\sin(\ln x) + \cos(\ln x) + a]y$;
(2) $y' = 2\left(\dfrac{y+2}{x+y-1}\right)^2$.

17. 求微分方程 $y'' + \dfrac{1}{2}(y')^2 = 2y$ 满足条件 $y|_{x=0} = 2, y'|_{x=0} = 2$ 的特解.

9. $y'' + y = \cos x \cos 2x$ 的通解 = _____.

10. 微分方程 $(3x^2 + 2xy - y^2)dx + (x^2 - 2xy)dy = 0$ 的通解 = _____.

11. $y\ln y dx + (x - \ln y)dy = 0$ 的通解 = _____.

12. 差分方程 $y_{n+1} - 2y_n = 2n^2 - 1$ 的通解 = _____.

三、解答题（每小题 8 分，共 64 分）

13. 设 $f(t)$ 连续并满足 $f(t) = \cos 2t + \int_0^t f(s)\sin s ds$，求 $f(t)$.

14. 求微分方程 $x^2 y' + xy = y^2$ 满足 $y|_{x=1} = 1$ 的特解.

15. 设 $f(x)$ 连续,且满足 $\int_0^1 f(tx)\mathrm{d}t = f(x) + x\sin x$,求 $f(x)$.

16. 设 $y = y(x)$ 是一向上凸的连续曲线,其上任意一点 (x,y) 处的曲率为 $\dfrac{1}{\sqrt{1+y'^2}}$,且此曲线上点 $(0,1)$ 处的切线方程为 $y = x+1$,求该曲线的方程,并求函数 $y = y(x)$ 的极值.

17. 求下列方程的通解:$(1) y' = \dfrac{2x-y+1}{2x-y-1}$;$(2) xy' = \sqrt{x^2-y^2} + y$.

8. 已知曲线 $y=f(x)$ 过点 $\left(0,-\dfrac{1}{2}\right)$，且其上任一点 (x,y) 处的切线斜率为 $x\ln(1+x^2)$，则 $f(x) = $ _____.

9. $y''-3y'=2-6x$ 的通解 $=$ _____.

10. 若函数 $f(x)$ 满足方程 $f''(x)+f'(x)-2f(x)=0$ 及 $f''(x)+f(x)=2e^x$，则 $f(x) = $ _____.

11. 曲线 _____ 可使其切线在纵轴上的截距等于切点的横坐标.

12. 差分方程 $y_{n+1}-y_n=n+3$ 的通解 $=$ _____.

三、解答题（每小题 8 分，共 64 分）

13. 求 $yy''=2(y'^2-y')$ 满足初始条件 $y(0)=1, y'(0)=2$ 的特解.

14. 函数 $f(x)$ 在 $[0,+\infty)$ 上可导，$f(0)=1$，且满足等式 $f'(x)+f(x)-\dfrac{1}{x+1}\int_0^x f(t)dt=0$.
   (1) 求导数 $f'(x)$；
   (2) 证明：当 $x\geqslant 0$ 时，不等式 $e^{-x}\leqslant f(x)\leqslant 1$ 成立.

14. 设 $f(u,v)$ 只有二阶连续偏导数，且满足 $\dfrac{\partial^2 f}{\partial u^2}+\dfrac{\partial^2 f}{\partial v^2}=1$，又 $g(x,y)=f\left[xy,\dfrac{1}{2}(x^2-y^2)\right]$，求 $\dfrac{\partial^2 g}{\partial x^2}+\dfrac{\partial^2 g}{\partial y^2}$.

15. 设 $z=z(x,y)$ 是由方程 $xy+x+y-z=\mathrm{e}^z$ 所确定的二元函数，求 $\mathrm{d}z$，$\dfrac{\partial^2 z}{\partial x^2}$ 及 $\dfrac{\partial^2 z}{\partial x\partial y}$.

16. 在半径为 R 的圆的一切内接三角形中，求出其面积最大者.

6. 设 $f(x,y)$ 连续，且 $f(x,y) = xy + \iint\limits_{D} f(u,v) du dv$，其中 D 是由 $y=0, y=x^2, x=1$ 所围成的区域，则 $f(x,y)$ 等于（　　）．

A. xy　　　　　　B. $2xy$　　　　　　C. $xy + \dfrac{1}{8}$　　　　　　D. $xy + 1$

二、填空题（每小题 3 分，共 18 分）

7. $z = (x^2+y^2)e^{-\arctan\frac{y}{x}}$ 则 $dz = $ _____ ，$\dfrac{\partial^2 z}{\partial x \partial y} = $ _____ ．

8. $z = \dfrac{x}{x^2+y^2}$ 则 $\dfrac{\partial^2 z}{\partial x^2} = $ _____ ，$\dfrac{\partial^2 z}{\partial y^2} = $ _____ ，$\dfrac{\partial^2 z}{\partial x \partial y} = $ _____ ．

9. 求 $I = \iint\limits_{D} \sqrt{|y-x^2|} dx dy = $ _____ ，其中 $D: |x| \leqslant 1, 0 \leqslant y \leqslant 2$．

10. $z = \dfrac{x^2}{y}, x = u-2v, y = v+2u$，则 $\dfrac{\partial z}{\partial u} = $ _____ ，$\dfrac{\partial z}{\partial v} = $ _____ ．

11. 将极坐标变换后的二重积分 $\iint\limits_{D} f(r\cos\theta, r\sin\theta) r dr d\theta$ 的如下累次积分交换积分顺序：

$I = \int_{-\frac{\pi}{4}}^{\frac{\pi}{2}} d\theta \int_{0}^{2a\cos\theta} F(r,\theta) dr = $ _____ ，其中 $F(r,\theta) = f(r\cos\theta, r\sin\theta) r$．

12. $xyz = e^{xz}$ 则 $dz = $ _____ ．

三、解答题（每小题 8 分，共 64 分）

13. 设函数 $z = (1+e^y)\cos x - ye^y$，证明：函数 z 有无穷多个极大值点，而无极小值点．

14. 求下列函数的极值,并判定是极大值还是极小值:

(1) $f(x,y) = x^3 + 3xy^2 - 15x - 12y$;

(2) $f(x,y) = \sin x + \sin y + \sin(x+y), 0 \leqslant x \leqslant \dfrac{\pi}{2}, 0 \leqslant y \leqslant \dfrac{\pi}{2}$.

15. 设 $f(x,y) = \begin{cases} \dfrac{x^2 y^2}{x^2+y^2}, & (x,y) \neq (0,0) \\ 0, & (x,y) = (0,0) \end{cases}$.

(1) 求 $\dfrac{\partial f}{\partial x}, \dfrac{\partial f}{\partial y}$;

(2) 讨论 $f(x,y)$ 在 $(0,0)$ 处的可微性,若可微则求 $\mathrm{d}f|_{(0,0)}$.

16. 求椭圆 $\dfrac{x^2}{a^2} + \dfrac{y^2}{b^2} = 1$ 内接矩形的最大面积.

17. 作自变量与因变量变换: $u = x+y, v = x-y, w = xy-z$, 变换方程 $\dfrac{\partial^2 z}{\partial x^2} + 2\dfrac{\partial^2 z}{\partial x \partial y} + \dfrac{\partial^2 z}{\partial y^2} = 0$ 是 w 关于 u,v 的偏导数满足的方程,其中 z 对 x,y 有连续的二阶偏导数.

$y) \in D$)

B. 若 $f(x,y)$ 在 D 可积, $f(x,y) \geq 0$ 但不恒等于 $0((x,y) \in D)$, 则 $\iint_D f(x,y)d\sigma > 0$

C. 若 $f(x,y)$ 在 D 连续, $\iint_D f^2(x,y)d\sigma = 0$, 则 $f(x,y)d\sigma = 0, f(x,y) \equiv 0((x,y) \in D)$

D. 若 $f(x,y)$ 在 D 连续, $f(x,y) > 0((x,y) \in D)$, 则 $\iint_D f(x,y)d\sigma > 0$

6. 设 $D = \{(x,y) \mid -3 < x < -1, 0 < y < 1\}$, 记 $I_1 = \iint_D yx^3 d\sigma, I_2 = \iint_D y^2 x^3 d\sigma, I_3 = \iint_D y^{\frac{1}{2}} x^3 dx$, 则下列不等式成立的是( ).

A. $I_1 < I_2 < I_3$ B. $I_3 < I_1 < I_2$ C. $I_2 < I_1 < I_3$ D. $I_3 < I_1 < I_2$

二、填空题(每小题 3 分,共 18 分)

7. 设 $u = e^{-x}\sin\dfrac{x}{y}$, 则 $\dfrac{\partial^2 u}{\partial x \partial y}$ 在点 $\left(2, \dfrac{1}{\pi}\right)$ 的值为_____.

8. $z = x\arctan\dfrac{y}{x}$, 则 $z'_x(1,-1) =$ _____, $z'_y(1,-1) =$ _____.

9. 设 D 是由曲线 $\sqrt{\dfrac{x}{a}} + \sqrt{\dfrac{y}{b}} = 1(a>0,b>0)$ 与 x 轴, y 轴围成的区域, 则 $I = \iint_D y dx dy =$ _____.

10. $z = u^2 \ln v, u = \dfrac{y}{x}, v = x^2 + y^2$, 则 $\dfrac{\partial z}{\partial x} =$ _____, $\dfrac{\partial z}{\partial y} =$ _____.

11. 交换累计积分的积分顺序: $I = \int_0^1 dx \int_{-\sqrt{x}}^{\sqrt{x}} f(x,y) dy + \int_1^4 dx \int_{x-2}^{\sqrt{x}} f(x,y) dy =$ _____.

12. $y^2 z = \arctan(xz^2)$, 则 $dz =$ _____.

三、解答题(每小题 8 分,共 64 分)

13. 设 $u = f(x,y,z,t)$ 关于各变量均有连续偏导数, 而其中由方程组 $\begin{cases} y^2 + yz - zt^2 = 0 \\ te^z + z\sin t = 0 \end{cases}$ 确定 z,t 为 y 的函数, 求 $\dfrac{\partial u}{\partial x}$ 与 $\dfrac{\partial u}{\partial y}$.

15. 求下列幂级数的和函数并指出收敛域.

(1) $\sum_{n=0}^{\infty} \frac{(n-1)^2}{n+1} x^n$；

(2) $\sum_{n=1}^{\infty} n(n+1) x^n$.

16. 设函数 $f(x)$ 满足方程 $\int_x^{2x} f(t) dt = e^x - 1$，求 $f(x)$ 的幂级数展开式及其收敛域.

17. 求下列级数的和：

(1) $\sum_{n=0}^{\infty} (-1)^n \frac{n^2 - n + 1}{2^n}$；

(2) $\sum_{n=2}^{\infty} \frac{1}{(n^2 - 1) 2^n}$.

9. $\sum_{n=1}^{\infty} \int_{n}^{n+1} e^{-\sqrt{x}} dx$ 的敛散性 = _____.

10. $\sum_{n=1}^{\infty} n^2 x^{n-1}$ 的收敛域 = _____,和函数 = _____.

11. $\dfrac{1}{x^2 + 3x + 2}$,在 $x = 1$ 处的泰勒级数 = _____.

12. $f(x) = \dfrac{1}{x^2 - 3x + 2}$ 展开成幂级数 = _____,收敛域 = _____.

三、解答题(每小题 8 分,共 64 分)

13. 考查级数 $\sum_{n=1}^{\infty} a_n^p$,其中 $a_n = \dfrac{1 \cdot 3 \cdot 5 \cdot \cdots \cdot (2n-1)}{2 \cdot 4 \cdot 6 \cdot \cdots \cdot (2n)}$,$p$ 为常数.

   (1) 证明:$\dfrac{1}{4n} < a_n^2 < \dfrac{1}{2n+1}$ $(n = 2, 3, 4, \cdots)$;

   (2) 证明:级数 $\sum_{n=1}^{\infty} a_n^p$ 当 $p > 2$ 时收敛,当 $p \leqslant 2$ 时发散.

14. 判别级数 $\sum_{n=1}^{\infty} \dfrac{(-1)^{n-1}}{\ln(e^n + e^{-n})}$ 是绝对收敛、条件收敛,还是发散?

14. 判别 $\sum\limits_{n=1}^{\infty} \dfrac{n!}{n^n}x^n (x>0)$ 的敛散性.

15. 判别级数 $\sum\limits_{n=2}^{\infty} \dfrac{(-1)^n}{[n+(-1)^n]^p} (p>0)$ 的收敛性(包括绝对收敛或条件收敛).

16. 求 $\sum\limits_{n=1}^{\infty} \dfrac{1}{n(n+1)}x^n$ 的收敛域,以及它在收敛域内的和函数.

17. 将下列函数 $f(x)$ 展开成 x 的幂级数并求 $f^{(n)}(0)$:

(1) $f(x) = \dfrac{\mathrm{d}}{\mathrm{d}x}g(x)$,其中 $g(x) = \begin{cases} \dfrac{\mathrm{e}^x-1}{x}, & x \neq 0 \\ 1, & x = 0 \end{cases}$;

(2) $f(x) = \int_0^x \dfrac{\sin t}{t}\mathrm{d}t$.

C. 若 $\sum_{n=0}^{\infty} a_n x^n$ 的收敛域为 $[-R,R]$，则 $\sum_{n=0}^{\infty} n a_n x^{n-1}$ 的收敛域为 $[-R,R]$

D. 若 $\sum_{n=0}^{\infty} a_n x^n$ 的收敛区间 $(-R,R)$ 即它的收敛域，则 $\sum_{n=0}^{\infty} \frac{a_n}{n+1} x^{n+1}$ 的收敛域可能是 $[-R,R]$

6. 级数 $\sum_{n=1}^{\infty} (a^{1/(2n+1)} - a^{1/(2n-1)})$（　　）.

　A. 发散　　　　　　B. 收敛于 $-a$　　　　　C. 收敛于 1　　　　　D. 收敛于 $1-a$

二、填空题（每小题 3 分，共 18 分）

7. $\sum_{n=1}^{\infty} \frac{(-1)^{n-1}}{2n-1} \left(\frac{1-x}{1+x}\right)^n$ 的收敛域 = _____.

8. $\sum_{n=0}^{\infty} \frac{x^n}{a^n + b^n} (a>0, b>0)$ 的收敛域 = _____.

9. $\sum_{n=1}^{\infty} \left(\frac{1}{n} - \ln \frac{n+1}{n}\right)$ 的敛散性为 _____.

10. $\sum_{n=1}^{\infty} \frac{1}{n} x^n$ 的收敛域 = _____，和函数 = _____.

11. $f(x) = \tan x$ 在 $x=0$ 处的 3 阶泰勒展开式 = _____.

12. $f(x) = \frac{x^2}{\sqrt{1-x^2}}$ 展开成幂级数 = _____，收敛域 = _____.

三、解答题（每小题 8 分，共 64 分）

13. 判定下列级数的敛散性（是条件收敛还是绝对收敛）.

(1) $\sum_{n=1}^{\infty} \frac{\sin \frac{n\pi}{3}}{n^2}$;

(2) $\sum_{n=1}^{\infty} (-1)^{n-1} \sin \frac{x}{n} (x>0)$;

(3) $\sum_{n=1}^{\infty} (-1)^{n-1} \frac{\sin \frac{1}{n} + 1}{n}$.

15. 设 $F(x) = \int_0^{x^2} e^{-t^2} dt$，试求：

(1) $F(x)$ 的极值；

(2) 曲线 $y = F(x)$ 的拐点的横坐标；

(3) $\int_{-2}^{3} x^2 F'(x) dx$.

16. 设 $f(x)$ 在 $[0,2]$ 上连续，且 $f(x) + f(2-x) \neq 0$，求
$$I = \int_0^2 \frac{f(x)}{f(x) + f(2-x)} (2x - x^2) dx.$$

17. 设 $f(x) = \begin{cases} \sin 2x & (x \leq 0) \\ \ln(2x+1) & (x > 0) \end{cases}$，求 $f(x)$ 的原函数 $F(x)$.

D. $f(x) = \int_0^x g(t)\,dt, g(x) = \begin{cases} \dfrac{1}{2}(x^2+1), & x < 1 \\ \dfrac{1}{3}(x-1), & x \geq 1 \end{cases}$

二、填空题(每小题 3 分,共 18 分)

7. $\int_0^{\frac{\pi}{2}} \sin^n x\,dx\,(n=0,1,2,3,\cdots)$ _____.

8. $\int_0^1 \ln(1-x^2)\,dx =$ _____.

9. $\int_0^{\frac{\pi}{2}} \dfrac{\sin x\,dx}{1+\sin x+\cos x} =$ _____.

10. $\int_0^{\frac{\pi}{2}} |\sin x - \cos x|\,dx =$ _____.

11. 设 $f(x) = \int_1^x e^{-y^2}\,dy$,求 $\int_0^1 x^2 f(x)\,dx =$ _____.

12. $\int_0^{e^{\frac{\pi}{2}}} \dfrac{\sin(\ln x)}{x^2}\,dx =$ _____.

三、解答题(每小题 8 分,共 64 分)

13. $\int_0^{-\ln 2} \sqrt{1 - e^{2x}}\,dx$.

14. 设 $f(x), g(x)$ 在区间 $[-a, a]\,(a>0)$ 上连续,$g(x)$ 为偶函数,$f(x)$ 满足 $f(x)+f(-x)=A$(A 为常数). 试证 $\int_{-a}^{a} f(x)g(x)\,dx = A\int_0^a g(x)\,dx$,并用该等式计算积分:

(1) $\int_{-\frac{\pi}{2}}^{\frac{\pi}{2}} |\sin x|\arctan e^x\,dx$;

(2) $\int_{-1}^1 \dfrac{x^2}{1+e^{\frac{1}{x}}}\,dx$.

14. $\int_0^{\frac{\sqrt{2}}{2}} \frac{\arcsin x}{\sqrt{(1-x^2)}} dx.$

15. 设 $f(x)$ 在 $[a,b]$ 有二阶连续导数，$M = \max\limits_{[a,b]} |f''(x)|$，证明：
$$\left| \int_a^b f(x) dx - f\left(\frac{a+b}{2}\right)(b-a) \right| \leqslant \frac{(b-a)^3}{24} M.$$

16. 证明公式 $\int_a^b f(x) dx = \frac{1}{2} \int_a^b [f(x) + f(a+b-x)] dx$，并用该公式计算积分：

(1) $\int_0^{\frac{\pi}{2}} \frac{\sin^3 x}{\sin x + \cos x} dx$

(2) $\int_2^4 \frac{\ln(9-x)}{\ln(9-x) + \ln(3+x)} dx$

17. 求无穷积分 $J = \int_1^{+\infty} \left[\ln\left(1 + \frac{1}{x}\right) - \frac{1}{1+x} \right] dx.$

6. 设函数 $f(x)$ 有连续的导数，$f(0)=0, f'(0) \neq 0$，当 $x \to 0$ 时，$F(x) = \int_0^x (\sin^2 x - \sin^2 t) f(t) \mathrm{d}t$ 与 x^k 为同阶无穷小，则 k 为（　　）.

A. 1　　　　B. 2　　　　C. 3　　　　D. 4

二、填空题（每小题 3 分，共 18 分）

7. $\int_{-\frac{\pi}{2}}^{\frac{\pi}{2}} (x+1) \min\left\{\frac{1}{2}, \cos x\right\} \mathrm{d}x = $ _____.

8. 设 $f(x)$ 具有一阶连续导数，且 $f(0)=0, f'(0) \neq 0$. $\lim\limits_{x \to 0} \dfrac{\int_0^{x^2} f(t) \mathrm{d}t}{x^2 \int_0^x f(t) \mathrm{d}t} = $ _____.

9. $\int_a^b x^2 \sqrt{(x-a)(b-x)} \mathrm{d}x = $ _____.

10. 已知 $\int_0^{+\infty} \mathrm{e}^{-x^2} \mathrm{d}x = \dfrac{\sqrt{\pi}}{2}$，则 $\int_{-\infty}^{+\infty} \dfrac{x}{\sqrt{2\pi}\sigma} \mathrm{e}^{-\frac{(x-\mu)^2}{2\sigma^2}} \mathrm{d}x = $ _____.

11. $\int_1^{16} \arctan \sqrt{\sqrt{x}-1} \mathrm{d}x = $ _____.

12. $\int_e^{e^2} \dfrac{\ln x}{(x-1)^2} \mathrm{d}x = $ _____.

三、解答题（每小题 8 分，共 64 分）

13. 已知 $f(x) = \begin{cases} \dfrac{x\cos x - \sin x}{x^2}, & x < 0 \\ A, & x = 0 \\ \dfrac{\ln(1+x)-x}{x^2} + \dfrac{1}{2}, & x > 0 \end{cases}$，在 $(-\infty, +\infty)$ 存在原函数，求常数 A 以及 $f(x)$ 的原函数.

14. 求 $\int x^2 \arctan\sqrt{x}\,dx$.

15. 求 $\int \dfrac{dx}{(x^2+1)(x^2+x+1)}$.

16. 求 $\int \dfrac{1}{x}\sqrt{\dfrac{x+1}{x}}\,dx$.

17. 求 $\int \dfrac{1+\sin x}{(1+\cos x)\sin x}\,dx$.

6. 设 $F(x)=f(x)-\dfrac{1}{f(x)}, g(x)=f(x)+\dfrac{1}{f(x)}, F'(x)=g^2(x)$，且 $f\left(\dfrac{\pi}{3}\right)=1$，则 $f(x)=$ （　　）.

  A. $\tan x$ B. $\cot x$ C. $\sin\left(x+\dfrac{\pi}{4}\right)$ D. $\cos\left(x-\dfrac{\pi}{4}\right)$

二、填空题（每小题 3 分，共 18 分）

7. $\displaystyle\int x(1-x^4)^{\frac{3}{2}}\mathrm{d}x=$ _____.

8. $\displaystyle\int \dfrac{x}{x^3-x^2+x-1}\mathrm{d}x=$ _____.

9. $\displaystyle\int \dfrac{\ln(x+\sqrt{1+x^2})}{(1+x^2)^{\frac{3}{2}}}\mathrm{d}x=$ _____.

10. 设 $f(\ln x)=\dfrac{\ln(1+x)}{x}$，则 $\displaystyle\int f(x)\mathrm{d}x=$ _____.

11. 设 $f(x)$ 的导数 $f'(x)$ 的图像为过原点和点 $(2,0)$ 的抛物线，开口向下，且 $f(x)$ 的极小值为 2，极大值为 6，则 $f(x)=$ _____.

12. 设 $\displaystyle\int xf(x)\mathrm{d}x=\arcsin x+C$，则 $\displaystyle\int \dfrac{\mathrm{d}x}{f(x)}=$ _____.

三、解答题（每小题 8 分，共 64 分）

13. 求 $\displaystyle\int \sin x\sin 2x\sin 3x\,\mathrm{d}x$.

16. 求 $\int x\sqrt{2x+3}\,dx$.

17. 求 $\int \dfrac{dx}{(5+4\sin x)\cos x}$.

18. 设 $F(x)=\int \dfrac{\sin x}{a\sin x+b\cos x}dx$, $G(x)=\int \dfrac{\cos x}{a\sin x+b\cos x}dx$, 求 $aF(x)+bG(x)$, $aG(x)-bF(x)$, $F(x)$, $G(x)$.

二、填空题（每小题 3 分，共 18 分）

7. $\int \dfrac{\sqrt{x^2-1}}{x^4}\mathrm{d}x = $ _____ .

8. $\int \dfrac{6}{1+x^3}\mathrm{d}x = $ _____ .

9. $\int \dfrac{(1+x^2)\arcsin x}{x^2\sqrt{1-x^2}}\mathrm{d}x = $ _____ .

10. 设 $f(\sin^2 x) = \dfrac{x}{\sin x}$，则 $\int \dfrac{\sqrt{x}}{\sqrt{1-x}}f(x)\mathrm{d}x = $ _____ .

11. 已知 $\dfrac{\sin x}{x}$ 是 $f(x)$ 的一个原函数，则 $\int x^3 f'(x)\mathrm{d}x = $ _____ .

12. 已知曲线 $y = f(x)$ 过点 $\left(0, -\dfrac{1}{2}\right)$，且在其上任意点 (x, y) 处的切线斜率为 $x\ln(1+x^2)$，则 $f(x) = $ _____ .

三、解答题（每小题 8 分，共 64 分）

13. 求 $\int \ln(1+\sqrt[3]{x})\mathrm{d}x$.

14. 求 $\int \dfrac{\mathrm{d}x}{\sin^3 x \cos x}$.

15. 求 $\int \dfrac{x^{11}\mathrm{d}x}{x^8 + 3x^4 + 2}$.

15. 设函数 $f(x)$ 在区间 $[0,1]$ 上连续，在 $(0,1)$ 内可导，且 $f(0) = f(1) = 0$，$f\left(\dfrac{1}{2}\right) = 1$. 试证

(1) 存在 $\eta \in \left(\dfrac{1}{2}, 1\right)$，使 $f(\eta) = \eta$；

(2) 对任意实数 λ，必存在 $\xi \in (0, \eta)$，使得 $f'(\xi) - \lambda[f(\xi) - \xi] = 1$.

16. 求函数 $y = (x-1)\mathrm{e}^{\frac{\pi}{2} + \arctan x}$ 的单调区间和极值，并求该函数图形的渐近线.

17. 已知 $f(x)$ 在 $(-\infty, +\infty)$ 内可导，且 $\lim\limits_{x \to \infty} f'(x) = \mathrm{e}$，$\lim\limits_{x \to \infty} \left(\dfrac{x+c}{x-c}\right)^x = \lim\limits_{x \to \infty} [f(x) - f(x-1)]$，求 c 的值.

0. 设曲线 $f(x)=x^n$ 在点 $(1,1)$ 处的切线与 x 轴的交点为 $(\xi_n,0)$,则 $\lim\limits_{n\to\infty}f(\xi_n)=$ _____.

1. 设 $y=\arctan e^x-\ln\sqrt{\dfrac{e^{2x}}{e^{2x}+1}}$,则 $\dfrac{dy}{dx}\bigg|_{x=1}=$ _____.

2. $\lim\limits_{x\to\frac{\pi}{4}}(\tan x)^{\frac{1}{\cos x-\sin x}}=$ _____.

三、解答题(每小题 8 分,共 64 分)

3. 设 $y=\ln(x+1+x^2)$,则 $y'''|_{x=3}=$ _____.

4. 已知某厂生产 x 件产品的成本为 $C(x)=25000+200x+\dfrac{1}{40}x^2$(元),问

(1) 要使平均成本最小,应生产多少件产品?

(2) 若产品以每件 500 元售出,要使利润最大,应生产多少件产品?

15. 设函数 $f(x)$ 在 $[0,3]$ 上连续, 在 $(0,3)$ 内可导, 且 $f(0)+f(1)+f(2)=3, f(3)=1$, 试证必存在 $\xi \in (0,3)$, 使 $f'(\xi)=0$.

16. 设函数 $f(x)$ 在 $[a,b]$ 上连续, (a,b) 内可导, 且 $f'(x) \neq 0$, 试证存在 $\xi, \eta \in (a,b)$, 使得
$$\frac{f'(\xi)}{f'(\eta)} = \frac{e^b - e^a}{b-a} e^{-\eta}.$$

17. 求 $\lim\limits_{x \to 0} \left(\dfrac{1}{\sin^2 x} - \dfrac{\cos^2 x}{x^2} \right)$.

10. 曲线 $\tan\left(x+y+\dfrac{\pi}{4}\right)=\mathrm{e}^{y}$ 在点 $(0,0)$ 处的切线方程为_____.

11. $\lim\limits_{x\to\frac{\pi}{4}}(\tan x)^{\frac{1}{\cos x-\sin x}}=$_____.

12. 设 $y=f(\ln x)\mathrm{e}^{f(x)}$，其中 f 可微，则 $\mathrm{d}y=$_____.

三、解答题(每小题 8 分，共 64 分)

13. 设 $f(x)=\dfrac{1}{\pi x}+\dfrac{1}{\sin\pi x}-\dfrac{1}{\pi(1-x)}$，$x\in\left[\dfrac{1}{2},1\right)$. 试补充定义 $f(1)$ 使得 $f(x)$ 在 $\left[\dfrac{1}{2},1\right]$ 上连续.

14. 设 $f(x)=\begin{cases}\dfrac{g(x)-\mathrm{e}^{-x}}{x},&x\neq 0\\ 0,&x=0\end{cases}$，其中 $g(x)$ 有二阶连续导数，且 $g(0)=1,g'(0)=-1$.

(1) 求 $f'(x)$；

(2) 讨论 $f'(x)$ 在 $(-\infty,+\infty)$ 上的连续性.

15. 在椭圆 $\dfrac{x^2}{a^2}+\dfrac{y^2}{b^2}=1$ 的第一象限部分上求一点 P，使该点处的切线、椭圆及两坐标轴所围图形的面积为最小．

16. 设某厂生产的某种产品的销售收益为 $R(x)=3\sqrt{x}$，而成本函数为 $C(x)=1+\dfrac{1}{36}x^2$，求使总利润最大时的产量 x 和最大总利润．

17. 求证 $x\in(0,1)$ 时：
    (1) $(1+x)\ln^2(1+x)<x^2$；
    (2) $\dfrac{1}{\ln 2}-1<\dfrac{1}{\ln(1+x)}-\dfrac{1}{x}<\dfrac{1}{2}$．

二、填空题(每小题 3 分,共 18 分)

7. 函数 $f(x)=(1+2^x)^{\frac{1}{x}}$ 在 $(0,+\infty)$ 内_____(此处填单调性).

8. $\lim\limits_{x\to 0}\left(\dfrac{\sin x}{x}\right)^{\frac{1}{x^2}}=$ _____.

9. $f(x)=\left(1+\dfrac{1}{x}\right)^x\ (x>0)$ 的单调增区间为_____.

10. 设 $a>0$,则 $f(x)=\dfrac{1}{1+|x|}+\dfrac{1}{1+|x-a|}$ 的最大值为_____.

11. 函数 $y=\dfrac{2x^2}{(1-x)^2}$ 的拐点是_____.

12. 函数 $y=xe^{-1/x}$ 的渐近线为_____.

三、解答题(每小题 8 分,共 64 分)

13. 求函数 $y=x+\dfrac{x}{x^2-1}$ 的单调性区间、极值点及凹凸性区间与拐点.

14. 证明下列恒等式:

(1) $\arctan x+\arctan\dfrac{1}{x}=\dfrac{\pi}{2}\quad (x>0)$;

(2) $\arctan x-\dfrac{1}{2}\arccos\dfrac{2x}{1+x^2}=\dfrac{\pi}{4}\quad (x\geq 1)$.

15. 设 $f(x)$ 在 $[0,b]$ 可导,$f'(x)>0(\forall x\in(0,b))$,$t\in[0,b]$,问 t 取何值时,下图中阴影部分面积最大或最小.

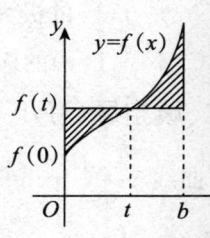

16. 设某种商品的需求函数为 $Q=\dfrac{a}{p+b}-c$,$(a,b,c>0$ 且 $a>bc)$,其中 p 为价格,Q 为需求量,求最大收益.

17. 设 $f(x)$ 在 $[0,1]$ 上连续,在 $(0,1)$ 内可导,且 $|f'(x)|<1$,又 $f(0)=f(1)$,求证:$\forall x_1,x_2\in[0,1]$,有 $|f(x_1)-f(x_2)|<\dfrac{1}{2}$.

设 $f(x)=ax^2+bx+c(a\neq 0)$,则 $f\left(-\dfrac{b}{2a}\right)($).

A. 是 $f(x)$ 的极大值 　　　　　　　B. 是 $f(x)$ 的极小值

C. 不是 $f(x)$ 的极值 　　　　　　　D. 可能是极大值,也可能是极小值

二、填空题(每小题 3 分,共 18 分)

曲线 $y=\dfrac{1}{x}+\ln(1+e^x)$ 的渐近线方程_____.

$\lim\limits_{x\to 0^+}\left(\dfrac{1}{x}\right)^{\tan x}=$ _____.

设 $f(x)=e^{|x-3|}$,则 $f(x)$ 在区间 $[-5,5]$ 上的最大值= _____,最小值= _____.

曲线 $y=\dfrac{9}{14}x^{\frac{1}{3}}(x^2-7)(-\infty<x<+\infty)$ 的拐点是_____.

函数 $y=\dfrac{x}{(x+1)^2}$ 的凹区间为_____,凸区间为_____.

函数 $y=\sqrt{1+x^2}$ 的渐近线方程为_____.

三、解答题(每小题 8 分,共 64 分)

证明函数恒等式 $\arctan x=\dfrac{1}{2}\arctan\dfrac{2x}{1-x^2}$,$x\in(-1,1)$.

确定三次函数 $f(x)=ax^3+bx^2+cx+d(a\neq 0)$ 中参数 a,b,c 应满足的条件,使得:(1) $f(x)$ 单调增加;(2) $f(x)$ 有极值.

15. 设 $f(x)=\begin{cases} \dfrac{\sin 2x}{2x}, & x>0 \\ (1+x^2)^{\frac{4}{3}}+\cos 2x-1, & x\leq 0 \end{cases}$,求 $f'(x)$ 及 $f''(0)$.

16. 写出下列曲线在所给参数值的相应的点处的切线方程和法线方程.

(1) $\begin{cases} x=e^t\sin t \\ y=e^t\cos t \end{cases}$ 在 $t=\dfrac{\pi}{2}$ 处;(2) $\begin{cases} x=\cos^3 t \\ y=\sin^3 t \end{cases}$ 在 $t=\dfrac{\pi}{4}$ 处.

17. 由方程 $y^{-x}e^y=1$ 确定 $y=y(x)$,求 $y''(x)$.

设曲线 $y=x^3+ax$ 与曲线 $y=bx^2+1$ 在点 $(-1,0)$ 处相切,则( ).

A. $a=b=-1$　　B. $a=-1,b=1$　　C. $a=B=1$　　D. $a=1,b=-1$

二、填空题(每小题 3 分,共 18 分)

$y=\log_{\sin x}\cos x$ 的导数是_____.

设 $f(x)=\dfrac{1-x}{1+x}$,则 $f^{(n)}(x)=$_____.

对数螺线 $r=e^\theta$ 在点 $(r,\theta)=\left(e^{\frac{\pi}{2}},\dfrac{\pi}{2}\right)$ 处的切线的直角坐标方程为_____.

设 $f(x)=\begin{cases}\arctan x, & |x|\leqslant 1\\ \dfrac{\pi}{4}\sin\dfrac{\pi x}{2}+\dfrac{x-1}{2}, & |x|>1\end{cases}$,则 $f(x)$ 在 $x=1$ 处是否可导_____,函数是否连续_____(空白处填是或不是).

函数 $f(x)=(x^2-x-2)|x^3-x|$ 不可导点有_____个.

由 $y\sin(x+y)=x\cos(x+y)$ 确定隐函数 $y=y(x)$,则 $dy=$_____.

三、解答题(每小题 8 分,共 64 分)

求下列隐函数的微分或导数:

(1) 设 $y\sin x-\cos(x-y)=0$,求 dy;

(2) 设方程 $\sqrt{x^2+y^2}=e^{\arctan\frac{y}{x}}$ 确定 $y=y(x)$,求 y' 与 y''.

求函数 $y=(\sin x)^{\cos x}$ 的导数.

15. 设 $y=y(x)$ 由方程组 $\begin{cases} x=3t^2+2t+3 \\ e^y\sin t-y+1=0 \end{cases}$ 确定，求 $\dfrac{d^2y}{dx^2}\bigg|_{t=0}$.

16. 求由方程 $\arctan\dfrac{y}{x}=\ln\sqrt{x^2+y^2}$ 确定的隐函数 $y=y(x)$ 的导数.

17. 设 $y=\dfrac{e^{-x^2}\arcsin(e^{-x^2})}{\sqrt{1-e^{-2x^2}}}+\dfrac{1}{2}\ln(1-e^{-2x^2})$，求 y'.

二、填空题(每小题 3 分,共 18 分)

6. $y=\arctan e^{x^2}$ 的导数是_____.

7. 已知 $y=f\left(\dfrac{3x-2}{3x+2}\right),f'(x)=\arctan x^2$,则 $y'(0)=$ _____.

8. 设 $y=(1+x^2)^{\arctan x}$,则它的一阶导数是_____.

9. 设 $x+y=\tan y$,则 $\mathrm{d}y=$ _____.

10. 设函数 $f(x)$ 有任意阶导数且 $f'(x)=f^2(x)$,则 $f^{(n)}(x)=$ _____ $(n>2)$.

11. $r=a(1+\cos\theta)$ 在点 $(r,\theta)=(2a,0),\left(a,\dfrac{\pi}{2}\right),(0,\pi)$ 处的切线方程分别为_____.

三、解答题(每小题 8 分,共 64 分)

12. 设 $f(x)=\begin{cases}\dfrac{\pi}{4}+\dfrac{x-1}{2}, & x>1\\ \arctan x, & |x|\leqslant 1 \\ -\dfrac{\pi}{4}+\dfrac{x+1}{2}, & x<-1\end{cases}$,求 $f'(1)$ 与 $f'(-1)$.

13. 确定常数 a,b,使函数 $f(x)=\begin{cases}ax+b\sqrt{x}, & x>1\\ x^2, & x\leqslant 1\end{cases}$,在 $x=1$ 处可导,并求 $f'(1)$.

15. 设 $x_1=1, x_n=1+\dfrac{x_{n-1}}{1+x_{n-1}}$ $(n=2,3,\cdots)$, 求 $\lim\limits_{n\to\infty}x_n$.

16. 求下列数列极限:

 (1) $\lim\limits_{n\to\infty}\dfrac{M^n}{n!}$ ($M>0$ 为常数);

 (2) 设数列 $\{x_n\}$ 有界, 求 $\lim\limits_{n\to\infty}\dfrac{x_n^n}{n!}$.

17. 设 $f(x)=\lim\limits_{n\to\infty}\dfrac{x^{2n-1}+ax^2+bx}{x^{2n}+1}$:

 (1) 若 $f(x)$ 处处连续, 求 a,b 值;

 (2) 若 (a,b) 不是求出的值时, $f(x)$ 有何间断点, 并指出它的类型.

二、填空题（每小题 3 分，共 18 分）

设 $\lim\limits_{x\to 0}\dfrac{\sqrt{1+f(x)\tan x}-1}{e^{2x}-1}=3$，则 $\lim\limits_{x\to 0}f(x)=$ _____.

设 $f(x)=\sin x\cdot\sin\dfrac{1}{x}$，则 $x=0$ 是 $f(x)$ 的 _____ 间断点.

设 $f(x)=\begin{cases}ae^{2x}, & x\leq 0\\ \dfrac{1-e^{\tan x}}{\arcsin\dfrac{x}{2}}, & x>0\end{cases}$ 在 $x=0$ 处连续，则常数 $a=$ _____.

$\lim\limits_{n\to\infty}\left(\dfrac{1}{n^2}+\dfrac{1}{(n+1)^2}+\cdots+\dfrac{1}{(2n)^2}\right)=$ _____.

若 $\lim\limits_{x\to+\infty}\dfrac{x^{2008}}{x^{n+1}-(x-1)^{n+1}}=k\neq 0$，$n$ 为正整数，则 $n=$ _____，$k=$ _____.

当 $n\to\infty$ 时 $\left(1-\dfrac{1}{n}\right)^n-e$ 是 $\dfrac{1}{n}$ 的 _____ 无穷小.

三、解答题（每小题 8 分，共 64 分）

求函数 $\lim\limits_{x\to+\infty}\dfrac{5x^3+3x^2+4}{\sqrt{x^6+1}}$ 的极限.

已知 $\lim\limits_{x\to+\infty}(\sqrt{x^2+x+1}-ax-b)=k$（已知常数），求 a 和 b 的值.

15. 已知 $f(x)=\left(\dfrac{2+x}{1+x}\right)^{(1-\sqrt{x})/(1-x)}$.

求：(1) $\lim\limits_{x\to 0}f(x)$；(2) $\lim\limits_{x\to 1}f(x)$；(3) $\lim\limits_{x\to\infty}f(x)$.

16. 求函数 $\lim\limits_{n\to\infty}\left(\dfrac{1}{n^2+n+1}+\dfrac{2}{n^2+n+2}+\cdots+\dfrac{n}{n^2+n+n}\right)$ 的极限.

17. 设 $f(x)=\lim\limits_{u\to+\infty}\dfrac{1}{u}\ln(e^u+x^u)$，$(x>0)$.

(1) 求 $f(x)$；(2) 讨论 $f(x)$ 的连续性.

已知 $\lim\limits_{x\to\infty}\left(\dfrac{x+a}{x-a}\right)^x = 9$，则 $a=$ _____.

$\lim\limits_{x\to a^+}\dfrac{\sqrt{x}-\sqrt{a}+\sqrt{x-a}}{\sqrt{x^2-a^2}}\,(a>0)=$ _____.

函数 $f(x)=\dfrac{1}{\sqrt{x^2-5x+6}}$ 的连续区间是 _____.

解答题（每小题 8 分，共 64 分）

求函数 $\lim\limits_{x\to\infty}\dfrac{(x-1)^{10}(3x-1)^{10}}{(x+1)^{20}}$ 的极限.

已知 $\lim\limits_{x\to3}\dfrac{x-3}{x^2+ax+b}=1$，求 a 和 b 的值.

16. 设 $f(x)=\begin{cases}1, & |x|<1, \\ 0, & |x|\geqslant 1,\end{cases}$ 则 $f\{f[f(x)]\}$ 等于多少?

17. 证明若函数 $f(x)$ 在区间 $[a,b]$,$[b,c]$ 上单调增加(或单调减少),则 $f(x)$ 在区间 $[a,c]$ 上单调增加(或单调减少).

18. 证明函数 $f(x)=x\sin x$ 在 $(0,+\infty)$ 上无界.

、解答题(每小题8分,共64分)

设函数 $f(x)=\begin{cases}0, & x\leq 0\\ x, & x>0\end{cases}$, $g(x)=\begin{cases}x, & x\leq 0\\ 0, & x>0\end{cases}$,求复合函数 $f[g(x)]$, $g[g(x)]$.

判断函数 $y=\dfrac{2^x+2^{-x}}{2}$ 的奇偶性.

求函数 $y=2-e^x$ 的反函数及定义域.

16. 求函数 $y=1+\lg(x+2)$ 的反函数及定义域.

17. 设 $f\left(\dfrac{2x+1}{2x-2}\right)-\dfrac{1}{2}f(x)=x$,求 $f(x)$.

18. 证明:若函数 $f(x),g(x)$ 在 D 上单调增加(或单调减少),则函数 $h(x)=f(x)+g(x)$ 在 D 上单调增加(或单调减少).

不等式$|x+5|>3$的解集为_____.

$f(x)$为定义在**R**上的偶函数,且在$(0,+\infty)$内为减函数,则$f(1.5),f(-\sqrt{2}),f\left(\dfrac{\pi}{2}\right)$,从小到大用不等号连结为_____.

$\sin(x-y)\cos y+\cos(x-y)\sin y=$_____.

、解答题(每小题8分,共64分)

求函数$y=\begin{cases}x+1,&x>0\\e^x,&x\leq 0\end{cases}$的反函数.

求$y=x+\log_2 x$的单调区间.

判断函数$y=x(x-1)(x+1)$的奇偶性.

前　言

赵树嫄主编的《经济应用数学基础(一)微积分》(人大·第四版)以体系完整、结构严谨、层次清晰、深入浅出的特点成为这门课程的经典教材,被全国许多院校采用。为了帮助读者更好地学习这门课程,掌握更多的知识,我们根据多年的教学经验编写了这本与此教材配套的《经济应用数学基础(一)微积分(人大·第四版)同步测试卷》。本书旨在使广大读者理解基本概念,掌握基本知识,学会基本解题方法与解题技巧,进而提高应试能力。

本试卷共有九章,分别介绍函数、极限与连续、导数与微分、中值定理与导数的应用、不定积分、定积分、无穷级数、多元函数、微分方程与差分方程简介。本试卷具有较强的针对性、启发性、指导性和补充性。考虑"经济应用数学基础(一)微积分"这门课程的特点,我们在内容上作了以下安排：

试卷部分：每套试卷分为 A 卷和 B 卷。A 卷部分主要考查基础知识,B 卷部分难度稍稍加大。试卷难度分两个层次,以满足不同读者的要求。

解析部分：针对试卷每道题给出了详细的解答,思路清晰、逻辑性强,循序渐进地帮助读者分析并解决问题,内容详尽、简明易懂。

编　者

2018 年 8 月

内 容 提 要

本书依据教育部最新本科数学教学大纲和考研大纲编写，是配套中国人民大学出版社出版的《经济应用数学基础（一）微积分》（人大·第四版）的同步测试卷。

本试卷共有九章，分别介绍函数、极限与连续、导数与微分、中值定理与导数的应用、不定积分、定积分、无穷级数、多元函数、微分方程与差分方程简介。本试卷具有较强的针对性、启发性、指导性和补充性。

本书可作为在校大学生和自考生学习"经济应用数学基础（一）微积分"课程的教学辅导材料和复习参考用书及考研强化复习的指导书，也可作为教师的随堂测试卷。

由于时间仓促及编者水平有限，书中难免存在疏漏甚至错误之处，恳请广大读者和专家批评指正。如有疑问，请联系我们（微信：JZCS15652485156 或 QQ：753364288）。

图书在版编目（CIP）数据

经济应用数学基础（一）微积分（人大·第四版）同步测试卷 / 黄淑森主编. -- 北京：中国水利水电出版社，2018.10（2021.11重印）
（高校经典教材同步辅导丛书）
ISBN 978-7-5170-5874-8

Ⅰ. ①经… Ⅱ. ①黄… Ⅲ. ①经济数学－高等学校－习题集②微积分－高等学校－习题集 Ⅳ. ①F224.0-44 ②O172-44

中国版本图书馆CIP数据核字(2017)第231711号

策划编辑：杨庆川　　责任编辑：封　裕　　封面设计：李　佳

书　名	高校经典教材同步辅导丛书 经济应用数学基础（一）微积分（人大·第四版）同步测试卷 JINGJI YINGYONG SHUXUE JICHU（YI）WEIJIFEN （RENDA·DI-SI BAN）TONGBU CESHIJUAN
作　者	主　编　黄淑森
出版发行	中国水利水电出版社 （北京市海淀区玉渊潭南路1号D座　100038） 网址：www.waterpub.com.cn E-mail：mchannel@263.net（万水） 　　　　sales@waterpub.com.cn 电话：（010）68367658（营销中心）、82562819（万水）
经　售	全国各地新华书店和相关出版物销售网点
排　版	北京万水电子信息有限公司
印　刷	三河市德贤弘印务有限公司
规　格	184mm×260mm　16开本　13.25印张　404千字
版　次	2018年10月第1版　2021年11月第2次印刷
印　数	5001—7000册
定　价	27.80元

凡购买我社图书，如有缺页、倒页、脱页的，本社营销中心负责调换

版权所有·侵权必究